西矿科技论文集

青海省科学技术协会
西部矿业集团有限公司科学技术协会　编著

中国科学技术出版社

·北　京·

图书在版编目（CIP）数据

西矿科技论文集/青海省科学技术协会，西部矿业集团有限公司科学
技术协会编著. —北京：中国科学技术出版社，2013.4
　　ISBN 978 - 7 - 5046 - 6319 - 1

　　Ⅰ. ①西…　　Ⅱ. ①青…　②西…　　Ⅲ. ①矿业 - 文集　　Ⅳ. ①TD - 53

中国版本图书馆 CIP 数据核字（2013）第 053981 号

责任编辑　赵　晖　郭秋霞
封面设计　赵　鑫
责任校对　凌红霞
责任印制　张建农

出　　版　中国科学技术出版社
发　　行　科学普及出版社发行部
地　　址　北京市海淀区中关村南大街 16 号
邮　　编　100081
发行电话　010 - 62173865
传　　真　010 - 62179148
投稿电话　010 - 62176522
网　　址　http://www.cspbooks.com.cn

开　　本　889mm×1194mm　1/16
字　　数　400 千字
印　　张　14.25
版　　次　2013 年 4 月第 1 版
印　　次　2013 年 4 月第 1 次印刷
印　　刷　北京长宁印刷有限公司

书　　号　ISBN 978 - 7 - 5046 - 6319 - 1/TD · 42
定　　价　45.00 元

编　委　会

序　言

全国科技创新大会提出，提高自主创新能力，建设创新型国家，是国家发展战略的核心，是提高综合国力的关键。要把增强自主创新能力贯彻到现代化建设各个方面，就要加快建立以企业为主体、市场为导向、产学研相结合的技术创新体系。自主创新，人才为本。加强创新人才和高技能人才队伍建设，培养富有创新精神的高水平科技人才，是实现企业长远发展的关键。

西部矿业集团有限公司，是我国西部地区以矿产资源开发为主业，集采、选、冶一体化的大型矿业公司。对于这样一个高速发展的大型企业，一个快速进步的企业群体，科学技术水平的高低和自主创新能力的优劣，直接影响着西部矿业的生产和效益。为了推动西部矿业公司的科技创新和企业进步，促进科技工作者成长，2006 年 9 月，西部矿业集团有限公司正式成立了科学技术协会。成立科协的目的之一，就是通过科协组织这个桥梁，为广大科技工作者提供交流思想、探讨疑难、转化成果、获取信息的平台；为企业自主创新，走科技含量高、经济效益好、资源消耗低、环境污染少、人力资源得到充分发挥的发展路子奠定基础。

2011 年底公司科协在企业内部发起科技论文征集活动，令人欣喜的是，征集活动受到了公司广大科技工作者和职工的积极响应和参与。截至 2012 年 11 月底征集投稿论文共 48 篇。经过编审委员会专家的评审，并从"内容、创新性、实用性、写作水平"四个方面进行综合评定，最终评选出 37 篇。这些论文既有作者对企业发展的理性思考，也有对改进生产工艺的技术探讨，还有多年实践经验的总结，可以说，这是西部矿业科技工作者多年的心血和智慧结晶。为了鼓励广大科技工作者进行科技劳动的积极性，西部矿业公司科协和青海科协决定，将本次入选的论文，编辑成 2012 年度《西矿科技论文集》正式出版，供大家交流。进一步营造鼓励创新的环境，努力造就世界一流科学家和科技领军人才，注重培养一线的创新人才，使全社会创新智慧竞相迸发、各方面创新人才大量涌现。面对新世纪新发展和新要求，广大科技工作者要全面贯彻落实科学发展观，树立雄心壮志，弘扬创新精神，求真务实、勇于创新，开拓进取、奋发有为，为推动企业的科技进步和创新，建设创新型国家努力奋斗，在全面建设小康社会、构建社会主义和谐社会中谱写新的篇章！

西部矿业集团有限公司科学技术协会

2012 年 12 月 28 日

目 录

冶 金

地 质

采 矿

选 矿

机 电

分析检测

其 他

冶　金

西部矿业卡尔多铅冶炼工艺存在问题及对策研究

李增荣　　盛玉永

（西部矿业集团有限公司　青海西宁　810000）

摘　要： 本文主要是针对西部矿业卡尔多项目自试生产至停产期间的种种现状和存在问题进行了细致分析研究，并在此基础上提出了比较完整的整改措施和重新起炉方案，通过对启炉方案进行经济预测，最终得出可以再次启动卡尔多项目的结论，具有较强的可操作性。

关键词： 西部矿业；卡尔多铅冶炼；工艺

本文的研究思路如图1所示。

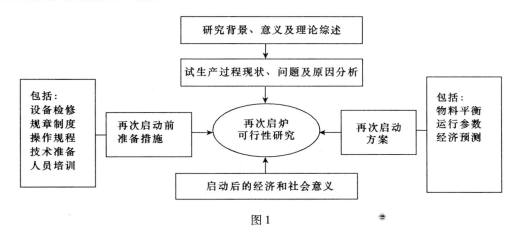

图1

1　绪论

1.1　背景

卡尔多项目工程于2004年4月开工建设，2005年11月28日建成投料试车。经过了2006年、2007年、2008年三年的试生产，期间共计产出粗铅金属48128.66t。同期财务账面亏损28534.53万元。由于亏损严重，生产未能达标，加之全球金融危机的影响，从2008年以来一直处于停产状态。

1.2　意义

分析其生产过程中遇到的问题、找准对策，实现重新起炉，这对锻炼培养西部矿业冶炼队伍，盘活资产，完善产业链，重塑形象及今后卡尔多工艺在国内的推广应用具有十分重要的研究意义。

2　卡尔多项目现状和问题

2.1　基本情况

卡尔多冶炼厂设计生产能力为年产 5 万 t 粗铅，副产 4.5 万 t 工业硫酸。配套建设3600m³/h 工业氧气生产线一套，气体制造厂副产氩气 100m³/h 和氮气 3600m³/h，主要为卡尔多冶炼厂配套提供氧气。项目总投资概算 22118.59 万元，其中：设备投资 19764.91 万元，建筑投资 9362.31 万元。装机总容量 12000kW，实际使用容量 7000kW。配置人员 180 人，实际配置人员 296 人。本项目于 2001 年 3 月启动，2003 年 4 月破土动工，2005 年 11 月建成并投入试运行。2006 年 9 月通过玻立登公司、长沙有色金属研究院、西部矿业公司铅业分公司三方对性能指标的测试。2007 年 12 月 26 日西部矿业股份有限公司 5 万 t/a 粗铅冶炼技改工程通过国家整体验收。

2.2　试生产现状

2.2.1　卡尔多炉三年生产运营情况

表 1 说明卡尔多炉自生产以来，虽一直不够稳定，设备故障频繁，整体上产能低、指标差。但从某一时段看，参数指标已很接近设计值。这说明卡尔多炼铅工艺是成熟的（见卡尔多炉工艺流程，如图 2 所示），不存在严重问题（这从 2006 年 9 月 16 日至 9 月 21 日及 2008 年 10 月的 61 炉次的测试值可以看出）。

表 1　卡尔多炉设计参数与实际生产参数对比

序号	参数名称	设计值	2006 年值	2007 年值 A	2007 年值 B	2008 年性能测试值
1	每炉加入料量（t） 其中精矿（t）	82.7 54	82.7 68（混合）	111.94 61.8	115.62 60.25	75.48 55.82
2	每炉产出粗铅（t） 渣（t）	34.3 21.6	30 —	41.6 22.2	37 28.75	28.83 17.13
3	每炉生产周期（min） 铅回收率（%） 铅直收率（%） 渣含铅（%）	288 97 69.73 5	246 98 — 4.9	419.8 96.14 58.28 4.53	568.13 94.81 58.14 4.95	318 95.54 64.51 7.63
4	冷凝后烟气 SO₂ 浓度	<6% +/−2%	6.3	8	9	11
5	氧耗（Nm³/t 铅）	300	300	246.73	336.71	285

注：① 因三年的生产未能实现连续化生产，设备故障多、生产不稳定，加上基础统计的原始数据不全，数据分析不具有全面性和系统性；② 本表中2006 年参数只取了 2006 年 9 月 16 日至 9 月 21 日与外方专家一同进行性能测试的数据；③ 2007 年 A 参数是指 2007 年 9 月 12 日至 9 月 16 日，采用锡铁山铅精矿进行了 11 炉次指标测试值；④ 2007 年 B 参数是指 2007 年 9 月 19 日至 9 月 24 日，采用锡铁山铅精矿与杂矿 1:1 配比后进行了 8 炉次指标测试值；⑤ 2008 年参数是指 2008 年 10 月进行 13 天 61 炉次的性能测试值。

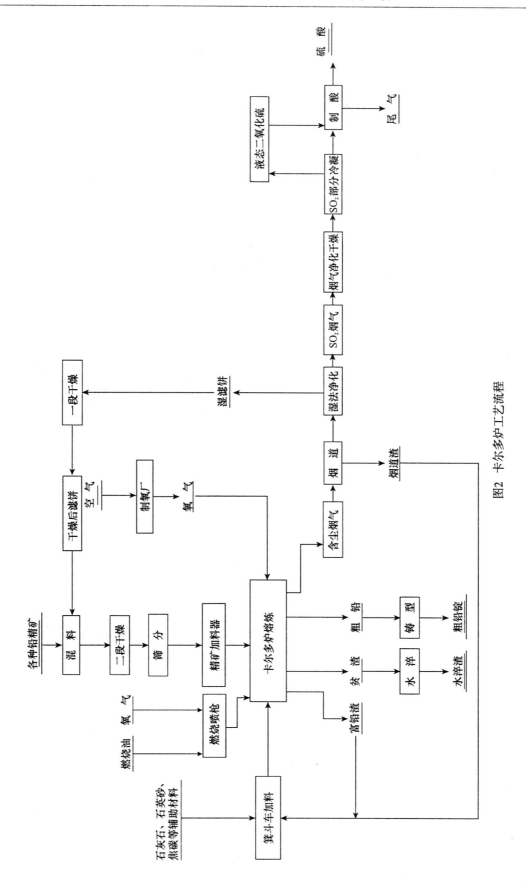

图2　卡尔多炉工艺流程

2.2.2　三年实际运营产能

2006 年铅业分公司共运行 10 个月，据了解实际卡尔多炉运行不足 7 个月的时间（因没有详细记录，具体时间不详）；2007 年除 7 月停产外全年生产，但实际卡尔多炉开炉时间只有 262 天，开工率 95.27%；2008 年 1～5 月在生产，但实际卡尔多炉生产时间只有 95 天，开工率 76%。从表 2 还可以看出，日平均开炉率也未达到设计要求，只有 50%，平均每炉粗铅的产出率只达到设计能力的 82.35%。三年的运行证明，铅业分公司从整个生产工序看，气体制造厂虽中间出了一些事故和故障，但总体上运行良好，实现了达产达标。熔炼系统（卡尔多炉）不能连续稳定生产、开工率严重不足。一方面造成氧气过剩排空，另一方面烟气 SO_2 不能满足制酸系统的需要。

表 2　卡尔多炉三年实际运营产能

项目名称 时间	年工作天数 (d)	实际运行天数 (d)	平均日炉 (次)	投入金属量			产出金属量			平均日产粗铅 (t/d)	回收率		
				Pb (万 t)	Au (kg)	Ag (t)	Pb (万 t)	Au (kg)	Ag (t)		Pb (%)	Au (%)	Ag (%)
2006 年	300	167	2.74	1.28	35	13.6	1.15	31.3	12.24	76.72	89.84	89.42	90
9 月 16～21 日	7	4	1.45	0.04	1.0	0.43	0.028	0.76	0.298	40.64	97.9	95.84	95.39
2007 年	275	262	3.23	2.73	98.8	31.22	2.37	115	28.62	90.53	86.8	116.4	91.68
9 月 12～16 日	5	—	—	—	—	—	—	—	—	—	—	—	—
9 月 19～24 日	6	5	2.11	0.05	1.37	0.531	0.029	0.789	0.038	59.2	94.81	92.27	96.35
2008 年	125	95	2.5	1.54	30.0	18.72	1.286	47.3	15.53	135.0	83.71	94.7	82.95
10 月（13 天）	15	13.5	4.2	0.27	4.86	2.513	0.173	5.511	2.442	117.0	95.54	111.45	95.56

2.2.3　整个工艺的设计匹配情况

从表 3 可看出，粗铅设计产能与硫酸设计产能比较匹配，但气体制造工序氧气设计产能是需求产能的 152.47%，超 52.47%。因此在实际运行中由于卡尔多炉产能未达到设计指标，氧气的富余就更多。在卡尔多炉达产达标的情况下，设计超出的氧气若不进行销售，会增加成本 365.72 万元。反之，可增加销售收入 1338 万元，创利 972.28 万元。

表 3　卡尔多炉工艺设计匹配情况

项目名称	工作天数 (d)	产能 (t)	铅精矿需求量 (t)	产出总硫量（96.68%）(t)	需氧量 K—Nm³	富余氧量 K—Nm³
粗铅	300	51450	81000	—	—	—
氧气 K—Nm³	300	25920	—	—	17000	8920
硫酸	300	42727	—	42727		

再者因烟气净化系统未能达到设计要求，致使烟气含尘及水分较高，堵塞 SO_2 冷却器换热管，突出表现为冷凝效率低，冷凝后烟气 SO_2 浓度高，大致平均在 8% ~ 10%（无记录资料）。超过设计值6%的33% ~ 67%。液态 SO_2 量相对不足。其结果是氧化段转化、吸收不完全，尾气排放中硫超标，造成环境污染；还原段由于液态 SO_2 的补充严重不足，难以实现稳定制酸。为保证制酸系统的运行，造成开工电炉常开不停，电耗很高。

三年来因生产一直未稳定，外方设计的 SO_2 冷却器面积是否偏小。尚不能下结论，有待后续生产实践进一步验证（见设备流程图2）。

2.2.4 三年实际运营成本情况

三年的生产未能正常运行，因此，成本比较高。表4反映出三年运行的具体成本情况：

表4 卡尔多炉2006—2008年运行的生产成本

项目 \ 年份	2006		2007		2008	
粗铅产量（t）	11549.65		23718.54		12860.47	
氧气产量（万 Nm³）	供	排	供	排	供	排
	1342.68	996.2	2299.44	523.49	1022.7	462.836
硫酸产量（t）	—		17998.00		7885.30	
熔炼成本（元）	—		41231715.54		54239908.18	
氧气成本（元）	—		9552854.28		6996013.40	
硫酸成本（元）	—		10362986.45		6184449.37	
总成本	408367333.36		61147556.27		67420370.95	
粗铅单位成本（元/吨）	—		1738.38		4217.57	
氧气单位成本（元/Nm³）	—		0.415		0.684	
硫酸单位成本（元/吨）	—		575.79		784.3	
生产炉数（次）	412.488		847.09		459.3	
平均炉产（吨/炉）	28		28		28	

从表5中可以看出，三年试生产的加工成本，除制氧成本基本达到设计成本外（主要是已达产）。粗铅和硫酸成本都非常高，主要是生产不正常、不能连续稳定、未达产和停产损失造成的。三年中2007年除7月份因停产更换烟道外，全年基本生产，产量也相对较高，因此2007年的成本相对也有一定的代表性，2006年和2008年都生产不到半年，半年以上的时间在停产，因此其加工成本说明不了问题。

2007年停产费用共4532580.19万元，增加单位成本191.1元/吨，若扣除此部分，单位成本可降至：1950.03元/吨。另外2007年还发生937万元的改造费用进入了成本，增加单位成本为395.05元/吨，若再扣除此部分，单位成本可降至1554.98元/吨，产能只有设计产能的50%，若能达产，可降低固定费用单位成本。如，扣除停产折旧外尚有总额14067363.77元的折旧，占单位成本的953元/吨，若能达产可降低一半，即296.55元/吨，单位成本可降至1258.43元/吨。2007年人工费共8758594元，折合单位成本369.27元，若能达产可降低一半，即184.63元，这样2007年加工成本可降至1073.79元/吨。基本达到设计加工成本指标，实际上因未达产，单位电耗、单位水耗等都比较高，若扣除，卡尔多炉成本完全可以降到设计指标以下不成问题。

表5　卡尔多炉设计成本与实际生产成本比较（单位成本）

成本项目	硫酸 （元/吨）	氧气 （元/Nm³）	粗铅 （元/吨）	粗铅综合成本 （元/吨）
设计值	250.21	0.41	858	1071.22 （不含富余氧量）
2006年实际生产成本	—	—	—	4285.91
2007年实际生产成本	575.79	0.42	1738.38	2141.13
2008年实际生产成本	784.30	0.68	4217.57	5132.77

注：富余氧气成本为365.72万元，单位粗铅中增加72元。

2.3　突出问题

（1）卡尔多炉本体开工率不够，影响硫酸系统不能正常地运营，气体制造系统氧气不能有效利用，造成排空浪费。主要是设备故障频繁，检修队伍力量弱，驾驭不了设备运营中的问题。

（2）技术经济指标差，主要是渣含铅高，产出中间物料量大，直收率、回收率低，加工成本高。

（3）基础管理不到位，特别是技术管理空白，技术力量弱，不能实现经济运营。

（4）技术人员和经营管理人员脱节，沟通不够。技术人员没有科学的经济技术运行方案。

（5）生产技术管理人员与财务核算人员缺乏沟通，财务人员不能很好了解生产工艺各环节，核算与生产技术管理脱节。财务核算、成本分析指导不了生产技术运营管理。

2.4　设备状况

经过近两年的停产，目前的设备状况较差，具体体现在：①滴液分离器内部老化开裂；②控制仪器仪表参数变化大；③弹性元件带病工作，国产化工作进程一半；④烟气净化系统效率低下，烟气含尘量较高与文丘里风机密切相关；⑤二氧化硫液化器污染腐蚀严重，液化能力不能满足生产需要；⑥炉砖寿命即将到期，需要更换炉砖；⑦硫酸转化器触媒失效，需要更换；⑧分子筛填料失效，需要更换；⑨空压机长期受二氧化硫烟气侵蚀，内部情况不详，能否满足生产要求尚待检查；⑩没有完好的卡尔多炉备用回转驱动轮；⑪计量设备参数值变化大，计量不准；⑫渣铅包使用寿命短且费用昂贵；⑬制酸系统、制氧系统电耗高（冶炼不连续造成的）。

3　措施与方案

3.1　措施

（1）设备检修及更新改造

对设备进行启动前的一次全面检查、保养和维修，确保设备运转率。更换弹性元件、解决文丘里风机存在的问题、修复炉体回转的驱动装置、清理二氧化硫液化器、补充冷媒、更换硫酸转换器触媒，对直升烟道检修，恢复水净化系统等。详见设备检修、更新、改造计划。

（2）整理技术资料、制定各种制度

对铅业分公司卡尔多炉技术资料进行全面的整理，尤其使对外文资料进行系统的翻译，英文操作界面进行中文转换。梳理、补充、完善各项管理制度。

（3）上岗前对员工进行强化培训，提高操作和维护技能

主要培训如下内容：工艺原理与操作技术培训、设备原理与维护维修培训、生产管理组织与考核培训、成本核算培训、安全规程与操作防护培训。

（4）制定技术方案、精心准备生产物料

提出原辅料标准要求，制定原辅材料采购计划，为原料采购人员提供技术指导；修订工艺参数和完善技术操作规程；选择技术经济合理渣型。

3.2 方案

3.2.1 启动

计划三个月内完成技改，人员培训，制度建设、流程梳理。运行后再次暴露的问题计划在15日内全面解决。用一至两个月时间进行全面、系统的性能测试。全面收集运行数据，摸索最佳运行参数，为后续稳定连续运行、准确评价经济指标，为最后的科学决策提供依据，力争运行一年卡尔多炉产能达到80%以上，回收率95%以上，粗铅产量完成2万t，确保正的现金流，三年内全面实现达产达标。

3.2.2 试运行工艺参数设定

- 作业制度：年有效工作日300天，采取四班三运转。
- 各种统计报表（设计符合生产工艺要求及经济评价的各类报表，规范报表格式及编号）
- 原辅料（高品位铅精矿、低品位铅精矿、高铁铅精矿、高硅铅精矿、含金银铁矿渣、金银的其他物料）含金银硅石及含铅
- 冶炼周期　　288分钟

  装料　　　　15分钟

  加热　　　　30分钟

  氧化　　　　105分钟

  还原　　　　90分钟

  出渣　　　　15分钟

  冷却　　　　15分钟

  出铅　　　　15分钟

  其他　　　　3分钟

  总计　　　　288分钟

- 单炉入炉量95.3吨/炉
- 渣型　SiO_2　　CaO　　Fe　　Zn

  　　　15-30　20-30　20-40　10-20
- 氧料比值：0.131　　气氧比：1:2.1

3.2.3 物料量平衡测算

卡尔多单炉物料投入产出见表6和表7。

表6 卡尔多单炉物料投入表

投入	重量(t)	Cu(%)	Zn(%)	Pb(%)	Fe(%)	SiO$_2$(%)	CaO(%)	S(%)
精矿	54	0.14	3.2	34.3	3.2	1.1	0.5	9.8
黄铁矿渣	6.091	—	—	—	3.1	1.0	0.1	0.1
石灰石	8.910	—	—	—	0.04	0.13	4.59	—
硅石	2.960	—	—	—	0.09	2.58	0.04	—
烟尘	11	—	2.8	5.5	—	—	—	—
烟道烟尘	6	—	0.9	3.6	—	—	—	—
返渣	5	—	—	4.5	—	—	—	—
烟气	9.62	—	—	—	—	—	—	9.62
总计	81.3	0.14	6.9	47.9	6.43	4.76	5.23	9.87

表7 卡尔多单炉物料产出表

产出	重量(t)	Cu(%)	Zn(%)	Pb(%)	Fe(%)	SiO$_2$(%)	CaO(%)	S(%)
铅锭	34.3	0.12	—	33.4	—	—	—	0.03
渣	21.6	0.02	3.2	0.86	6.48	4.76	5.23	0.22
烟尘	11	—	2.8	5.5	—	—	—	—
烟道烟尘	6	—	0.9	3.6	—	—	—	—
返渣	5	—	—	4.5	—	—	—	—
烟气	9.62	—	—	—	—	—	—	9.62
总计	81.3	0.14	6.9	47.9	6.48	4.76	5.23	9.87

3.2.4 卡尔多炉设计物料全年平衡表

卡尔多炉设计物料全年投入产出见表8。

表8 卡尔多炉设计物料全年投入产出表

物料	重量(t)	Cu(t)	Zn(t)	Pb(t)	Fe(t)	SiO$_2$(t)	CaO(t)	S(t)	Au(kg)	Ag(t)	As(t)	Sb(t)	Bi(t)
投入													
精矿	81000	211	4860	51435	4860	1620	810	14669	324	64.8	146	405	65
黄铁矿渣	9137	—	—	—	4660	1462	91	137	—	—	—	—	—
石灰石	13367	—	—	—	67	201	6884						
硅沙	4440	—	—	—	133	3863	58						
总计	107944	211	4860	51435	9720	7146	7843	14806	324	64.8	146	405	65
产出													
粗铅	51450	181	—	50139	—	—	—	51	320	64.2	73	324	60
渣	32400	30	4860	1296	9720	7146	7843	324	4	0.6	73	81	5
烟气	—	—	—	—	—	—	—	14431	—	—	—	—	—
总计	83850	211	4860	51435	9720	7146	7843	14806	324	64.8	146	405	65

· 10 ·

3.2.5　试运行组织机构及职责划分

试运行前重新确定各个职能机构和生产机构设置，制订合理的职责范围和分工要求，确保试运行期间不出现任何问题。

3.2.6　编制性能测试报告

计划于 2010 年 7 月 26 日至 8 月 15 日完成性能测试报告并向总部汇报测试情况。

4　经济预测

4.1　基本条件

（1）通过采取以上措施，确保卡尔多炉运行连续稳定的条件下，2010 年产能达设计能力的 80%，回收率指标铅 95%，银 97.74%、金 97.74%。2011 年达产达标的情况下进行经济预测。

（2）电铅价格按当期 15778.00 元/吨，金、银价格按 245.72 元/克、3939 元/千克计。

（3）粗铅到电铅加工费按 1000 元/吨计，电解部分的金、银回收率按 98%、97.5% 计。

（4）铅精矿到电铅加工费目前市场结算价：电铅网价 15000 元/吨时，锡铁山矿铅为 2300 元/吨、金 74% 系数、银 79% 系数（出厂价）；外购矿铅为 2500 元/吨、金 70% 系数、银 75% 系数（到厂价）。40%～50% 铅精矿加工费一般 3500 元/吨。电铅网价大于 15000 元/吨部分按三七分成。

（5）粗铅中金的计价系数 76%～90%（还有网价减 20～30 元的方式），本测算中取 89%，银的计价系数 85%。

（6）折旧费、财务费按标准计提。

4.2　经济预测

4.2.1　卡尔多炉停产年损失情况

根据现状测算年停产损失费用共计：3299.93 万元，见表 9。

表 9　卡尔多炉费用明细表

项目	月估算金额（元）	备注
折旧费	1255366.60	
修理费	10688.59	可不发生
工资	496621.67	
福利费	52167.08	
工会经费	9932.43	
教育经费	7449.33	
办公费	6105.12	
业务招待费	5000.00	可不发生
排污费	17388.35	可不发生

续表

项目	月估算金额（元）	备注
水费	10000.00	
电费	280000.00	
住房公积金	147973.44	
养老金	199268.90	
失业金	18988.20	
医疗保险金	55684.20	
工伤保险	11047.03	
印花税	16784.49	可不发生
房产税	51666.67	
土地使用税	41666.67	
其他	12668.23	
天然气损失	93333.00	
月费用合计	2749938.57	
半年费用合计	16798800.00	
全年费用	32999262.84	

4.2.2 铅精矿品位与市场扣减加工费的关系表

卡尔多炉铅精矿品位与市场扣减加工费的关系见表10。

表10　卡尔多炉铅精矿品位与市场扣减加工费的关系

品位范围（%）	加工费（元/吨）	增度值（元/吨）	品位（%）
63～70	70	264	22.36
60～63	60	0	25.00
60～55	56	-72	25.72
55～50	50	-204	27.04

注：① 60%～63%，每增加一度，吨铅增加18元；63%～70%，每增加一度，吨铅增加30元。
② 60%～55%，每减少一度，吨铅降低18元；55%～50%，每减少一度，吨铅降低30元。

4.2.3 盈亏平衡点

铅精矿价格与加工费、粗铅回收率及电铅网价的关系如表11所示。

表11　铅精矿价格与加工费、粗铅回收率及电铅网价的关系表

网价（元）	收率（%）	加工费（元）	盈亏平衡点铅精矿价格（元）
15778	98	1200	13238.55

4.2.4 利润测算表

卡尔多炉利润测算如表 12 所示。

表 12　卡尔多炉利润测算表

网价（元）	Ag	245720	Au	3939	单位利润	粗铅规模			总利润（元）
项目	矿粉中计价系数	粗冶收率	粗铅中计价系数	A/B	（C－A/B）*网价（元）	Pb	Au	Ag	
	A	B	C						
Au	0.7	0.9774	0.89	0.716186	42709.62546	50000	150	—	6406443.818
Ag	0.75	0.9774	0.85	0.767342	325.5901473	50000	—	50000	16279507.37
合计									226859851.18

注：每吨粗铅中含金 3g，含银 1kg

4.2.5 产能、收率与成本及盈亏情况分析

从表 12 看出单铅加工费产能达产与否都是亏损的，只有金银是增值的，粗铅中每增加 1g 金，增值 42.76 元，每增加 100g 银，增值 32.58 元，表 13 中未计冰铜、水淬渣、氧化锌收入，实际上这些都可以卖钱，其中水淬渣每吨可收 100 元左右，5 万 t 粗铅产 3 万 t 渣算，渣的收入就有 300 万元。因此，在确保最优的加工成本前提下，冶炼行业的利润点在综合回收上。这就要求我们采取措施最大限度地增加入炉物料中的金银含量。实现利润最大化。

表 13　卡尔多炉产能、收率与成本及盈亏情况分析

产能＼项目	总成本（万元）	单位成本（元/吨）	冶炼损失（元/吨）	购矿扣减成本（元/吨）	粗冶金银增值（万元）	硫酸销售收入	气体销售收入	利润总额（万元）
产能80%2万/半年	3618.70	1809.35	590.71	1396.07	788.189	—	—	－1219.791
达产达标5万/年	6089.40	1217.88	295.35	1396.07	1938.97	—	—	1353.17

5　结论

5.1　研究主要结论

通过本文研究论证，我们可以归纳出以下几点：

（1）卡尔多炉炼铅工艺是成熟的，主体设备不存在严重的问题，现在存在的问题是能够完全解决的。

（2）卡尔多炉开起来，在一年半的时间内，能够达产达标，在现有条件下，其生产成本预测可控制在 1300 元/吨粗铅左右，达到同行业的成本水平。

同时，卡尔多炉开起来，其意义是显而易见的：

（1）可实现企业逐步扭亏为盈，提升西部矿业股份有限公司在市场中的地位与形象。

（2）可稳定职工队伍，培养技术人才，增加职工收入。

（3）卡尔多炉不开，其固定资产将长期闲置，不能发挥作用，且必须投入大量人力物力对其设备、设施给予定期维护与保养。

（4）可以预计，在未来的生产过程中，仍然存在许多新情况、新问题，这些情况与问题只能在生产过程中不断发现和解决，只有这样，坚持不懈努力，卡尔多炉炼铅可逐步步入良性发展的轨道。

5.2　需要进一步研究的课题

卡尔多炉生产已步入正轨，我们需继续研究如何将这一国外引进技术项目推广到国内其他冶炼单位，整体提高国内冶炼企业的技术水平，改变冶炼企业整体效益下滑，经营亏损的不利局面，为中国有色冶炼行业的再次崛起贡献绵薄之力。

作者简介：

李增荣，教授级高级工程师，现任西部矿业集团有限公司工会主席、副总裁；青海锂业有限公司董事长。

盛玉永，1968 年出生，机械工程师，现任青海西豫有色金属有限公司董事长。

湿法炼锌净化渣综合利用工艺研究及实践

马元虎

（西部矿业铅业分公司　青海西宁　810016）

摘　要： 本文主要介绍了镍钴渣和铜镉渣利用"全浸"的湿法工艺，使湿法炼锌净化过程中产生的镍钴渣和铜镉渣得到主金属自循环利用，其他有价金属得到高效富集回收，并在锌业分公司综合回收系统取得良好的工业生产指标。

关键词： 湿法炼锌；镍钴渣；铜镉渣；全浸

1　前言

随着矿业开采、加工与利用规模的不断扩大，各国都不同程度地面临着资源与能源短缺以及环境的恶化。自20世纪90年代以来，世界各国都十分重视二次金属资源中有价金属的高效提取与综合利用问题。美国、日本和欧洲的发达国家等将资源的高效－清洁生产技术研发列入国家战略性高技术发展日程，大力支持资源的高效－清洁生产技术的基础、应用与产业化相关研究，发布有关法律及相应的技术规范或技术准则，推动废弃物处置与综合利用及技术的发展，普遍加强了二次金属资源高效提取与综合利用的基础理论研究与应用。

湿法炼锌进行电解用硫酸锌溶液的净化过程中产出的净化渣中含有大量的锌（50%～60%），钴（0.3%～1.0%）、铜（8%～20%）、镉（5%～18%）等有价金属。为了有效回收渣中的锌、钴、铜、镉，前人已做过一些研究，并提出一些净化渣处理方法（重点为镍钴渣处理），归纳如下：

1.1　镍钴渣处理工艺概述

1.1.1　置换法

国内外曾经有人将产出的镍钴渣部分溶出后再返回净化流程中，以提高渣中的钴等金属的含量，同时可以节省锌粉的用量。但是研究表明，这种方法不但不能置换除钴，反而提高了溶液中钴的浓度，原因是渣中锌的活性不好，无法进行置换除钴，而渣中的钴却返溶进入溶液中，该法没有得到应用。

1.1.2　选择性浸出

印度Hindustan锌公司提出了镍钴渣选择性浸出工艺。该工艺是在一定的条件下浸出净化渣，使大部分的锌溶解于溶液中，而将钴留在浸出渣中，达到分离富集的目的。但是该工艺在实际应用中达不到锌钴高效分离的目的，只能部分分离锌钴。

1.1.3　氨—硫酸铵法

中南大学的赵延凯、唐谟堂采用氨水和硫酸铵体系，在氧化剂的作用下浸出烘烤过的钴渣再采用锌粉净化法对浸出上清液进行深度净化并进行锌与镉、钴、铜等的分离。除钴后的溶液采用铵溶液电解法生产电解锌，而含钴渣再进行进一步的处理。该工艺可以有效地回收渣中的锌，但是后续采用锌粉净化法对浸出上清液进行深度净化，又使大量的锌和钴混合在一起，只是钴的含量提高到3%左右，并没有有效的回收钴，而且氨体系处理后无法和硫酸体系很好地结合起来利用锌。

1.1.4 溶剂萃取法

溶剂萃取法是湿法冶金中最常用的分离富集方法，国内外许多学者采用了溶剂萃取法进行除钴渣的分离富集研究。采用萃取分离的方法可以有效地处理锌，但萃取分离存在的问题是：在锌钴溶液中锌的浓度很高，钴的浓度很低，萃取的顺序又是先萃取锌后萃取钴，为了萃取溶液含量很低的钴，先要萃取大量的锌，因此成本很高，无法大面积使用[1-9]。

1.2 铜镉渣处理工艺概述

同济大学化学系孙小华等利用流化床电极从铜镉渣中回收铜、镉及锌，其中铜、镉经一次电解后的回收率和纯度都在99%以上，锌以 $ZnSO_4$ 的形式回收，其回收率大于95%。采用流化床电极从废渣浸出液中直接分离回收重金属，具有简单、快速、分离效果较好、无二次污染等优点。采用该技术可取得较好的环境效益和经济效益。

成都科技大学化工系何良惠等从理论的角度研究了用硫酸浸出铜镉渣。锌、镉进入溶液，铜留在残渣中。浸出液用锌粉置换，得到的海绵镉中镉的质量分数达69.6%，镉的回收率为86.5%。硫酸锌溶液返回锌制品生产系统。

中南大学刘荣义等提出了将锌系统的镉渣与阳极泥同时浸出、净化，镉–二氧化锰同时电解的新工艺，在同一电解槽里得到电镉和 γ 型电解二氧化锰两种合格产品，可以大大降低电耗和酸雾。

2 净化渣工艺研究

针对以上湿法炼锌企业存在的行业共性难题，西部矿业股份有限公司冶炼事业部锌业分公司与西北矿冶研究院对净化渣（镍钴渣和铜镉渣）进行了深入的工艺技术研究，取得了突破性的研究成果。

2.1 镍钴渣工艺研究

镍钴渣处理工艺的关键技术是锌钴分离，基本思路为：利用硫酸全浸工艺浸出镍钴渣，使有价金属溶解在溶液中，压滤得到含有 Zn、Co、Cd 等的滤液，采用锌钴活化剂将钴活化聚凝，使钴从溶液中除去，压滤得到高钴渣和含 Zn、Cd 的滤液，再用锌粉置换镉绵，自然过滤得到高含量海绵镉和含锌滤液，将海绵镉压团成饼，含锌溶液返回到湿法炼锌浸出系统回收锌。

2.1.1 物质组成分析

净化系统新产出的镍钴渣呈灰黑色，含水 25% ~30%，堆密度为 1.98~2.30g/cm³，可以直接浆化进行分散。堆放在渣场经自然风化后，部分变为粉状，颜色呈浅灰色夹杂微黄色。实验所用的镍钴渣为西部矿业股份有限公司新产出渣，其组成如表1所示。

表1 镍钴渣化学成分（干基）

元素	Zn	Co	Cd	Pb	Ni
含量（%W）	41.2	0.44	11.7	0.95	0.07

2.1.2 实验条件探索

2.1.2.1 浸出实验研究

镍钴渣中的锌、钴、镉主要以硫酸盐和氧化物形式存在，均为弱酸条件下可溶性强的物质，根据本次实验镍钴渣原料锌的含量为一般锌电解系统的锌离子浓度，确定液固比为3:1，实验发现，液固比过小锌钴分离困难，过大容易引起生产水平衡失调，实际生产可以根据原料的锌含量适当调整液固比。

（1）硫酸浓度对镍钴渣浸出率的影响

实验条件：70℃，液固比3:1，浸出时间1h，改变硫酸用量进行实验，考察不同的硫酸浓度对 Zn、Co、Cd 浸出率的影响，结果见图1。

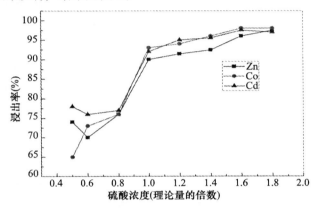

图1　硫酸浓度对镍钴渣浸出率的影响

从图1可以看出，随着硫酸浓度的增加，各种可溶于硫酸盐离子的浸出率逐渐增大，硫酸用量大于理论量的1.2～1.4倍时，浸出率变化平缓，大于1.4倍后，浸出率几乎不再变化，按此趋势，继续增加硫酸浓度对浸出率变化影响不大，可能是因为渣中含有部分硫化物。由以上实验结果，终点 pH 值控制在0.5以下，硫酸浓度选定以理论量的1.2～1.3倍为宜。

（2）温度对镍钴渣浸出率的影响

实验条件：液固比3:1，浸出时间1h，硫酸用量为理论量的1.3倍进行实验，考察不同温度对 Zn、Co、Cd 浸出率的影响，结果见图2。

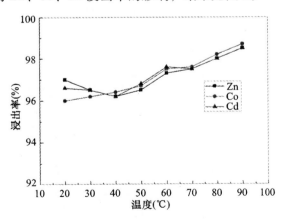

图2　不同温度下镍钴渣的浸出率

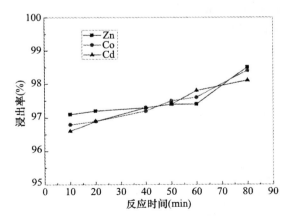

图3　不同反应时间下镍钴渣的浸出率

从图2可以看出，室温下镍钴渣中各元素的浸出率很高，表明整个浸出过程反应热足以维持反应过程的进行，但是实验过程中发现，温度过低，浸出液不容易过滤，影响效率，考虑到能耗，因此建议反应温度为 70 ~ 80℃。

（3）时间对镍钴渣浸出率的影响

实验条件：70℃，液固比 3:1，硫酸用量为理论量的 1.3 倍进行实验，考察不同反应时间对 Zn、Co、Cd 浸出率的影响，结果见图 3。

从图 3 可以看出，在很短的反应时间内，浸出率达到 95% 以上。随着时间的增加，镍钴渣的浸出率变化不是很大，在加料的过程中反应几乎进行完全。但实验过程中发现，浸出时间太短，过滤困难，考虑到与实际操作的衔接，反应时间以 80min 为宜。

（4）最优条件实验

综合以上的单因素条件实验，最终确定最佳实验条件为：温度 70℃，液固比 3:1，浸出时间 80min（加入矿样后的搅拌时间），硫酸浓度为理论量的 1.3 倍。实验结果见表 2。

表 2　浸出最佳实验结果

	Zn	Co	Cd
投入镍钴渣（g）	150（干渣）		
产出一段浸出渣（g）	44.87（干渣）		
一段浸出渣成分（%）	45.45	0.62	8.81
一段浸出率（%）	67	58	77.48
产出二段浸出渣（g）	3.6（干渣）		
二段浸出渣成分（%）	14.50	0.75	0.77
二段浸出率（%）	97.4	90.3	96.76
总浸出率（%）	99.16	95.91	99.84

（5）结果分析与总结

根据镍钴渣的成分和物质组成以及实验探索，发现镍钴渣全浸工艺，如果要使其中的有价金属能够有效浸出，浸出终点的 pH 很低，但是在锌钴分离的过程中，pH 值过低，就要消耗大量的锌钴活化剂，因此采用硫酸二段浸出工艺，一段弱酸浸出，起始酸度 110 ~ 135g/L，终点 pH = 4.5 ~ 5.0，温度 80℃，液固比 3:1，浸出时间 1h，硫酸用量为理论用量的 0.6 ~ 0.8 倍；二段高酸浸出，起始酸度 190 ~ 200g/L，终点 pH 在 0.5 以下，温度 80℃，液固比 3:1，浸出时间 1h，硫酸用量为理论用量的 1.3 倍。一段滤液进入锌钴分离工序，二段滤液返回一段浸出，铅渣堆存后外售（含 Pb 30% ~ 40%）。通过条件探索，最终确定浸出为两段浸出操作，工艺技术条件如表 3 所示，表 4 为两段浸出实验结果表。

表 3　两段浸出工艺技术条件

	液固比	温度（℃）	时间（h）	始酸（g/L）	终酸 pH
一段浸出	(3:1) ~ (4:1)	70 ~ 80	1	110 ~ 135	4.5 ~ 5.0
二段浸出	(3:1) ~ (4:1)	70 ~ 80	1	190 ~ 200	<0.5

表 4　镍钴渣两段浸出流程实验结果

	Zn	Co	Cd
一段浸出渣含量（%）	45.45	0.62	8.81
一段浸出率（%）	67	58	77.48
二段浸出渣含量（%）	14.50	0.75	0.77
二段浸出率（%）	97.4	90.3	96.76

从表 3 的结果可知，镍钴渣两段浸出流程与前面的单因素探索实验的结果是吻合的。

综合以上实验结果，镍钴渣中的元素大部分以硫酸盐、氧化物、氢氧化物形式存在，用硫酸浸出易于将其有价金属转入容易，而且硫酸体系和湿法炼锌体系是相同的，所以，经过除钴、镉后的硫酸锌溶液可以返回中浸，达到了主金属无污自循环和有价金属高效富集综合回收的目的。

2.1.2.2 锌钴分离实验研究

锌钴分离是镍钴渣综合回收利用新工艺技术关键，镍钴渣全浸滤液是一种复杂的多硫酸盐共存体系，含有硫酸锌、硫酸钴、硫酸镍、硫酸镉等硫酸盐。因此，研究各种可能因素对锌钴分离的影响程度，以确定分离工艺参数是十分重要的。

（1）锌钴活化剂浓度对锌钴分离的影响

经过大量的探索，西北矿冶研究院成功开发出锌钴活化剂，对锌钴硫酸体系溶液进行沉淀分离。实验条件：80℃，反应时间 2h，pH 值 4.0，$CoSO_4$ 浓度 1.3g/L。考察锌钴活化剂用量（理论量的倍数）对钴沉淀率的影响，结果见图 4。

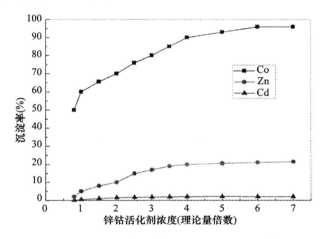

图 4　锌钴活化剂浓度对锌钴分离的影响

由图 4 可以看出，随着锌钴活化剂浓度（用过量倍数表示）的增大，钴沉淀率不断增大，在过量倍数达到 5 左右，达到了 97% 以上的沉淀率，滤液中的钴离子浓度可以降至 15mg/L 以下，符合返回中浸流程的要求。锌离子也随着钴沉淀率的增加沉淀率增大，但渣率仅 2% ~ 4%，锌损失很少，镉沉淀率一直在 2% 以下，加之渣率很小，所以不会对环境造成污染。因此，选择锌钴活化剂的用量以理论量的 6 倍以上为宜，加大用量完全可以提高沉淀率至 98% 以上，钴浓度最低可以降至 3mg/L 以下，但是试剂消耗过大，成本增加。

（2）pH 值对锌钴分离的影响

实验条件：80℃，反应时间 2h，$CoSO_4$ 浓度 1.3g/L，锌钴活化剂过量 6 倍。考察 pH 值对钴沉淀率的影响，结果见图 5。

从图 5 可以看出，随着 pH 值的增大，钴、锌的沉淀率都在增大，在 pH 为 4 时钴沉淀率达到了最高，pH 值继续增大，沉淀率变化不是很大，而且 pH 到 6 时钴沉淀率反而会减小，可能是锌的沉淀率一直在增大，生成了碱式碳酸锌，影响了钴的沉淀。镉的沉淀一直维持了 1.5% 以下，况且渣率很小，不会对环境造成隐患。综上所述，选择 pH 值为 4 左右为宜。

（3）温度对锌钴分离的影响

实验条件：pH = 4，反应时间 2h，$CoSO_4$ 浓度 1.3g/L，锌钴活化剂过量 6 倍。考察温度对钴沉淀率的影响，结果见图 6。

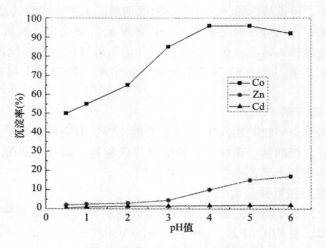

图 5 pH 值对锌钴分离的影响

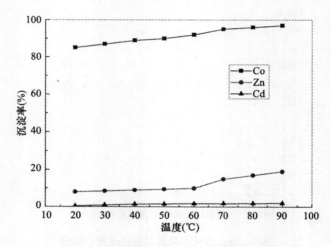

图 6 温度对锌钴分离的影响

从图 6 可以看出，随着温度的升高，钴、锌的沉淀率都有所增加，但是沉淀率变化很小，说明温度对锌钴分离的影响很小，锌可能以夹杂的形式进入了钴沉淀物中。在实验过程中发现，低温度虽然对锌钴分离的效果影响不大，但对过滤速率影响很大，所以，为了提高实际工业生产的效率，选择比较高的温度进行操作，以 80℃ 左右为宜。

（4）反应时间对锌钴分离的影响

实验条件：80℃，pH = 4，$CoSO_4$ 浓度 1.3g/L，锌钴活化剂过量 6 倍。考察温度对钴沉淀率的影响，结果见图 7。

从图 7 可以看出，随着反应时间的增加，钴、锌离子的沉淀率均在增大，反应时间达到 120min 时沉淀率达到最大，随着反应时间继续增大，沉淀率会略微增加，但是锌的沉淀率会大幅上升，可能是晶粒长大的作用，锌离子开始和钴形成共沉淀的缘故。因此，选择反应时间在 120min 为宜。

（5）正交试验分析

通过以上单因素条件实验的探索，确定最佳实验条件为锌钴活化剂用量为理论量 6 倍、温度为 80℃、pH = 4、反应时间 = 120min，设计 L_{16}（3^4）正交实验表，正交实验表见表 5，经过极差分析得出，各因素对锌钴分离影响的大小顺序依次为锌钴活化剂过量倍数 > pH 值 > 时间 >

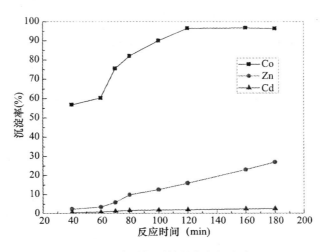

图 7　反应时间对锌钴分离的影响

温度。根据正交实验分析结果，确定最佳实验条件为：锌钴活化剂过量倍数 7 倍，pH = 4，时间为 120min，温度 80℃。在最佳实验条件下和锌钴活化剂过量倍数 7 倍，pH = 4，时间为 140min，温度 80℃做两组验证实验，发现最佳条件下钴沉淀率可以达到 96.5% 以上，时间为 140min 的实验虽然可以达到 96% 以上的钴沉淀率，但是沉淀含锌偏高，故最终选择正交分析后的最佳实验条件：锌钴活化剂过量倍数 7 倍，pH = 4，时间为 120min，温度 80℃。

表 5　L_{16}（3^4）锌钴分离研究正交实验

实验序号	锌钴活化剂过量倍数	温度（℃）	pH	时间（min）	钴沉淀率（%）
1	4	60	3	80	72.5
2	4	70	4	100	82.5
3	4	80	5	120	88.7
4	4	90	6	140	90.7
5	5	60	4	120	96.5
6	5	70	3	140	89.9
7	5	80	6	80	93.4
8	5	90	5	100	88.8
9	6	60	5	140	94.7
10	6	70	6	120	94.2
11	6	80	3	100	92.8
12	6	90	4	80	93.5
13	7	60	6	100	95.8
14	7	70	5	80	93.2
15	7	80	4	140	96.4
16	7	90	3	120	93.8
$\sum 1$	334.4	359.5	349	352.6	—
$\sum 2$	368.6	359.8	368.9	359.9	—

实验序号	锌钴活化剂过量倍数	温度（℃）	pH	时间（min）	钴沉淀率（%）
Σ3	375.2	371.3	365.4	373.2	—
Σ4	379.2	366.8	374.1	371.7	—
T1	83.6	89.9	87.3	88.2	—
T2	92.2	90.0	92.2	90.0	—
T3	93.8	92.8	91.4	93.3	—
T4	94.8	91.7	93.5	92.9	—
R	11.2	2.9	5.7	5.1	
最优条件	7	80	6	120	—
因素影响顺序	锌钴活化剂过量倍数 > pH 值 > 时间 > 温度				

2.2　铜镉渣工艺研究

铜镉渣综合回收的基本思路为：主要回收铜镉渣中的锌、镉、铜等有价金属。控制始酸酸度及终点 pH 值，进行铜镉渣的一段浸出。浸出后矿浆经压滤，滤液进行一次置换；产出滤渣经二段浸出后即为铜渣，可作为中间产品出售。二段浸出时加入铜浸出抑制剂，可在浸出锌、镉的同时抑制铜的浸出。一次置换所得海绵镉含 Zn < 2%，控制锌粉加入量，一次置换后液经自然过滤得海绵镉。过滤后一次置换后液送至二次置换。二次置换后液送至压滤机压滤，产出的海绵镉加入一段浸出置换铜离子，滤液即贫镉液，返回锌冶炼浸出系统。

2.2.1　物质组成分析

净化系统新产出的铜镉渣呈灰红色，含水 28% ~ 30%，可以直接浆化进行分散。随着时间的延长，会因失水而结块，颜色变为褐色或微绿色（含铜高），堆放在渣场经自然风化后，部分变为粉状，颜色呈微绿色。实验所用的铜镉渣为我公司新产出渣，其组成及锌物质形态如表 6 所示。

表 6　铜镉渣成分

元素	Zn	Cu	Cd	Pb
成分（%）	30	10.2	9.8	2.7

2.2.2　实验条件探索

2.2.2.1　浸出实验

铜镉渣由净化系统一净工序锌粉置换获得，其中的主要成分 Zn、Cd、Cu 都为金属状态。由于锌和镉的标准氧化电位为负（分别为 -0.72V 和 -0.40V）的活泼金属，在酸性溶液中，锌和镉发生简单的置换溶解反应，如：$Zn^0 + 2H^+ \rightarrow Zn^{2+} + H_2 \uparrow$；$Cd^0 + 2H^+ \rightarrow Cd^{2+} + H_2 \uparrow$

铜镉渣浸出的目标是浸出全部镉和锌等有价金属，而让铜、铅和硅酸盐等留在浸出渣中。因此，浸出过程中，用硫酸溶液作浸出剂。最终确定采用两段浸出工艺，工艺条件见表 7，两段浸出实验结果见表 8。

表 7　两段浸出工艺技术条件

	液固比	温度（℃）	时间（h）	始酸（g/L）	终酸 pH
一段浸出	(6~8):1	70~80	2	110~135	4.5~5.0
二段浸出	(3~4):1	70~80	1.5	190~200	<0.5

表 8　两段浸出实验结果表

	Zn	Cu	Cd
铜镉渣重（g）	150（干基）		
浸出渣重（g）	35.6（干基）		
渣成分（%）	5.21	41.6	1.26
浸出率（%）	95.88	3.21	96.95

2.2.2.2　置换实验

从热力学上讲，只能用较负电性金属置换溶液中较正电性的金属。由 E—pH 图分析可以知道，在 298K 下，金属离子浓度为 1mol/L 时，$Zn^{2+}/Zn = -0.763V$，$Cd^{2+}/Cd = -0.402V$，所以用锌粉置换镉从热力学角度上讲是可行的。其置换反应为：

$$Zn + Cd^{2+} = Zn^{2+} + Cd \downarrow$$

本工艺流程采用的除镉原液是用除钴后液，是含有锌、镉和微量钴的溶液，成分见表 9，采用两段置换除镉。

表 9　除钴后液主要成分表

除钴后液	Zn	Cd	Co
成分	105g/L	27g/L	19.6mg/L

注：其他成分在除钴后液中为微量，故不一一列出。

由于锌粉置换镉的工艺已经非常成熟，所以实验对置换温度、置换时间等条件采用经验数据。实验条件：起始酸度：pH = 4.0，温度：$t = 40~50℃$，时间：$T = 0.5~1h$，考察锌粉用量对置换除镉的影响，结果见图 8。

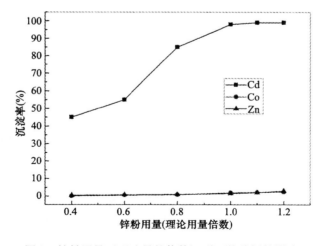

图 8　锌粉用量（理论量的倍数）对置换除镉的影响

图 8 表明，随着锌粉加入量的增加，Cd 的沉淀率（还原率）也随之增大，锌粉用量至理论量的 1 倍时，镉基本沉淀完全，建议锌粉用量为理论量的 1 倍为宜。实际生产中用的合金锌粉的有效锌可能在 80% 左右，锌粉用量可能会加大。

2.3 净化渣工业生产

在前期大量的实验探索的基础上，由西北矿冶研究院负责进行了综合回收系统的设计，目前，该系统已经投入试生产运转，效果良好，目前返回系统硫酸锌溶液 Zn > 100g/L，Co < 20mg/L，Cd < 500mg/L，一段置换镉饼含镉 > 80%，技术经济指标良好。

根据实验研究的工艺技术条件和实际运行情况，确定了图9和图10的净化渣综合回收原则工艺流程。

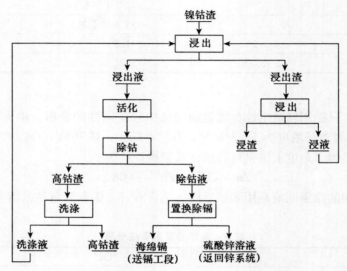

图9 镍钴渣综合回收利用原则工艺流程

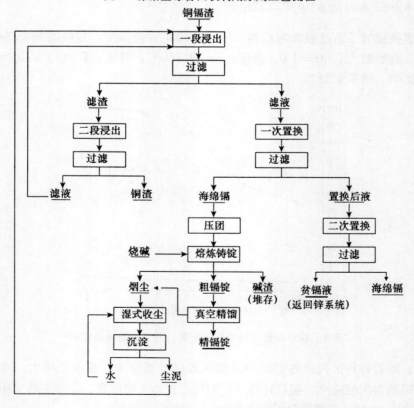

图10 铜镉渣综合回收利用原则工艺流程

3   结论

（1）本工艺研究解决了企业净化渣环保、高效综合利用技术的行业共性难题；

（2）与传统工艺相比，本工艺可以处理钴含量大于 500mg/L 高钴溶液，并且处理后的贫钴溶液可以直接返回锌冶炼浸出系统，产出钴富集比达到 80 倍的高钴渣，可以作为钴精矿直接出售；

（3）由于我公司一段净化生产不稳定，镉大量进入镍钴渣中，利用本工艺技术可以使贫钴液通过两段置换把镉有效回收为金属镉锭，避免镉在镍钴渣中的损失；

（4）本工艺技术可以通过全浸、分离等综合手段处理锌冶炼系统产生的复杂成分重金属类事故渣；

（5）实现了主金属的自循环利用和其他有价金属的高效富集回收，杜绝了有价金属流失；

（6）无废水废渣产生，是一个闭路循环的工艺流程，实现了真正意义上的清洁冶炼。

参 考 文 献

[1] 彭容秋. 有色金属提取冶金手册（锌镉铅铋卷）[M]. 北京：冶金工业出版社，1992.

[2] 孙倬. 重有色金属冶炼设计手册（铅锌铋卷）[M]. 北京：冶金工业出版社，2008.

[3] 徐鑫坤，魏昶. 铅冶金学 [M]. 昆明：云南科技出版社，1996.

[4] 东北大学. 锌冶金 [M]. 北京：冶金工业出版社，1978.

[5] 戴军. 用锑砷混合添加剂从硫酸锌溶液中除钴的研究 [D]. 沈阳：东北大学，2002.

[6] 刘自力，朱晓云. 硫酸锌溶液深度净化除钴的现状与发展 [J]. 云南冶金，2003，(3)：16 - 21.

[7] 梅光贵，王德润，周敬元，等. 湿法炼锌学 [M]. 长沙：中南大学出版社，2001.

[8] 李治国，徐海. 湿法炼锌 β - 萘酚除钴试验与生产 [J]. 有色冶炼（重金属），2002：36 - 39.

[9] 蒋伟，王海北，刘三平，等. β - 萘酚钴盐渣的综合利用 [J]. 有色金属，2009，(4)：87 - 89.

作者简介：

马元虎，1972 年出生，冶炼高级技师。现就职于西部矿业股份有限公司冶炼事业部锌业分公司生产技术部部门经理。

如何提高沸腾焙烧炉可溶锌率

景银德

（西部矿业股份有限公司　青海西宁　810016）

摘　要：文章阐述了如何提高沸腾焙烧炉可溶锌率，可溶锌率的高低直接影响到浸出率，对湿法炼锌的经济效益具有深远的意义。

关键词：焙烧；可溶率；过剩空气系数

某公司 $80m^2$ 沸腾焙烧炉是由湖南长沙有色金属设计研究院设计的一台大型焙烧炉，配套于 6 万 t 电锌生产，于 2007 年 7 月建成投产，一次投料成功并产出合格焙砂。生产能力不断提高，但焙砂可溶率却一直较低（88.3% ~90.5%），困扰着该公司的生产。如何提高焙烧炉焙砂可溶率，降低不溶锌含量，从而减少后序浸出渣的含锌量，提升锌的直收率，降低该公司生产成本，具有重大的现实意义和深远的企业影响。

1　生产情况

本焙烧炉采用高温氧化焙烧和硫酸化焙烧相结合的工艺处理硫化锌精矿，控制焙烧炉风量 $42000 ~43000m^3/h$（最大不超过 $48000m^3/h$）、投料量 $15 ~18t/h$、炉温 900 ~930℃、风箱压力 13.0 ~16.0kPa，生产相对稳定。

2　原因分析

2.1　原料及配矿

针对目前锌精矿采购难的局面，该公司为了满足生产需要和降低采购成本，锌精矿采购有多种矿源。为了满足工艺要求，配矿就显得尤为重要，从工艺要求看入炉矿的质量要求为：Zn ≥49%、S≥28%、H_2O：7% ~9%、Pb <1.5%、Fe <11.5%、Cu <0.25%、Cd <0.3%、Co <0.006%、SiO_2 <3.0%。由于配矿场地有限和矿源紧张的影响，该公司入炉矿的质量一般 Fe 含量超标，Pb、SiO_2 含量偶尔也超标，给焙砂可溶锌带来很大的影响。

2.1.1　铁的影响

焙砂的含铁量是影响浸出率高低和浸出渣量大小的重要因素。铁含量少，焙砂可溶锌率高，浸出渣率少，锌的浸出率和回收率也相应提高。焙砂中的铁每增加 1.0%，不溶锌则增加 0.6%。焙砂含铁量一般为 7% ~9%，若焙砂含铁量超过 9%，预中和上清液中三价铁将超过 7g/L，沉钒除铁困难。生产数据表明焙砂含铁量增加，亚铁和残硫量也会成一定比例增加。

2.1.2　铅和二氧化硅的影响

铅和二氧化硅同时存在容易生成低熔点物质，造成炉料的黏结或生成炉结，堵塞风帽降低硫化锌的氧化速度，还会黏结在炉内壁，烟道内壁给系统造成压力变化，从而影响焙烧炉的投料量。

2.1.3 焙砂含残硫的影响

焙砂中的残硫一方面影响浸出率，一方面残硫量高会加速高价铁在酸浸和预中和工序被还原成二价铁，造成锰粉的过量加入，直接导致湿法系统中锰离子的含量上升，阳极泥量增加，电解电效降低。如果持续过低则会造成系统锰离子的急剧下降，也会对电解阳极的保护产生不利影响。焙砂含残硫一般控制在 0.4% ~ 0.6%，低于 0.3% 高于 0.7% 均要采取措施使之保持在正常范围。

2.2　入炉锌精矿粒度

（1）粒度（该公司入炉锌精矿粒度要求 80 目）变细使入炉锌精矿流态化焙烧的效果增强，锌精矿在焙烧炉内沸腾中接触面积增大，能够充分与空气中的氧气结合生成氧化锌，并减少了未完全氧化的锌精矿的含量，使沉积于焙烧炉内的焙砂能够有效地吹动，有利于焙砂及时从焙烧炉中排出，避免和焙砂热量在炉内的蓄积，对降低炉温有一定的效果。

（2）粒度变细的锌精矿焙烧后跟随焙烧烟气进入后段收尘系统，焙砂烟尘在焙砂产量中的比重提升，而烟尘的焙砂质量比溢流焙砂的质量高的多，因此有利于提升焙烧炉焙砂的质量。

2.3　焙烧温度

焙烧炉焙烧温度越低，焙砂质量越高，所以温度已不是影响反应速度的决定因素。但是升高温度能加速气体分子的扩散，而且硫化锌的蒸气压也增加，硫化锌在气态下氧化速度也增加，因此高温对提高反应速度仍然是有利的。应该指出，温度过高，炉料表面可能黏结，会阻碍气流扩散，甚至使沸腾层结死。

由于前期炉内水套的盘管之间的缝隙过小，在生产过程中焙砂容易堆积在水套中间的空档处和空隙内，在高温下烧结，导致水套换热效果不好。再加上炉床施工质量的问题导致漏气，目前焙烧炉内部一周风帽已浇筑死，实际炉床面积 $<80m^2$，沸腾效果不好，产能下降。

2011 年 2 月该公司焙烧炉控制温度由原来的 900 ~ 950℃ 降低到现在的 900 ~ 930℃，以提升焙烧炉的焙砂质量，降低焙烧炉的锌精矿的入炉量必然导致焙烧温度的降低，不符合该公司降低成本和提高产量的需求，因此经该公司研究决定大修时将增大焙烧炉内部的 6 组水套的换热面积，加宽水套盘管之间的缝隙防止焙砂堆积烧结，来增加投料量和降低炉内温度。

2.4　风量的影响

沸腾层气流速度的增加，有利于氧化反应的进行。因此该公司已将沸腾层的气流速度由 0.4 ~ 0.5m/s 提高到 0.7 ~ 0.8m/s，对于高铅易熔的精矿，气流速度甚至提高到 1m/s 以上。必须指出，在增加气流速度时，风量也相应增加。为了保证烟气中 SO_2 浓度不变，风料比和过剩空气系数也不变。从冶金物理化学的原理判断，富氧的应用对提高焙烧反应速度是有利的。有实践数据证明，采用约 27% O_2 的富氧鼓风，焙烧炉单位生产率可提高 40% ~ 50%。

2.5　投料量的影响

焙烧炉的进料量要均匀稳定，保持一定的风料比 [(2100 ~ 2400):1]，以保证锌精矿在炉内的停留时间，降低残硫，充分反应。

2.6 合理配加锌浮渣

锌电解产生浮渣的化学成分中含锌在 80% ~ 90%，而这些锌都是可溶锌，不含硫元素，但氯元素含量较高，加入到锌精矿中具有以下特点：

（1）元素中不含硫元素，因此不产生反应热；

（2）含有的锌元素都是可溶锌，因此有利于提高焙砂中的可溶锌含量；

（3）锌浮渣处于常温状态进入炉内，可以在炉内吸收一定的热量，降低焙烧炉焙烧温度；

（4）锌浮渣中含氯元素较高，在添加锌浮渣时对于浸出系统具有危害；

（5）锌浮渣如果大量加入可能在炉内形成明锌，产生烧结现象，不利于生产。

3 结束语

焙烧炉可溶锌率的高低与以上几点的分析密不可分，合理配矿，正确操作，以此提高焙烧炉的可溶锌率，为该公司降低生产加工成本作出应有的贡献。

作者简介：

景银德，1978 年出生，助理工程师，现就职于冶炼事业部生产管理部。

锌净化过程中镉复溶过程分析与对策

张佩善

（西部矿业锌业分公司　青海西宁　810016）

摘　要： 镉复溶是硫酸锌溶液净化过程中的一种副反应。本文通过对镉复溶机理的论述，探讨净化过程中影响二段镉复溶的因素，从而在生产实践中采取相应的措施抑制镉复溶，取得良好效果。

关键词： 镉复溶；硫酸锌；净液；影响因素

湿法炼锌过程中，镉是一种有害的杂质，所以在锌电解前必须除去。西部矿业锌业分公司冶炼车间净化工序现为两段连续净化。在净化置换除杂质的时候，镉往往会时常复溶，致使新液的合格率降低，增加锌粉消耗，加大了生产成本，增加员工的劳动强度等，本文通过对镉复溶因素对生产影响的分析，在实际生产实践中采取那些相应的措施抑制镉复溶进行分析探讨。

1　镉复溶机理

镉复溶是指净化过程中已被置换出来的金属镉被电位较高的氧气及溶液中的杂质离子氧化，从而再次以离子状态进入溶液。如下式所示：

$$Cd + 1/2 \ O_2 = CdO$$
$$CdO + H_2SO_4 = CdSO_4 + H_2O$$

复溶产生的镉离子进入溶液。从 ZnCd 的标准电极电位可知，Zn 粉能有效抑制镉的复溶，其反应式如下：

$$CdSO_4 + Zn = ZnSO_4 + Cd$$

2　镉复溶的影响因素和控制

在现场的生产中，影响镉复溶的最主要因素有中上清的质量、沉淀物与溶液接触时间、溶液的温度及反应时间。为降低镉复溶，我们采取了以下具体对策。

（1）上清的质量

在保证中上清质量的同时，为加快净液一次压滤速度，改变中性浸出进口 pH 值为 2.5~3.0，并将中上清酸化至 4.5 左右，控制好一次净化技术条件，保证锌粉足量并稍过量及均匀的流量，在板式压滤机中造成还原气氛，为减少镉复溶打下了基础。

（2）沉淀物与溶液接触时间

净化后的过滤设备一般采用板框式压滤机。压滤过程中镉很容易复溶，并且随着压滤机操作时间的延长、渣量的积累、过滤速度的减慢，镉的复溶程度增高，这是因为随着渣量的积累、过滤速度的减慢，造成 Co、Ni 渣中析出的金属镉量增加，溶液与渣接触的时间变长。压滤过程中，压滤机内无还原气氛存在，置换析出的海绵镉在压滤的机械作用下易于和金属锌基体脱离以"电化学溶解"的方式重新进入溶液当中，导致镉的复溶。而且随着压滤机时间的延长、渣量的积累、过滤速度的慢，镉复溶更为严重。在设备已定的情况下，实际生产中只有缩短压滤时间、减少渣量积累、提高过滤速度、增大卸渣频率以及根据生产流量合理开动压滤机台数来改善过滤条件，从而大大减少镉复溶的机会。

（3）溶液温度

据有关文献，升高温度会引起氢超电压降低，所以，在氢与镉析出电位非常接近的情况下，温度升高会造成氢离子放电从而导致镉的复溶，采取严格控制净化系统的反应温度，在保证净化除钴有效温度的同时，避免温度过高对镉复溶的影响。要求二次净化头槽温度控制在85℃左右，尾槽温度控制在80℃左右。同时也可以根据中上清液含钴量的多少适当调整头槽和尾槽的温度，实践证明，中上清液含钴0.003 ~ 0.006g/L 之间，温度可控制在 70 ~ 75℃时，可有效抑制镉复溶。

（4）反应时间

随着反应时间的延长，溶液中镉离子的浓度不断升高，尤其是反应时间超过2h，镉的复溶率成倍增长。实际生产中，长时间停车导致净化槽中 Cd 浓度的成倍增加。反应时间过长，锌粉的置换能力下降，而置换出来的海绵镉结构松散，加之各种简单的机械原因（搅拌、流动时的撞击等），容易和金属锌基体脱离并发生溶解作用，同时脱落的细粒中还含有其他电位较镉更正的金属阳离子（As、Sb、Co、Ni 等），则镉在和它们组成的微电池中会成为阳极迅速溶解进入溶液当中。另外随着反应时间的过长，大气中的氧含量在 ZnSO$_4$电解溶液中增加，也加速了已析出的海绵镉的化学溶解过程，实际生产中，反应时间过长就意味着停车时间过长或连续流量较小。所以要根据浸出及电解两工序的生产流量，科学合理地调整本工序生产流量，使系统能够连续稳定生产，避免因停车造成的镉复溶。当停车时间超过2h，可在开车0.5h 前补加一定量的锌粉，使净化槽中具有足够的还原气氛，可有效地抑制镉的复溶，提高新液一次合格率。

3　结论

（1）通过对净化过程中影响镉复溶因素的分析研究，在生产实践中采取了相应措施，镉复溶得到了有效控制，从而使新液一次合格率有很大提高，提高了一级锌锭的100%的合格率。

（2）硫酸锌溶液净化过程中引起二段镉复溶的因素有中上清的质量、沉淀物与溶液接触时间、溶液的温度及反应时间，通过控制这些因素，可以最大限度地减少镉复溶，提高新液一次合格率，并可大大降低净化的生产成本。

参 考 文 献

[1] 赵天从. 重金属冶金学 [M]. 北京：冶金工业出版社，1981.
[2] 杨显万. 邱定湿法冶金 [M]. 北京：冶金工业出版社，1998.
[3] 李洪桂. 湿法冶金 [M]. 长沙：中南工业大学出版社，1998.

作者简介

张佩善，1983 年出生，现任职于西部矿业锌业分公司冶炼车间净化工段主控手岗位。

卡炉处理铜浮渣实践

蔡 文

（西部矿业铅业分公司 青海西宁 810016）

摘 要： 介绍了采用卡尔多炉处理粗铅精炼过程中产生的铜浮渣的工艺技术、主要设备和生产实践，并对工艺改进进行了探讨。实践证明：卡炉处理铜浮渣的火法工艺综合回收率高、粗铅一次产出率高、生产成本低、设备先进、周期短处理量大等优点，是一种处理铜浮渣的新方法。

关键词： 卡尔多炉；铜浮渣；生产实践；回收率

在粗铅的火法精炼过程中，经过熔析除铜和加硫除铜产生了大量的铜浮渣，其主要成分是铜和铅，并含有大量的有价金属。目前国内对此类含铜浮渣采用鼓风炉法、反射炉法及转炉法等火法工艺和湿法工艺回收其中的铅、铜、金、银等有价金属。但以上火法工艺普遍存在铅铜分离不彻底、粗铅产出率低、能耗高等缺点，而湿法工艺虽然能较好地分离铜铅，但在生产过程中的液固分离较麻烦。本文介绍的卡炉处理铜浮渣工艺，工业实践效果良好，粗铅产出率达90% 以上，铅综合回收率可达97% 以上，金银综合回收率可达98.5% 以上。

1 工艺原理

粗铅火法精炼中产生的浮渣中铅主要以 PbO、PbS 和共熔体形式存在，冶炼过程中加入一定量的焦炭、苏打及铁屑，使物料在高温熔融状态下充分反应，使其中的杂质造渣，将有价金属根据各自的特性进行分离回收。

配入苏打是为了降低炉渣的熔点，形成钠硫，降低渣含铅并使砷、锑砷酸钠、锑酸钠造渣，脱除部分砷、锑。化学反应式如下：

$$4PbS + 4Na_2CO_3 = 4Pb + 3NaS + Na_2SO_4 + 4CO_2 \uparrow$$

$$As_2O_5 + 3Na_2CO_3 = 2Na_3AsO_4 + 3CO_2 \uparrow$$

$$Sb_2O_5 + 3Na_2CO_3 = 2Na_3SbO_4 + 3CO_2 \uparrow$$

配入焦炭是为了维护炉内有一定的还原气氛，防止硫化物氧化，以保证造锍有足够的硫，并有还原 PbO 的作用，化学反应式为：

$$PbO + C = Pb + CO$$

加入铁屑的目的是让铁屑与锍充分反应，降低锍中含铅量，达到冰铜和铅分离，其主要化学反应式为：

$$PbS + Fe = Pb + FeS$$

反应结束后炉中的铅、冰铜及渣由于密度不同产生分层，各自按顺序产出。

2 实践

（1）原辅料

生产主要原料为粗铅电解过程中火法精炼产生的铜浮渣，辅料为苏打、焦炭和铁屑（用粗铅上附带的铁钩代替），铜浮渣成分见表1。

表1 投入铜浮渣的物料成分

Pb	Sb	Cu	S	Au（g/t）	Ag（g/t）
81.4%	2.02%	3.76%	—	3.08	860

（2）设备及流程

实验设备采用炉缸内衬澳镁砖，炉体外径3.65m，炉体长度6.1m的卡炉。烟气经过文丘里、液滴分离器和文丘里风机等组成的湿法净化系统。主设备流程图连接如图1：

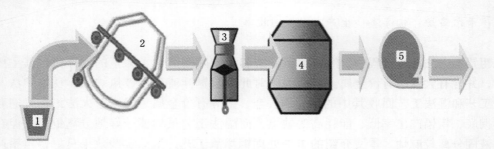

图1 卡炉处理铜浮渣主设备连接示意

1—箕斗车；2—卡尔多炉；3—文丘里；4—液滴分离器；5—文丘里分机

（3）处理方法

先通过预热对卡炉升温，当炉内温度达到1000℃左右，将铜浮渣和苏打、焦炭及铁钩通过混合加入箕斗车，然后由箕斗车加入卡炉进行冶炼。所有物料混合后分批加入，每批物料加入后用燃气喷枪进行预热，卡炉炉体缓慢旋转，使物料能够均匀混合，等全部物料加料完毕后，开始用燃气喷枪进行升温。等炉内物料全部大部分熔化后，提高卡炉转速，使物料充分反应。炉内温度达到1100～1200℃时，炉内物料全部熔化，高速旋转一段时间后缓慢降低转速，用低燃气量进行保温，等炉内反应完毕后，炉体静止一段时间，使炉内的产出物进行分层。然后依次进行出稀渣、冰铜和粗铅，也可以出完稀渣后让冰铜和粗铅一起产出，在铅包内分层后铸锭。烟尘通过湿法净化系统收集。整个冶炼周期为5～6h。

（4）实践结果

将不同比例的铜浮渣、苏打、焦炭及铁粉进行混合后进行了实验，技术指标数据见表2。

表2 浮渣处理结果

项目	铜浮渣：苏打：焦炭：铁屑		
指标	100:3:1:1	100:2:1:1	100:1:1:1
处理量（t）	50.28	48.86	50.95
粗铅产出率（%）	92.1	91.23	89.9
铅综合回收率（%）	97.8	96.3	95.8

续表

项目	铜浮渣:苏打:焦炭:铁屑		
冰铜率(%)	7.14	5.43	7.8
烟尘率（%）	2.62	2.44	2.58
燃气消耗（m³）	1346.7	1291.1	1582

由表 2 可以看出：实验过程中苏打和铜浮渣的比例由 1:100 增高到 3:100，使粗铅产出率和铅综合回收率分别由 89.9% 和 95.8% 提高到 92.1% 和 97.8%，可见苏打是有利于改善炉渣性质，但对烟尘率的影响不是很大。因此在合适的配比情况下可以提高粗铅直收率和综合回收率。

卡炉处理铜浮渣产出物的化学成分见表 3。

表 3　产出物成分

	Pb（%）	Sb（%）	Cu（%）	Au（g/t）	Ag（g/t）
粗铅	97.38	0.81	0.16	3.27	881.73
冰铜	10.56	—	49.62	0.14	529.86
渣	10	—	0.28	0	35

从表 3 可以看出，粗铅成分完全满足电铅生产要求；冰铜含铜和含铅比较理想，铜铅比例达到 4.7；渣中的铅含量仍然很高，需要进一步处理，但也可以根据卡炉的特点将渣直接保留在炉内继续熔炼，以达到更加理想的渣铅分离效果。

3　铜浮渣处理工艺的技术指标对比

对几种主要的浮渣处理工艺的部分主要技术经济指标进行了对比，见表 4：

表 4　浮渣处理工艺的部分主要技术经济指标

处理工艺	粗铅含铜（%）	冰铜含铅（%）	烟尘率（%）	粗铅产率（%）	铅回收率（%）	焦率（%）	处理能力（t·m⁻²·d⁻¹）
鼓风炉法	4.7	9.5	9~10	80~85	96~97	10~11	50
反射炉法	2.7	10	10~12	75~85	95~97	2~3	2~2.5
转炉法	1.5	4~5	4~5	70~85	97~98	5~6（煤）	3.5~4
卡炉法	0.41	10.5	2~4	90~92	97~98	1~2	50~80（吨/炉）

从表 4 中可以看出，鼓风炉、反射炉和转炉工艺在处理铜浮渣时候都因为铅铜分离不彻底，造成粗铅含铜较高；鼓风炉和反射炉的烟尘率都达到了 10%，对环境污染大，且产能较低；转炉的生产指标虽然和卡炉相近，但在处理能力、铅铜分离效果及铅的产出率方面比较，卡炉更具优势。

4　结论

试验结果证明，卡炉在处理铜浮渣的工艺是可行有效的，铅综合回收率达 97% 以上，金银回收率达98%以上，粗铅产出率90%以上，冰铜率7%左右，烟尘率2%左右，生产周期5~6h。与目前使用的其他铜浮渣处理工艺相比，该工艺自动化程度高，热效率高，铅铜分离效果好，处理量大，粗铅一次产出率高及环保效果好等特点，是处理铜浮渣的一条新方法，但在工艺生产中，参数需要进一步调整，以便达到最理想的效果。

作者简介：

蔡文，1978年出生，冶炼工程师。现就职于西部矿业铅业分公司生产部，主管工艺生产控制及参数优化工作。

浅析转炉吹炼过程中的喷溅

杨文栋

（西部铜材有限公司 内蒙古巴彦淖尔 015000）

摘 要： 本文介绍转炉吹炼过程中影响喷溅的因素，喷溅的危害以及在实际操作中产生喷溅的原因，提出处理喷溅的办法和应该注意的问题。

关键词： 转炉吹炼；喷溅

在火法炼铜工艺中，转炉吹炼的实质是向转炉内的冰铜中鼓入空气，进行氧化，脱除冰铜中的铁、硫及少量的铅锌杂质。通常情况下，吹炼过程分为两个周期——造渣期和造铜期。造渣期主要是硫化亚铁氧化造渣。其特征是定期分批地向转炉加入熔体冰铜和石英石熔剂，通过风口向炉内熔体中送入适量的压缩空气，进行氧化造渣，再定期分批地放出生成的转炉渣。造铜期主要是将 Cu_2S 氧化成 Cu_2O 并溶解在熔体中，Cu_2O 与 Cu_2S 发生交互反应生成粗铜。造渣期和造铜期的反应式如下：

$$2FeS + 3O_2 = 2FeO + 2SO_2 + 936.7kJ \tag{1}$$

$$2FeO + SiO_2 = 2FeO \cdot SiO_2 + 92.88kJ \tag{2}$$

$$2Cu_2S + 3O_2 = 2Cu_2O + 2SO_2 + 384.09kJ \tag{3}$$

$$Cu_2S + 2Cu_2 = 6Cu + SO_2 - 115.98kJ \tag{4}$$

实际上，转炉的造渣期、造铜期吹炼是极其复杂的物理、化学过程，在实际生产过程中，转炉会经常发生喷溅、过吹、炉子过冷、炉子过热等故障和事故，处理起来有一定的难度和风险，本文主要探讨转炉生产过程中的喷溅问题，工艺流程图见图1。

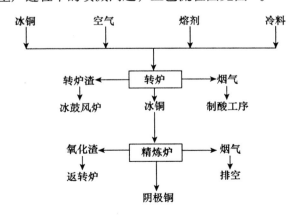

图1 转炉生产工艺流程

1 影响转炉喷溅的因素

1.1 鼓风量的变化

冰铜吹炼的一系列复杂的物理和化学过程都是通过鼓入的空气来进行的，向转炉内供给足够的风量是转炉生产的基本条件。转炉风压一般为 0.08 ~ 0.12MPa，满足这个条件才能克服风口上方熔体的静压力和保持一定的过剩的动压穿过熔体，因而风压不能过低；风压过高会使穿入熔体动头增加，产生喷溅，过高风压还会使能耗增加。按一定的容积送入风量或按一定送风强度鼓入风量，是转炉正常生产必须遵循的原则。单位容积送风量偏高，风口送风强度过大，都会使熔体搅拌激烈，造成喷溅，既不利于操作，又损害炉体的寿命。

1.2 炉体状况改变

受机械冲击、筑炉质量等多种因素的影响，转炉上炉口砌砖与炉体圆筒体相交处出现大量掉砖——旋砖区域掉砖，改变了炉体砖衬原来的弧度，挡不住熔体的运动冲击力，导致炉内熔体在鼓风压力下改变了反应搅拌的运动方向，由原来的滚环状运动变成了弧线状抛出运动，造成大量熔体涌出炉口形成喷溅。

1.3 操作失误

因炉长的技术水平低、工作责任心不强，对突发事故应对能力差等原因而出现操作上的失误，导致喷溅或喷炉。

2 转炉喷溅的危害

在转炉生产过程中，无论是喷溅还是喷炉，都会造成铜金属回收率降低，严重时还会发生人身伤亡事故和设备事故。在处理喷溅或喷炉时，劳动强度大，风险系数也大，因此，在实际操作中要千方百计避免和杜绝喷溅或喷炉事故的发生。

3 喷溅的原因及处理

在转炉吹炼过程中，无论是造渣期、造铜期还是处理精炼炉氧化渣的操作，都会产生熔体的喷溅或喷炉，喷溅或喷炉产生的原因不同，处理的办法亦不同。

3.1 造渣期

3.1.1 喷溅的原因

一般来讲，造渣过程中，只要石英石加入准确，吹炼时间够，每遍渣都能基本排净，就不会出现喷溅现象，更不会出现像泼水一样的熔体涌出炉口的情形。若出现喷溅，可以从以下几个方面分析原因。

（1）风量偏高

人为调整风量或仪表失控，使送风量忽然增大，造成单位容积送风量增高，风口送风强度过大，熔池搅拌激烈而发生喷溅。

（2）风眼捅打不勤，风压憋得过高

在打风眼过程中，偏于一向捅打就会出现炉内压力分布不均匀，而发生喷溅。

（3）高料面操作

造渣反应生成的 $2FeO \cdot SiO_2$ 比重轻，浮在熔体表面，而石英石又比磁铁渣轻而浮在渣层表面，无法再与未造渣的 FeO 结合，只能与上炉口的衬砖反应，长时间的冲刷，造成上炉口砖脱落、损耗，使熔体运动轨迹发生改变而造成喷溅。

（4）造渣不彻底，炉内积渣多

一种情况：石英石没有加够量，吹炼时间不足，使头一遍渣子未造好，渣铜不分，停风放渣时渣带铜严重，而后几遍料都没加够石英石，造渣不彻底，使炉内积渣多；另一种情况：头遍料石英石加够量，渣型较好，甚至炉口"来花"，而后几遍料石英石加入不足，怕过量，导致磁铁渣越来越多，并呈固状析出，浮在熔体表面无法排出，造成炉内压渣过多，并越吹越老，呈疲劳状态。渣黏度增大，透气性差，炉内气体排出困难，当鼓入空气达到饱和，超过熔体压力时，就会出现严重大喷溅，甚至熔体呈浪涌式喷出炉口。

3.1.2 喷溅的处理办法

针对造渣期产生喷溅的几种原因，可以采取下列办法来缓解和消除喷溅。

（1）确认风量表和风压表的表值是否在正常范围内。定期校对，偶见异常及时调整。

（2）均匀捅打风眼。必要时一个间隔一个进行捅打，提高捅打速度，使送风压力要分布均匀。

（3）低料面、薄渣层操作。提高炉温，必要时，可将熔体倒出一部分后，再向炉内补加热冰铜和石英石熔剂，重新造渣，将磁铁渣破坏后，排净炉渣。

3.2 造铜期

3.2.1 喷溅的原因

一般来讲，造铜期出现喷溅或喷炉有两方面原因：其一，熔体温度低，二周期后期发生喷炉。其二，筛炉质量差，本应重新筛炉，却强行进入二周期吹炼造成喷溅和喷炉。

（1）炉温低

二周期冷铜加入集中，且过多，使短时间内冷铜熔化所吸收的热量过大，炉内熔体的局部温度就会低于 1000℃，甚至更低，这时炉内熔体黏度就会增加，风口送风阻力就会增大，在风压稳定情况下，随着鼓风量逐渐增大，熔体的内压就会逐渐增加，当内压大于熔体表面压力时，熔体就会瞬间涌出炉口发生喷炉。

（2）筛炉时，石英石加入过量

由于石英石过量，使熔体内有游离的石英石存在，筛炉时大量黏渣无法排出炉外，炉体表面的硅酸铁和硅酸铜混合一体。熔点高，黏度大，在二周期后期，熔体中的硫含量越来越少，吹炼温度会越来越低，表面层黏渣变得坚硬，密封性好，严重阻滞了熔体中气体的排出。随着鼓风量的不断增加，熔体内压不断增大，当熔体内压大于表面渣层的阻力时，熔体被推涌上升，并瞬间喷出炉口。

（3）筛炉时，石英石加入不足

筛炉时，石英石加入不足，尽管渣铜可以分清，但排渣困难，渣发黏，使残存渣量过厚。随着鼓风量增加，熔体中的磁性氧化铁越来越多，同样会发生如同石英石过量时的喷炉现象。

3.2.2 喷溅的处理办法

二周期吹炼时，可以采用下列办法来预防和处理喷溅。

（1）控制好炉温。分批加入铜冷料，温度提起后再加入另一批，控制冷料率在25%～30%。

（2）炉温偏低时，可以缓慢加入少量热冰铜来提高炉温，加入时不能过快、过急，保证安全。

（3）二周期吹炼过程中，出现喷溅迹象时，可以加少量热冰铜，或加入一些木柴来消除熔体喷出。

（4）筛炉质量不好时，要重新进料，重新筛炉，不能强行进行二周期，避免喷炉事故发生。

3.3　处理精炼炉氧化渣

3.3.1　喷溅的原因

精炼炉氧化渣中约有十几种金属氧化物杂质，而冰铜熔体中也有几乎相同的金属硫化物，两者相遇的瞬间就会完成氧化和硫化的十几种交叉反应，释放出大量的能量，远远超过炉膛空间的承受能力，即会发生爆炸，产生的冲击波携带着熔体冲出炉口，发生喷炉事故。

3.3.2　处理办法

无论是向转炉内的冰铜中加入精炼炉渣，还是向转炉内的精炼炉渣中加入冰铜，一定要确认好转炉内熔体是否结壳，出现结壳时必须摇开；加入熔体时，要缓慢，小股，并视炉内反应的剧烈程度来调节入炉量。

4　应注意的问题

（1）控制风口埋入炉体的深入。通常将风口浸入熔体200～400mm，太深势必增大压头损失；太浅，鼓入空气只吹渣层，将炉子吹冷，渣子被吹老。

（2）等料时间不亦过长，防止熔体出现分层结壳。熔体分层结壳时，吹炼难度增加，并形成强制的运动夹角，将熔体压向炉口而发生炉喷。

（3）识别冰铜带渣的特征，禁止将带渣冰铜加入转炉内。

（4）准确判断吹炼终点，合理控制转炉渣含SiO_2量，用热冰铜或固状冰铜还原过吹粗铜时，要进行监护。

（5）造渣期处理精炼炉氧化渣时，要注意造渣终点会前移，要提前取样判断。造铜期加入精炼炉氧化渣时，不能加入过多，防止造铜后期发生喷炉。

（6）杜绝设备故障，减少和消除因设备因索引起喷溅。

5　结语

在火法炼铜工艺中，喷溅在转炉生产过程中会经常发生，有时喷溅轻微，有时喷溅严重，甚至喷炉。

只要精心操作，严格执行工艺条件，准确加入冷料量和石英石量，合理控制转炉内熔体热平衡和转炉渣。

含硅量，准确判断各吹炼阶段的终点，转炉吹炼过程中的喷溅是完全可以克服和避免的。

作者简介：

杨文栋，1967年出生，冶炼高级工程师，现就职于巴彦淖尔西部铜材有限公司，从事技术管理工作。

铜电解精炼车间设计方案探讨

张春发

（巴彦淖尔西部铜材有限公司　内蒙古巴彦淖尔　015000）

摘　要： 结合实践经验，本文对铜电解车间用始极片生产阴极铜工艺在设计过程中需注意的几个关键环节做了详细叙述。

关键词： 阴极铜；始极片；阳极板；永久电解法

铜电解精炼就是阳极上的铜溶解，到阴极上析出，同时阳极上的杂质溶解或沉淀到电解液或槽底的一个电化学过程，即电解精炼就是一个提纯和贵金属富集的过程。一般的生产企业阴极铜是终端产品，由于该产品的生产周期较长，达 7~10 天，所以，一旦出现质量问题，将会有大批量的阴极铜报废，给企业带来不可估量的损失。更有甚者，有的企业由于铜电解车间在设计过程中局部工艺或设备选型不合理，造成了开工即停产改造的后果。下面就传统法铜电解车间在设计过程中几点经验与同行商榷。

1　车间平面布置

（1）车间在设计时如一步达产，建议阴、阳极加工机组选在车间的中间部位，车间一端二楼平台留 24 米的操作空间，供始极片加工或出残极、阴极铜之用；另一端留 18 米的操作空间，供出残极、阴极铜之用。这种布局可以达到阴、阳极从车间中部入槽，残极和阴极铜从两侧出去，操作顺畅的效果，工作效率高。

（2）车间在设计时，如需分第 I、第 II 期工程达产，建议阴、阳极加工机组放在车间预留的一端，第 II 期工程建设时两极加工机组可以刚好放在中间的位置，供第 I、第 II 期项目共同使用。第 I 期工程设计时车间两端都要设置阴极铜烫洗槽和残极冲洗槽。

（3）副跨设计

副跨尽量选在主跨车间中部位置，主、副跨之间距离 6~8 米即可。考虑电解车间工作的特殊性，建议在副跨应考虑设置车间办公室、维修间、职工更衣室、沐浴间及卫生间。

2　工艺选择

到目前为止，铜电解工艺分为常规电解法和永久性电解法。常规电解法即生产始极片工艺，这种工艺适合生产规模 100kt/a 及以下的企业，这种工艺目前成熟，一次性投资少，设备基本国产化，操作技能易掌握。永久性电解法工艺即不生产始极片工艺，该工艺采用 316L 不锈钢做永久阴极，省去了始极片制作工序，工艺简单，该工艺的缺点是一次性投资大，这种工艺适合生产规模 150kt/a 及以上的企业。

传统电解法和永久性电解法指标对比如表1。

表1　永久性电解法和传统法的技术指标比较（10 万吨）

项目	传统电解法			永久性电解法		
	指标	单价	费用	指标	单价	费用
设备投资			19530 万元			23290 万元
建筑投资	21000m²	3800 元/米²	7980 万元	19580m²	3800 元/米²	7440 万元
定员	180 人	3 万元		60 人	3 万元	
蒸耗单耗	0.8t/t			0.6 t/t		
电流密度	250A/m²			280A/m²		
残极率	17.5%			12% ~16%		
综合电耗	350kWh			400kWh		

建议生产规模 100kt/a 的电解工艺选用传统电解工艺为佳。

3　主要设备选择

3.1　电解槽及防腐材料

电解槽基体采用钢筋混凝土材质。到目前为止，国内电解槽防腐材料较常用的主要有乙烯基树脂、197#不饱和树脂、环氧树脂等，前两种树脂基本上属于不饱和树脂类，但乙烯基树脂还具有一些饱和树脂特性，在防收缩方面性能优于197#树脂，其他性能和197#树脂相近，虽价格昂贵，但应用比197#树脂广泛，这两种树脂显著优点是在使用时配料简单，操作方便。其缺点是固化收缩率较大，成品极易跟水泥基体分开、脱壳，所以施工时对每道工序的要求很严格。环氧树脂在铜电解车间应用其耐酸、耐温性能都能达到工艺要求，其显著优点就是固化收缩率较小，跟水泥结合比较牢固，黏结力大，不易脱壳。其缺点是树脂在使用时需加温配料，操作程序繁琐。这三种树脂性能如表2。

表2　三种树脂性能比较

树　脂	固化收缩率（%）	耐硫酸（%）	耐　温（℃）	与水泥黏结力
乙烯基 MFE—3	2	70	70	弱
197#	2	50	95	弱
环氧	0.2	70	95	强

鉴于以上对比，建议：第一，使用环氧树脂做电解槽防腐材料；第二，用环氧树脂做底涂层，乙烯基树脂做加固外层。

3.2　电解液循环管道

循环管道材质目前常用的有玻璃钢、硬聚氯乙烯（UPVC）、增强聚丙烯（FRPP）等。这三种材质都有很好的耐酸性，但在抗伸缩性能上玻璃钢明显优于后两种材质。性能比较见表3。

表3　三种材质管道性能比较

材质	线膨胀系数 [m/(m·℃)]	耐硫酸 (%)	热变形温度 (℃)	比重 (t/m³)	价格 (元/千克)
硬聚氯乙烯（UPVC）	7×10^{-5}	60（60℃）	65	1.2	17
玻纤增强聚丙烯（FRPP）	$(9 \sim 10) \times 10^{-5}$	60（60℃）	>130	0.95～1	20
玻璃钢	2×10^{-5}	70	70	2	28～30

根据多家企业使用情况，建议电解液循环管道使用增强聚丙烯材质，其抗衰老性能、耐热性能、抗撞击强度性能等都优于 UPVC 材质，而工程造价和 UPVC 相近，且优于玻璃钢。在施工时采用热熔、焊接均可。在循环泵和高位槽之间由于考虑开、停泵而易引起管道剧烈颤动，建议该段管道材质采用不锈钢 316L 材质或钛材质。

主跨内的供液和回液管道应全部放在平台槽下，绝对禁止放在二楼平台中间走道上，防止被撞坏，便于槽面操作。

3.3　泵的选择

电解车间循环泵大都采用卧式离心泵或立式液下泵。卧式离心泵需设置平台和循环冷却水系统，占地面积大，卧式泵在停用期间，泵及管道内有硫酸铜结晶，影响下次使用，如果贮槽漏液严重或在突然停电时，会导致电解液淹没泵体。建议使用立式液下泵，泵直接放置于贮槽上方经防腐处理的钢平台上，叶轮距离泵底盘 1.2～1.5 米高度，如需加长，叶轮下面可用法兰延长液吸入管，此种方法可以防止轴过长而引起泵运转不平稳现象。同时在吸入口要放置一个体积在 1m³ 左右筛网，防止固体物质吸入叶轮内，损坏叶轮。

同时要考虑泵在安装或更换时方便的起吊及运出方式。

3.4　通风设施的选择

低位槽、高位槽、事故槽等各种电解液贮槽要做到全封闭设计，槽上部应留入孔，进出液孔。有的企业在设计时为了排除酸雾，在每个储槽上面留通风口，所有通风口用玻璃钢管道相连，用玻璃钢风机抽酸雾进酸雾净化塔，经酸碱中和及重离子过滤处理后达标排放。这种工艺在实际生产中浪费较大。建议在设计时取消排风管道和酸雾净化塔及玻璃钢管道，在每个高位槽上部留 1～2 个通风孔，孔上安装蝶阀，平时关闭，开、停泵时及时打开，防止槽内形成真空而损坏槽体。

副跨两侧的墙上不用留排风机，靠可以自由推拉的窗户通风即可。但整流室及配电室要考虑通风散热，排风机外侧要加挡风板，防止不用时灰尘倒吹进室内，同时也起到了保温作用。

电解主跨的通风靠两侧墙上及顶部的可以自由推拉的天窗完全可以满足需要。

3.5　阴、阳极机组的选取

3.5.1　阴极加工机组

由于选用传统法电解工艺，阴极加工机组的选择尤为重要。目前，国内有相当部分企业只选用始极片钉耳机，虽做出的阴极质量不错，但劳动强度较大，岗位定员多，而也有部分企业用钉耳机制作出阴极表面不平直，挂耳不对正，导致质量不好，而用阴极机组则效果很好，阴极表面平直，挂耳对正，人员劳动强度低，但其缺点是机组维修力量要求专职，岗位人员要求具有熟练的操作水平。

目前，国产阴极机组已在部分企业应用，比较成功，建议只要条件许可，阴极机组应考虑采用。

3.5.2　阳极机组

由于阳极板在出模时弯曲或在运输过程中碰撞等原因极易造成阳极板的不平，没有平板设备或阳极整形机组的企业只能靠人工用大锤单块平直，同时，往外挑选弯曲阳极板过程比较繁琐，占用操作时间，而阳极板上准备架后则必须用大锤逐块校直耳部，劳动强度大，岗位占用定员多。

建议阳极加工系统可采用阳极加工机组来处理为佳。

4　电解液循环方式的选择

4.1　电解槽内电解液循环方式的选择

到目前为止，电解槽内电解液循环方式主要有：一端进液而另一端出液的上进下出和下进上出两种方式、上部两侧进液底两端出液、底进液上部两侧出液方式，后两种方式在大极板、大极距、大电解槽应用较多，而对于电解槽在 5 ~ 5.5m 以下的、同极距在 95mm 以下的电解液循环方式建议用传统法循环方式，即一端进液而另一端出液，至于选择上进液还是下进液方式，对产品质量影响不是很大。

4.2　电解液循环管道的设计

循环管道及低位槽的设计要有利于电解液的沉降。电解液回低位槽时进第一个，从第二个抽出，二个槽体使用高于槽底 0.8 ~ 1.0m 的中间管道联通。而电解液高位槽溢流管、压滤回液管、硫酸加入管、补水管等全部放在第一个槽内，如现场条件允许，二个低位槽做成长方形，使电解液流动由紊流变为层流，有利于气体溢出和阳极泥的沉降，同时泵的吸入端距槽底留有0.5m 以上的距离，防止阳极泥从泵头被吸入。

如低位槽只设一个，在泵的吸入口前部设 0.5 ~ 0.8m 高的隔墙，有利于阳极泥的沉降。

5　阴、阳极的匹配设计

5.1　钛种板的尺寸设计

一般的设计资料介绍：阴极比阳极长 25 ~ 45mm，宽 35 ~ 55mm，如果阴极比阳极长、宽太多，则阴极四边易变薄易酥脆。如果考虑始极片裁边，建议刚剥下的始极片比阳极板宽 25 ~ 30mm，裁边后宽 10mm 即可；始极片比阳极板长 25 ~ 30mm，裁边后长 5 ~ 10mm 即可；钛板电积面上沿比阳极板高 10mm，确保始极片上边、底边两边不酥脆或不长唇边。

5.2　阳极板挂耳的设计

阳极板挂耳主要有等耳和不等耳两种方式，通过多家企业生产经验，这两种方式使用特点如下：

不等耳，其缺点：第一，阴、阳极对正比较困难，非常容易造成阴极铜边部厚薄不均，槽间导电棒下垫的橡胶板需做成异形，制作困难；第二，单槽断电时需在槽两头搭短路铜排，如接触点清擦不干净，断路时极易打火，损坏导电棒、铜排，这种方式橡胶板和导电铜排损伤比较严重。

等耳，其优点是阴、阳极对正比较容易，单槽断电时，槽两头用两块阳极板把两侧铜排短接即可，如电流过大，用辅助短接铜排可以彻底解决这一问题。其缺点是槽间导电铜排下铺的绝缘板易损坏。

建议阳极板挂耳采用等耳较好。

参 考 文 献

[1] 孙倬. 重有色金属冶炼设计手册 [M]. 北京：冶金工业出版社，2007.

作者简介：

张春发，1965 年出生，高级工程师，现就职于巴彦淖尔西部铜材有限公司，从事铜冶炼生产和技术管理工作。

铜转炉电收尘烟灰处理工艺探讨

杨文栋

(西部铜材有限公司　内蒙古巴彦淖尔　015000)

摘　要：通过实验分析及工艺优化，确定铜转炉吹炼电收尘烟灰中有价金属的综合回收工艺。

关键词：实验分析；烟灰；工艺；环境保护

铜锍转炉吹炼时，除获得粗铜外，原料中有相当一部分的有价金属被富集在转炉电收尘烟灰中。这些有价金属包括铜、铅、锌、镉、铋、锡以及价格昂贵的稀散金属镓、铟、铊等。这些有价金属如果不进行综合回收，就会造成巨大的资源浪费。另外，烟灰中还含有一定量的有害元素——砷等，由于砷组分的化学性质不稳定，易风化和溶解，如果不及时处理，就会造成地表水污染，危害环境。随着粗铜产量的提高，产出的烟灰量也将增加。如果对铜转炉电收尘烟灰中有价金属进行综合处理和回收，既保护了环境污染，又节约了资源，还能产生巨大的经济效益。

因此，探求一种经济、有效、合理的铜转炉电收尘处理工艺是非常必要的。

1　工艺研究

1.1　现状

某铜冶炼厂的铜转炉电收尘烟灰成分及各组含量见表1。

表1　铜转炉电收尘烟灰化学成分表

成分	Cu	Pb	Zn	Bi	Mg	CaO	Sb	S	SiO$_2$	As
含量（%）	2.55	3.99	10.37	1.90	0.77	8.38	0.90	15.12	7.44	2.02

该厂近几年铜转炉电收尘烟灰产量及组分见表2。

表2　铜转炉电收尘烟灰产量及组分表（开2台转炉）

年份	电收尘量（t）	Cu（t）	Pb（t）	Zn（t）	Bi（t）
2004	2148	54.8	85.7	222.7	40.8
2005	2286	58.3	91.2	237.1	43.4
2006	2763	70.5	110.2	286.5	52.5

从表1和表2中可以看出：该厂的铜转炉电收尘烟灰中Cu、Pb、Zn等金属所占的比重很大，对其进行综合处理后，经济效益将非常可观。

1.2　工艺选择

关于铜转炉电收尘烟灰处理及综合利用，国内、国外很多单位很早就进行过探索和研究。

从大的方面讲，对铜转炉电收尘烟灰的处理方法分为两大类：火法和湿法。受铜转炉电收尘烟灰成分及处理条件等因素的影响，早期铜转炉电收尘烟灰的处理主要是火法工艺，即返回熔炼炉。其结果造成熔炼炉床能力下降，铅、锑、砷等杂质富集量增加，影响粗铜质量，造成阳极板杂质含量增加，恶化电解工艺条件。另外，由于烟灰中含砷过高，还会造成制酸工艺中钒触煤中毒，缩短使用寿命，使 SO_2 转化率降低，硫酸产量及品质降低，检修费用及产品加工费增加。

随着技术的发展，对铜转炉电收尘烟灰湿法冶金处理工艺得到发展并被应用到生产实践中。湿法工艺主要包括：水浸法、硫酸浸出法，铵盐—氨水缓冲溶液浸出法、NaOH 浸出法，HCl – $FeCl_3$ – NaCl 浸出法，硫酸、盐酸两阶段浸出法和凯施曼法等[1]。我国最早使用湿法流程工艺处理铜转炉电收尘烟灰的企业是大冶冶炼厂。由于单独的火法工艺已不能满足对铜转炉电收尘烟灰处理的要求，现都采用火法同湿法联合工艺来处理铜转炉电收尘烟灰。

综合比较，采用稀硫酸浸出法处理铜转炉电收尘烟灰较为合理，既能回收有价金属元素，又能减少环境污染，经济上合理，技术上可行。

1.3　工艺简述

用稀硫酸浸出铜转炉电收尘烟灰中的铜和锌，浸出渣熔炼 Pb – Bi 合金，再进行铅电解精炼得铅，并分离出铋。浸出液先萃取 In，萃取余液用铁粉置换出铜，置换后液经净化除砷后，用锌置换铜和镉，再用锑盐净液法除钴，净化后液加硫酸钠中和，生成碱式碳酸锌沉淀，煅烧后得到高纯 ZnO。本方法为一步浸出，有价金属元素浸出率高，并能得到充分分离和回收。本文只探讨铜元素的回收，工艺流程图见图1。

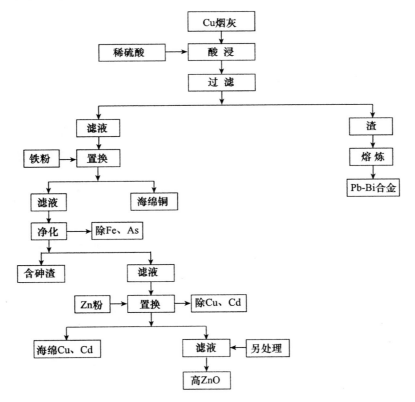

图 1　铜转炉电收尘处理工艺流程

2 铜的回收

2.1 铜的回收机理

用稀硫酸浸出铜转炉电收尘烟灰，浸出液中的铜可直接用铁粉转换方法予以回收，所得海绵铜返到铜系统处理。设置换反应温度为 25℃。

置换反应如下：

$$Fe + Cu^{2+} = Fe^{2+} + Cu$$

反应平衡时：

$$E^0 = \frac{RT}{ZF} \quad In = \frac{aFe^{2+}}{aCu^{2+}}$$

$$\Phi^0 Cu^{2+}/Cu = 0.3402V$$

$$\Phi^0 Cu^{2+}/Fe = 0.441V$$

$$E^0 = \Phi^0 Cu^{2+}/Cu - \Phi^0 Fe^{2+}/Fe = 0.7812V$$

$$\frac{RT}{ZF} \ln \frac{aFe^{2+}}{aCu^{2+}} = 0.7812$$

$$\frac{aFe^{2+}}{aCu^{2+}} = 2.68 \times 10^{26}$$

由计算可知，反应能彻底进行，溶液中的铜可被彻底除去。

$$Fe + Cu^{2+} = Fe^{2+} + Cu$$

$$56 \quad 63.5$$

$$X \quad 3.57 \times 0.5 \quad X = 1.6 \ (g)$$

由计算可知：取 500mL 浸出液，铁粉理论用量为 1.6g。

2.2 实验操作过程简述

用 500mL 的量筒量取 500mL 浸出液倒入烧杯中，将烧杯放入恒温水浴箱中，升温至所需温度，加入规定量的铁粉，用增力电动搅拌机充分搅拌，置换反应进行 1h 后，停止搅拌，立即进行真空过滤，滤渣放入红外线快速干燥器内干燥。滤液倒入 500mL 量筒中测量体积，分析滤液中铜的含量，计算出铜的回收率。

2.3 实验结果分析

实验条件：置换温度 50℃，置换时间 60min，铁粉加入量分别为理论量的 1.2 倍、1.3 倍、1.4 倍、1.5 倍、1.7 倍和 2 倍，实验结果如表 3。

表 3 铁粉置换铜实验数据表

序号	铁粉加入量（g）	温度（℃）	时间（min）	置换后液含铜量（g/L）	铜回收率（%）
1	1.9	50	60	0.12	96.64
2	2.0	50	60	0.06	98.32
3	2.2	50	60	0.03	99.16
4	2.4	50	60	0.02	99.44
5	2.7	50	60	0.01	99.72
6	3.2	50	60	0.01	99.72

由实验结果可以看出，随铁粉量增加，铜的回收率增加，当铁粉用量为理论用量的 1.7 倍时，浸出液中的铜几乎被置换完全，继续增加铁粉用量，铜的回收率不再增加。因此，铁粉用量确定为理论用量的 1.7 倍，在此条件下，铜的回收率为 99.72%，铁粉加入量对铜回收率的影响参见曲线见图 2。

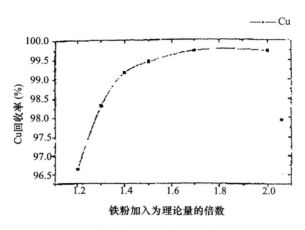

图 2　铁粉加入量对铜回收率影响

3　结语

（1）通过试验研究，确定了处理铜转炉电收尘烟灰的工艺方法，即用稀硫酸浸出铜转炉电收尘烟灰中的铜和锌，用铁粉置换出浸出液中铜，浸出液中的锌可制成氧化锌，浸出渣中的铜、铋可炼成合金，再用常规电解分法制成铅、分离出铋。

（2）置换浸出液中的铜所需铁粉量为理论用量的 1.7 倍。

（3）本文只对铜元素的综合处理进行了阐述，Zn、Pb、Bi 三种元素的综合回收处理，未作详细说明，有待进一步研究。

（4）本工艺方案为处理铜转炉吹炼电收尘烟灰的生产实践及小规模的企业生产提供技术参考。

参 考 文 献

[1] 继昌. 大冶反射炉熔炼的综合利用 [J]. 有色金属, 1993, 3：1 - 3.

作者简介：

杨文栋，1967 年出生，冶炼高级工程师，现就职于巴彦淖尔西部铜材有限公司，从事技术管理工作。

铝电解生产中影响电流效率因素的研究

王桂香

(西部矿业铝业分公司　青海西宁　810016)

摘　要： 铝电解的电流效率是铝电解生产过程中非常重要的一项技术指标。它在一定程度上反映着铝电解生产的技术和管理水平。因此，铝电解生产中实现高电流效率，低能耗一直是电解生产的重要目标。重点分析了铝电解生产中电流效率降低的机理，即电流效率降低的原因；影响电流效率降低的因素，主要研究了工艺技术对电流效率的影响。然后从技术和管理两个方面提出了提高铝电解电流效率的途径。

关键词： 铝电解生产；电流效率；技术参数

我国电解铝厂与国外相比，规模小，技术装备低，能耗高，环保设施差。我国铝电解厂数目猛增，氧化铝供应日趋紧张，行业集中程度低，规模小，电价高，无法与国际市场竞争，且我国电解厂总体技术和设备水平较国外偏低。目前，我国铝工业电解槽的电流效率一般约为87%～95.5%。

铝电解的电流效率是铝电解生产过程中非常重要的一项技术指标。它在一定程度上反映着铝电解生产的技术和管理水平。如何提高铝电解的电流效率，历来都是铝业工作者非常关注的问题。

铝电解过程中阴极上析出的铝金属量跟通入电解质中电流强度和时间的关系，遵循法拉第电解两大定律。

根据法拉第第一电解定律：

$$M_{理} = kIt = kq \tag{1}$$

式中，$M_{理}$——析出物质的理论质量（kg 或 g）；k——电化学当量 [kg/C 或 g/(A·h)]。

若已知通电时间和电流强度，如果知道电化当量，就可根据式（1）求析出物质的量。而对于电化当量，法拉第电解第二定律指出：物质的电化当量和它的化学当量成正比。

铝电解的电流效率是指有效析出物质的电流与供给的总电流之比。对于铝电解，有效析出的物质是指在阴极析出的铝的实际产量。

根据法拉第电解定律可知：$M_{理} = 0.3356 I_{总} t$。

$$\therefore \quad I_{总} = \frac{M_{理}}{0.3356t} \tag{2}$$

$$\eta = \frac{I_{有效}}{I_{总}} = \frac{M_{实}}{0.3356t} \div \frac{M_{理}}{0.3356t} = \frac{实际产量\ M_{实}}{理论产量\ M_{理}} \times 100\% \tag{3}$$

式中，η 为电流效率（%），式（3）是通常意义的铝电解的电流效率。但实际为了生产需要，电解槽内须保留一定量的在产铝。为此，生产中电解槽电流效率通常采取盘存法和稀释法进行测定。

1 铝电解生产电流效率降低的原因

铝电解生产中，总有电流被损失，使电流效率下降。到目前为止，研究表明，电解过程中电流效率降低的原因主要有以下几点：

1.1 铝的溶解和再氧化损失

物理溶解：高温状态下阴极铝液和电解质的接触面上，会有析出的铝溶解到电解质中，形成物理溶解。

化学溶解：溶解的铝与熔体中的某些成分反应，以离子的形式进入熔体。

再氧化损失：溶解的铝被阳极气体氧化。

1.2 高价铝离子的不完全放电

铝电解过程中，在阴、阳极上发生铝的电化学反应，其电解产物循环与两极之间，它们是由一种低价铝离子——高价铝离子不完全放电所发生的。这些反应反复进行，造成了电流的无功损失和空耗，降低了电流效率。

1.3 其他离子放电

钠离子放电：发生在高温、高分子比、阴极电流密度较大和氧化铝浓度较低的情况下。

其他杂质离子放电：Fe^{3+}、Si^{4+}、P^{5+}、V^{5+}、Ti^{4+}等离子，在阴极上放电。

冰晶石—氧化铝熔体中存在多种离子，原料也会带入各种杂质。

1.4 其他损失

水的电解：进入电解质中的原料带有水分，会发生水的分解反应，会造成电流空耗。

碳化铝的生成：高温条件下，铝和碳发生反应生成碳化铝，在电解质出现局部过热、滚铝和电解质中碳渣分离不好时，都可能引起碳化铝的大量生成。

其次，阴、阳极的短路、漏电。铝渗透进电解槽的内衬材料以及出铝时的机械损失等，也会降低电流效率。

2 影响铝电解电流效率的因素

2.1 工艺参数对电流效率的影响

影响铝电解电流效率的技术参数主要有以下几种：

2.1.1 电解温度对电流效率的影响

电解温度主要影响铝在电解质中的熔解度，尤其是熔解铝的扩散速度。根据费克第一定律可以得出当电解温度升高时，铝的二次损失增大，导致电流效率降低。但温度太低导致电解质黏度增加，电解质与铝液的比重差减小，不利于铝液析出后的分离，且 Al_2O_3 在电解质中的熔解度降低，比电阻增加，电耗增多。故应合理的控制电解温度。

2.1.2 电解质成分对电流效率的影响

电解质的组成决定了电解质的性质，尤其是电解质的初晶温度，而初晶温度又决定电解质温度。电解质的成分对电流效率的主要影响为：

（1）铝电解质中冰晶石分子比的影响

随着电解质中冰晶石分子比的降低，溶体初晶温度下降，且溶体中 Na^+ 放电减少，电流效率提高。当分子比偏高时，Na^+ 放电增加；铝的损失增加。当分子比偏低时，电解槽易走冷行程，降低电流效率。所以分子比不宜偏低，保持在 2.3 ~ 2.5[1] 为佳。

（2）氧化铝浓度的影响

铝电解中，氧化铝浓度过高时，影响电解质导电，且易引起槽底沉淀。氧化铝浓度过低，放电的铝离子减少；且效应增多，易引发热槽；熔体中的 $CF_{4(气体)}$ 与溶解的铝反应。这些都影响电流效率，故应该合理控制氧化铝的浓度。

（3）添加剂对电流效率的影响

铝电解中，添加剂对铝电解生产起着综合影响。常用几种添加剂都具有降低电解质初晶温度的优点。但都会降低 Al_2O_3 在电解质中的溶解度和溶解速度，但它们也都具有各自的优缺点。常用添加剂主要有 AlF_3、CaF_2 和 MgF_2、LiF 等。

生产中为了有效改善电解质性质，通常将几种添加剂配合使用。

2.1.3　电流密度对电流效率的影响

（1）阳极电流密度对电流效率的影响

阳极电流密度增加，则电流效率下降。其原因是阳极电流密度增加使的数量也随之增加，由于气体集中，排除速度大，造成电解质的强烈循环，同时所生成的 CO_2 气体深入电解质内部与溶解铝化合，使铝损失增加，降低了电流效率。

（2）阴极电流密度对电流效率的影响

从铝的损失机理中可以看出，槽内铝液镜面大，铝的损失也增加。很显然，当槽边结壳较薄时，槽膛面积大，阴极电流密度相对减小，则电流效率降低，也就是说阴极电流密度增加，对提高电流效率有利。在阳极电流密度一定的情况下，缩小阴极面积，建立规整稳定的槽膛内型，提高阴极电流密度，可提高电流效率。

2.1.4　铝水平和电解质水平对电流效率的影响

（1）铝水平对电流效率的影响

在相同条件下，若槽内铝水平较高，因铝的导热性好，可增加热稳定性；使炉膛形成稳定；减小铝的溶解损失；可降低磁场的不良影响，这些都有利提高电流效率。但铝水平过高又会导致电解槽冷行程，引发病槽，降低电流效率。各种槽型根据其热平衡应有一个最佳铝水平，只有保持最佳高度，才能保持电解槽运行稳定，获得较高的电流效率。

（2）电解质水平对电流效率的影响

电解质在电解过程中起着溶解氧化铝、导电和保持热量的作用。电解质水平高，溶解的氧化铝多；可免除炉底沉淀；电解槽热稳定性好。但过高会降低阳极使用率，且阳极侧部导电增多，引起槽内水平电流加大，易产生电压摆，影响电流效率。电解质水平太低，则热稳定性差，易出病槽，影响电流效率。电解质高度以能较好地溶解氧化铝，不淹没阳极钢爪为宜。

2.1.5　极距对电流效率的影响

随着极距的增大，熔体的对流搅拌作用和阳极气体对电解质的搅拌强度减弱，使铝的氧化损失减少，从而提高电流效率。但是极距过大，电解质的电阻也增大，电解质温度会提高，电能消耗增高，电流效率降低。降低极距，虽然电解质的电压降减少，电能消耗降低，但增大了铝的氧化损失，导致电流效率降低。所以，极距过大或过小都是不适宜的。

2.1.6 阳极效应对电流效率的影响

阳极效应系数直接反映了控制技术水平的高低。阳极效应发生时槽电压上升，电解温度上升，炉膛内形被破坏，铝液镜面变宽，铝的损失加剧，导致电流效率降低。降低阳极效应系数是提高电流效率的有效途径。根据实践，阳极效应系数控制在 0.3 次/（槽·日）[3] 以下比较有利于生产。

2.2 铝电解过程中操作管理对电流效率的影响

电解槽的各项作业质量，不仅影响槽子的运行状况，而且直接影响电流效率。比如换阳极，若更换质量不好便会影响电流效率。出铝量不准，会破坏电解槽的技术条件，引起运行不稳，降低电流效率。其他各项作业质量不好，都会使电解槽产生波动，降低电流效率。因此，各项操作必须严格按基准执行，确保操作质量，保证电解槽平稳运行，方可获得较高的电流效率。

3 提高铝电解电流效率的途径

3.1 优化设计提高铝电解电流效率

一个铝电解系列能否取得高电流效率，首先要看设计，主要有以下几个方面：
（1）铝电解供电系统的设计必须特别考虑供电的平稳、安全；
（2）电解槽及其母线的设计应有利于电解槽规整炉膛的建立和电解槽的平稳运行；
（3）氧化铝输送系统的设计应考虑输送的安全，并尽量避免氧化铝的损失；
（4）电解槽自动控制系统硬件和软件的设计；
（5）电解槽内衬材料的选择及筑炉质量的控制。

3.2 建立规整稳定的电解槽炉膛

建立规整稳定的炉膛是电解槽平稳运行的基础。而电解槽平稳运行是实现高电流效率的基础。规整槽膛内形，收缩铝液表面积，减少铝与电解质的接触面积，降低铝的损失，提高电流效率。建立规整稳定的炉膛可以说是实现高电流效率的基础之基础。

3.3 优化工艺技术条件提高铝电解电流效率

（1）调节电解质组成，合理控制电解温度；
（2）控制好铝水平和电解质水平的高低；
（3）应力求使极距接近拐点极距，使工作电压保持在实际所能允许的最小值；
（4）制定合理加工制度，确保所需氧化铝浓度，降低电解生产过程中阳极效应。

3.4 优化操作管理质量提高铝电解电流效率

铝电解生产过程中的主要操作有更换阳极、出铝、抬母线、熄灭阳极效应等。操作时应尽量避免对电解槽的干扰。提高操作人员素质，使人工作业规范化和标准化。操作时应尽量减少操作时间。此外，操作制度中的各项技术要求应与工艺体系匹配，确保电解槽的平稳运行，为实现高电流效率提供保障。

4　结论

　　综上所述，提高铝电解电流效率最主要的是合理的配置和控制技术参数，选择最佳电解质组成、极距、电解温度和氧化铝浓度、保持合理的铝液水平和电解质水平，使电解槽平稳运行。铝电解中尽可能地降低电解温度，保持电解质平静，尽可能减少搅拌干扰，按设计要求提高和保持一定的电流密度，确保原副材料质量，减少杂质含量等，都是提高电流效率的有效措施。

　　除合理的配置和优化技术条件以外，应加强操作管理，建立良好的制度，提高员工综合技术水平，对提高电流效率，提高生产质量是有显著效果的。

作者简介：

　　王桂香，女，1987年出生，冶炼助理工程师。现就职于西部矿业铅业分公司，担任生产技术部技术工程师职务。

地 质

获各琦铜矿铅锌矿体勘探类型及网度的重新确定

王寿林 霍红亮 钟世杰

（巴彦淖尔西部铜业有限公司 内蒙古巴彦淖尔 015000）

摘 要：根据实际生产探矿和开采情况，利用探探对比和探采对比，重新确定获各琦铜矿铅锌矿体合理的勘探类型及网度，正确布置地质勘探工程，达到有效探求相应级别的矿产储量，满足矿山开采设计的需要。

关键词：铅锌矿体；勘探类型；网度；获各琦铜矿

　　获各琦铜矿为一大型铜矿床，其中铅锌矿体属于共生矿体。铅锌矿体勘探类型为第 I 勘探类型[1]，但根据 1810 和 1750 中段的实际生产探矿和开采情况，利用探探对比和探采对比发现，其勘探类型要比第I勘探类型高。因此要重新确定其勘探类型及网度，为矿山的生产提供更详细的依据。

1 矿体勘探类型的确定

1.1 划分勘探类型的主要因素

　　影响勘查类型划分的因素很多，涉及地质、勘查、水文地质条件等多方面因素，但主要的是矿体的规模以及矿体的形态、厚度的变化和稳定程度、矿化连续程度、有用组分的分布均匀程度及地质构造的复杂程度等。国家于 2002 年规定的地质勘查规范中决定的矿床勘查类型的划分主要根据五个地质因素及其系数来确定，具体划分为三种勘查类型：

　　（1）第 I 勘查类型：为简单型，五个地质因素类型系数之和为 2.5 ~ 3.0。主体规模大到巨大，形态简单到较简单，厚度稳定到较稳定，主要有用组分分布均匀到较均匀，构造对矿体影响小或中等。

　　（2）第 II 勘查类型：为中等型，五个地质因素类型系数之和为 1.7 ~ 2.4。主体规模中等到大，形态复杂到较复杂，厚度不稳定，主要有用组分分布较均匀到不均匀，构造对矿体形态影响明显。

　　（3）第 III 勘查类型：为复杂型，五个地质因素类型系数之和为 1 ~ 1.6。主体规模小到中等，形态复杂，厚度不稳定，主要有用组分分布较均匀到不均匀，构造对矿体形态影响明显到严重。

1.2 勘探类型确定的依据

　　该矿床中主矿体为铜矿体，铅锌矿体为共生矿体。共生矿体勘探类型的确定指标为：

　　（1）主要矿体的规模：根据 1810 中段和 1750 中段以揭露的铅锌矿体来看，主矿体 Pb1 矿体沿走向长达 800m，延深大于 500m，其类型系数为 0.6[5]。

　　（2）矿体的形态及产状：矿体为层状、似层状，与地层产状一致，局部地段产有夹石，矿体有分枝复合现象，分枝复合有规律，但矿体形态较复杂，其类型系数为 0.4[5]。

地 质

（3）矿体的厚度变化和稳定程度：仅 10 - 1 线 - 11 线 Pb1 矿体受褶皱构造影响矿体呈不规则的柱形状。由地表延深至地下，其他地段 Pb1、Pb3 和 Pb1 东矿体厚度变化较小。其中 Pb1 矿体在 - 3 至 13 线、16 - 1 至 18 - 1 线平均厚度为 7.02m，最大厚度为 21.0m，最小厚度为 1.0m，Pb1 矿体的厚度变化系数为 84%，属于较稳定型；Pb3 矿体在 - 3 - 1 至 11 线平均厚度为 5.45m，最大厚度为 21.0m，最小厚度为 1.0m，厚度变化系数为 71%，也属于较稳定型；Pb1 东矿体在 10 - 1 至 13 线平均厚度为 14.64m，最大厚度为 42.0m，最小厚度为 1.0m，厚度变化系数为 74%，也属于较稳定型；总体看来该矿体的厚度变化比较稳定。其厚度变化系数 50% ~ 100% 之间，其类型系数为 0.4[5]。其厚度变化系数（V_m）计算公式如下：

$$V_m = \sqrt{\frac{\sum (M_i - \overline{M})^2}{(n-1)\overline{M}^2}}$$

式中，n——控制某矿体的工程数；M_i——各工程的见矿厚度；$\overline{M}$——矿体的平均厚度。

（4）主要矿体有用组分分布均匀程度：主要元素 Pb 最高品位 5.81%，一般在 0.5% ~ 2.0%，主要元素 Zn 最高品位 23.00%，一般在 0.8% ~ 2.0%，品位变化不大。Pb1 矿体在 - 3 - 1 至 13 线、16 - 1 至 18 - 1 线平均品位为 3.19%，最高品位为 10.26%，最低品位为 1.11%，分布较均匀，品位变化系数为 62.0%，属于均匀型；Pb3 矿体在 3 - 11 线平均品位为 2.46%，最高品位为 7.60%，最低品位为 0.81%，分布均匀，品位变化系数为 57.0%，属于均匀型；Pb1 东矿体在 10 - 1 至 13 线平均品位为 3.27%，最高品位为 6.59%，最低品位为 1.72%，分布均匀，品位变化系数为 63.0%，属于均匀型；总体看来该矿体为均匀型，其变化系数小于 80%，其类型系数为 0.6[5]。其品位变化系数（V_C）计算公式为：

$$V_C = \sqrt{\frac{\sum (C_i - \overline{C})^2}{(n-1)\overline{C}^2}}$$

式中，n——控制某矿体的工程数；C_i——单工程的平均品位；$\overline{C}$——矿体的平均品位。

（5）后期构造变化程度：其类型系数为 0.2。矿体范围内后期构造为 9 - 12 线矿体褶皱重复出现，但已掌握一定规律，另外尚有一些横断层，使矿体错动，但一般错距不大，具有规律性，总体看来后期构造破坏不是很严重。类型系数合计为 2.2[5]；详见表 1。

表 1　勘探类型系数表

确定因素	规模	形态及产状	厚度变化的稳定程度	有用组分的分布均匀程度	构造影响的复杂程度
类型系数	0.6	0.4	0.4	0.6	0.2
系数之和	2.2				
勘探类型	第Ⅱ勘探类型，偏简单型				

综上所述共生矿产铅锌的勘查类型属第Ⅱ勘查类型偏简单型，从矿体形态上看 3 - 9 线矿体显得更为稳定，尤其是形态的变化，因此这段要比东段类型上要稍高一些。

2　矿体勘探网度的确定

2.1　矿体勘探网度确定的原则

合理的勘探网度应是满足给定精度条件下的最稀网度，其确定是矿床勘查中的一个重要任务，确定的合理与否，对勘查工作的速度，质量都有影响。合理勘查网度的确定应遵循一下基本原则：①以勘查类型为基础，类型简单的工程间距相对稀疏，类型复杂的则相对密集。②相邻的勘查类型和控制度之间的勘查工程间距原则上为整数的极差关系。选择勘查工程间距在地质上要求足以进行相邻剖面或相邻工程资料间的关联和对比。③勘查工程间距可有一定的变化范围，以适应同一类型的不同矿床，或同一矿床不同矿段之间的实际变化差异。主矿体与次矿体，深部与浅部，重点勘查地段外围地段应区别对待。④勘查工程间距应按由稀到密，先稀后密的次序进行，在勘查中要不断检查间距是否合理。当发现所选间距与勘查要求符合时，要及时调整间距并使其更加合理。

2.2 矿体勘探网度确定的依据

铅锌矿床的勘查类型工程间距参考如表 2 所示。

表 2　铅锌矿体勘查类型工程间距参考（国家地质勘查规范 DZ/T 0214 − 2002）

矿　种	矿床勘查类型	控制的勘查工程间距（m）	
		沿走向	沿倾向
铅　锌	I	160 ~ 200	100 ~ 200
	II	80 ~ 100	60 ~ 100
	III	40 ~ 50	30 ~ 50

矿体总体上定为第 II 类型偏简单型，但其中 3 − 9 线的矿体相对比较稳定均匀，尤其沿走向变化稍高于第 II 类型，因此勘探网度为（80 ~ 100）m ×（60 ~ 100）m[6]。

3　结论

综上所述，一号矿床的总体规模属于大型，矿体形态比较完整，一般呈层状、似层状，矿体产状与含矿层基本一致，厚度变化比较稳定，品位变化比较均匀，总体上属于第 II 勘探类型偏简单型。其中 3 − 9 线之间的矿体，无论品位变化，厚度变化，或产状形态各方面与一号总体相比都要相对更稳定和均匀，并无构造破坏。其勘探网度为（80 ~ 100）m ×（60 ~ 100）m。

参 考 文 献

[1] 内蒙古自治区冶金地质勘探公司一队. 内蒙古自治区潮格镇霍各乞铜多金属矿区 1# 矿床地质勘探总结报告 [R]. 1978.
[2] 阳正熙. 矿产资源勘查学 [M]. 北京：科学出版社，2006，210 − 229.
[3] 北京西蒙矿产勘查有限责任公司. 内蒙古自治区乌拉特后旗霍各乞矿区一号矿床深部铜多金属矿详查报告 [R]. 2007.
[4] 姚凤良，孙丰月. 矿床学教程 [M]. 北京：地质出版社，2006.
[5] 中华人民共和国国土资源行业标准. 铜、铅、锌、银、镍、钼矿地质勘查规范 DZ/T0214 − 2002：66 − 67.
[6] 刘金平，李万亨，杨昌明. 论矿床经济合理的勘探网度 [J]. 西安地质学院学报，1992，14（3）：45 − 49.

作者简介：

王寿林，1986 年出生，地质助理工程师，现就职于巴彦淖尔西部铜业有限公司。

霍红亮，1970 年出生，地质工程师，现就职于巴彦淖尔西部铜业有限公司。

钟世杰，1954 年出生，地质工程师，现就职于巴彦淖尔西部铜业有限公司。

获各琦铜矿一号矿床岩矿石小体重的测试

刘　伟　霍红亮

(巴彦淖尔西部铜业有限公司　内蒙古巴彦淖尔　015000)

摘　要： 获各琦铜矿一号目前生产使用的岩矿石体重数值是沿用 2003 年测试的数据 $3.09kg/cm^3$。在实际生产过程中，生产出矿量和采场实测量以及废石统计量和过磅量存在一定的差距。为了对比验证这一数值的真实可靠性，获得准确的岩矿石体重数值，满足矿山设计、生产、计划和矿岩量计算工作需要，对其进行重新测试意义十分重大。

关键词： 岩矿石；小体重；获各琦铜矿

获各琦铜矿一号矿床是一个已开发多年的大型铜多金属矿山，于 1988 年开始建设，主要采选铜矿资源。到目前铜矿采选规模已达到 $200 \times 10^4 t/a$。矿床自勘查开发至今，其间对岩矿石体重的测定与研究工作只在 1992 年和 2007 年的地质勘探工作先后进行过两次，不但测定岩矿石的种类少，样品数量有限，且代表性较差。

获各琦铜矿一号矿床主要含矿岩组为狼山群的第二岩组，分为三个岩段（见图 1）。

层　位	柱状图	变　质　岩	原　岩	矿　产
Ptl_2^3		千枚岩、黑云母石英片岩、二云母石英片岩，红柱石云母片岩，厚200m以上，未见底	含炭泥质，玄武岩等	
Ptl_2^2		炭质板岩，硅化板岩，厚10～100m以上	含炭泥质岩	PbZn
		上条带石英岩，厚5～20m	粉砂岩，硅质岩	CuⅡ
		透辉透闪石岩，厚5～60m大理岩化灰岩	灰岩，泥灰岩	Fe.(PbZn)
		下条带石英岩，厚10～100m	石英砂岩，硅质岩	CuⅠ
Ptl_2^1		二云母石英片岩，黑云母石英片岩夹绿泥石片岩，见顺层产出的斜长角闪岩，厚度> 500m	拉斑玄武岩，凝灰岩	

图 1　狼山群第二岩组柱状图

下段（Ptl_2^1）：二云母石英片岩、绿泥石石英片岩和角闪片岩。

中段（Ptl_2^2）：主要含矿岩段，含矿岩层自下而上为：炭质板岩（Pb、Zn 主要赋矿层）→下条带状石英岩（Cu 次要含矿层）→透辉、透闪石岩（Pb、Zn 及 Fe 主要赋矿层）→上条带状石英岩（Cu 主要赋矿层）。

上段（Ptl_2^3）：二云母石英片岩、炭质千枚岩夹红柱石云母片岩、含炭云母石英片岩。

1 测试的目的

随着近几年的生产实践，井下生产出矿量和采场实测量以及井下废石统计量与过磅量存在一定的差值。可能是由于应用的体重参数值有偏差，为验证参数值是否正常，本次试验将从现生产及开拓中段 Cu1、Cu2、Cu5、Cu6 矿体及上下盘围岩进行小体重样测试，为储量计算及废石量统计提供更加可靠的依据。

2 采样的位置及依据

（1）采样点位置是在开拓工程和生产探矿工程已经完成的地段，主要采取井下生产中段的采场和穿脉中，利用刻槽的方法进行采样。

（2）采样件数的依据是利用各中段的储量权重进行分配。

本次采取的矿样为铜矿石及围岩，分别为条带状石英岩 Cu1、Cu2、Cu5、Cu6，围岩分别为二云母石英片岩、透辉透闪石化石英岩、炭质板岩，本次取样共计 247 件，铜矿石 157 件，围岩 90 件，各中段按矿量比重进行分配（见表 1 和表 2）。

表 1 采样设计利用铜矿资源储量

矿体	中段标高（m）	资源储量类别	矿石量（t）	品位（%）	金属量（t）	权重比值
Cu1	1750 – 1690	111b	2329611.5	1.49	34711.21	—
	1690 – 1630	111b	1534587.17	1.50	23029.34	—
	1630 – 1520	111b	931752.54	1.50	13992.59	—
	1520 – 1450	111b	1311065.5	1.57	20525.65	—
小计		111b	6107016.71	1.51	92258.79	0.71
Cu2	1750 – 1690	111b	425936.0	0.66	2811.18	—
	1690 – 1630	111b	306837.99	0.70	2144.29	—
	1630 – 1520	111b	79614.69	0.68	543.47	—
	1520 – 1450	111b	47473.36	0.69	327.57	—
小计		111b	859862.04	0.68	5827.99	0.10
Cu5	1750 – 1690	111b	720020	1.47	10584.29	—
小计		111b	720020	1.47	10584.29	0.08
Cu6	1750 – 1690	111b	919551.8	1.24	11402.44	—
小计		111b	919551.8	1.24	11402.44	0.11
合计		111b	8606450.55	1.40	120073.51	1.00

表2 各中段样品数分配

中段号	1690	1630	1520	1450	备注
矿量比值（%）	71	10	8	11	本次取矿石样157件，围岩样90件，共247个件
矿石取样个数（个）	51	36	35	35	
二云母石英片岩	15	6	4	5	
透辉透闪石化石英岩	15	6	4	5	
炭质板岩	15	6	4	5	
Cu1矿体取样数（份）	26	17	18	18	
Cu2矿体取样数（份）	9	13	6	6	
Cu5矿体取样数（份）	8	3	5	5	
Cu6矿体取样数（份）	8	3	6	6	
合计	51	46	35	35	

3 比重的计算

3.1 测定步骤（封蜡法）

（1）干矿石样品称重；
（2）蜡液中浸蘸封蜡，然后称重；
（3）封蜡样品称重。

3.2 计算单个样品体重

计算式如下：

$$D = \frac{W_1}{V_2 - \dfrac{W_2 - W_1}{d_1}}$$

$$V_2 = (W_3 - W_2)/d_3$$

式中，D——样品体重（kg/cm^3）；W_1——干矿石样品重（kg）；W_2——封蜡后样品重（kg）；W_3——封蜡后样品水中重量（kg）；V_2——封蜡样品体积（cm^3）；d_1——石蜡比重；d_3——水的比重。

3.3 平均体重的计算

根据单个样品的测定结果，按不同类型和品级确定平均体重值。当体重数值波动大，不同类型矿石储量差数较大时，应采用加权平均法计算；一般采用算术平均法。

4 测试步骤

4.1 测试原理

利用阿基米德原理，即浸在液体里的物体受到向上浮力作用，浮力的大小等于该物体排开液体的重量，其公式为 $F_浮 = G_排 = \rho_液 \cdot g \cdot V_排$。

4.2 仪器及材料

电子天平（天津天马仪器），准度等级 111 级、电热鼓风干燥箱（北京市永明医疗仪器厂）101 型、烧杯 5000mL 二个、烧杯 3000mL 二个、烧杯 500mL 一个、1000mL 量筒一个、滴管一个、地质锤一把、装烧杯 5000mL 纸盒二个搭建简易支架、石蜡 10kg、线绳四把、加热炉一台、笔记本一本进行数据记录运算。

4.3 测试操作步骤

4.3.1 水密度和石蜡密度的测定，根据质量公式 $m = \rho \cdot V$

水密度的测定，利用公式 $\rho_水 = (m_{烧杯+水} - m_{烧杯}) / V_水$。使用 1000mL 烧杯测定三次，结果如下：

（1） $m_{烧杯} = 562.1$（g）；$m_{烧杯+水} = 1404.9$（g）；$V_水 = 850$（mL）

$\rho_{水1} = (1404.9g - 562.1g) / 850mL \approx 0.99153g/mL$

（2） $m_{烧杯} = 562.1$（g）；$m_{烧杯+水} = 1160.0$（g）；$V_水 = 602$（mL）

$\rho_{水2} = (1160.0g - 562.1g) / 602mL \approx 0.99320g/mL$

（3） $m_{烧杯} = 562.1$（g）；$m_{烧杯+水} = 1453.2$（g）；$V_水 = 900$（mL）

$\rho_{水3} = (1453.2g - 562.1g) / 900mL \approx 0.99011g/mL$

$\bar{\rho}_水 = (\rho_{水1} + \rho_{水2} + \rho_{水3}) / 3 = (0.99153 + 0.99320 + 0.99011) / 3 \approx 0.99161$（g/mL）

故水的密度取：$\rho_水 = 0.99161$ g/mL

石蜡密度的测定，利用公式 $\rho_{石蜡} = (m_{烧杯+石蜡} - m_{烧杯}) / V_{石蜡}$。使用 500mL 烧杯测定二次，结果如下：

（1） $m_{烧杯} = 120.8$（g）；$m_{烧杯+石蜡} = 315.7$（g）；$V_{石蜡} = 250$（mL）

$\rho_{石蜡1} = (315.7g - 120.8g) / 250mL \approx 0.7796g/mL$

（2） $m_{烧杯} = 120.6$（g）；$m_{烧杯+石蜡} = 277.0$（g）；$V_{石蜡} = 200$（mL）

$\rho_{石蜡2} = (315.7g - 120.6g) / 200mL \approx 0.7851g/mL$

$\bar{\rho}_{石蜡} = (\rho_{石蜡1} + \rho_{石蜡2}) / 2 = (0.7796 + 0.7851) / 2 \approx 0.781$（g/mL）

故石蜡的密度取：$\rho_{石蜡} = 0.781$ g/mL

4.3.2 样品制备

首先将样品从样袋中取出并按编号进行摆放。第二步将岩石样敲打成试验允许的大小范围（60cm × 60cm × 60cm 规格以内），剩余样品装袋进行化学分析。第三对岩石样进行清理，因本次取样大多数矿样是穿脉内刻槽样，岩壁上粘有较多灰尘，且本次测定干矿石样体重可以对矿样进行清洗。

4.3.3 烘干样品

将样品按排号一块一块放入烘干箱内，烘烤 1.5 ~ 2h。

4.3.4 干样称重

将样品从烘箱中按排号一块一块取出，对样品进行轻敲将小块易落物除去（防止在进行试验中有小块掉落影响试验结果，对需进行水分测定样这一步应在制备样品时完成），进行干样称重并进行记录（注意每测一次需将天平清零）。同时将石蜡加热融化。

4.3.5 样品捆绑

将样品用细绳捆绑牢固，重心要靠下方拉起后样品不会翻转（保证封蜡后不会磕碰有裂隙漏水影响试验结果），同时拉起后在空中旋转范围要控制在（50cm×50cm×50cm）范围内（保证在水中测定时不会碰到烧杯壁影响测定结果）。

4.3.6 样品封蜡

封蜡要在烘干后20min内进行，尽量使样品温度较高，有利于彻底将矿样密封，将捆绑好的样品进行封蜡，拉起样品后放入热的蜡液中进行第一次封蜡，第一遍全部封完后进行第二遍封蜡。保证样品不会在测定时有水进入。

4.3.7 样品封蜡后称重

将封好蜡的样品进行称重并进行记录（注意每测一次需将天平清零）。

4.3.8 测定样品在水中的重量

将样品悬吊在（由装5000mL烧杯和地质锤搭建的）简易支架上进行样品在水中的测定（注意样品悬吊在水中时不得碰到烧杯底部及烧杯壁，同时防止手抖影响读数且每测一次需将天平清零）。

5 数据的整理

本次测定数据直接计入计算机进行计算，对测定的数值较大的样品从第4.3.7步进行重测，保证数据的准确度。

6 误差分析

本次试验产生的误差有：封蜡后样品重量中含有0.3~0.4g中的线绳重量；样品在封蜡前后有及少数样品由于磕碰质量有0.1~0.4g变化；在围岩测定中由于蜡封完后拉起放入水中漏水重量在0.2g左右变动。以上误差累计不超过1.0g，本次使用实验样247个，合计干样重量为190368.7g，按称重最高累计误差1.0g，水密度测定相对误差为1.012‰，石蜡密度测定相对误差3.457‰计算，此次试样相对误差平均最大值为5.766‰。

7 测试结果

7.1 矿体体重

Cu1矿体：平均体重2.83t/m³；　　Cu2矿体：平均体重3.18t/m³；
Cu5矿体：平均体重2.86t/m³；　　Cu6矿体：平均体重3.21t/m³；
矿石综合体重为：平均体重2.94t/m³；
在1978年地勘报告中提交的小体重Cu1值为2.96t/m³，大体重Cu1值为3.00t/m³；1992年地勘报告中提交的小体重平均值为3.00t/m³；通过本次试验对比，得出数值与1992年对比数值较为相近，所以铜矿石综合体重使用3.00t/m³较为合理（见表3）。

7.2 围岩体重

上盘围岩：二云母石英片岩平均体重2.68 t/m³；下盘围岩：炭质板岩平均体重2.95 t/m³；

透辉透闪石化石英岩平均体重 3. 20 t/m^3；围岩测试综合体重 2. 76 t/m^3。

表 3　本次测试铜矿石综合体重与 1992 年测定值对比

中段号	矿体号	矿石量 （t）	品位 （%）	测试体重 （t/m^3）	1992 年体重 （t/m^3）	差值 （t/m^3）	备注
1810	Cu1	1743536. 00	1. 75	2. 83	2. 85	− 0. 02	计算范围为 − 2 至 19 线 Cu 矿体
	Cu2	198249. 00	0. 88	3. 18	3. 13	0. 05	
	Cu5	525674. 20	1. 13	2. 86	3. 07	− 0. 21	
	Cu6	565046. 90	1. 23	3. 21	3. 07	0. 14	
小　计		3032506. 10	1. 49	2. 93	2. 95	− 0. 02	
1750	Cu1	2232506. 00	1. 47	2. 83	2. 85	− 0. 02	计算范围为 −3 −1 至 16 线 Cu 矿体
	Cu2	310134. 00	0. 64	3. 18	3. 13	0. 05	
	Cu5	596651. 00	1. 45	2. 86	3. 07	− 0. 21	
	Cu6	698798. 00	1. 24	3. 21	3. 07	0. 14	
小　计		3838089. 00	1. 36	2. 93	2. 95	− 0. 01	
1690	Cu1	2329611. 50	1. 49	2. 83	2. 85	− 0. 02	计算范围为 − 1 至 18 线 Cu 矿体
	Cu2	425936. 00	0. 66	3. 18	3. 13	0. 05	
	Cu5	100034. 00	0. 87	2. 86	3. 07	− 0. 21	
	Cu6	919551. 80	0. 66	3. 21	3. 07	0. 14	
小　计		3775133. 30	1. 18	2. 96	2. 94	0. 02	
1630	Cu1	2329611. 50	1. 49	2. 83	2. 85	− 0. 02	计算范围为 4 至 10 线 Cu1、Cu2 矿体
	Cu2	1534587. 17	1. 50	3. 18	3. 13	0. 05	
小　计		3864198. 67	1. 49	2. 97	2. 96	0. 01	
1520	Cu1	931752. 54	1. 50	2. 83	2. 85	− 0. 02	计算范围为 3 至 7 线 Cu 矿体
	Cu2	79614. 69	0. 68	3. 18	3. 13	0. 05	
小　计		1011367. 23	1. 44	2. 86	2. 87	− 0. 01	
1450	Cu1	1311065. 50	1. 57	2. 83	2. 85	− 0. 02	计算范围为 3 至 7 线 Cu 矿体
	Cu2	47473. 36	0. 69	3. 18	3. 13	0. 05	
小　计		1358538. 86	1. 54	2. 84	2. 86	− 0. 02	
合　计		16879833. 16	1. 39	2. 94	2. 94	0. 00	—
测试计算合计		10009238. 06	1. 37	2. 94	2. 93	0. 01	—

　　致谢，在整个小体重样测试的设计、取样和测试得到保吉欢副总地质师的大力指导，在测试过程中得到化验室人员的大力支持。在此表示深深的感谢！

参 考 文 献

[1] 内蒙古自治区冶金地质勘探公司一队，内蒙古自治区潮格旗霍各乞铜多金属矿区一号矿床地质勘探总报告 [R]. 1978. 10.

［2］内蒙古自治区冶金地质勘探公司一队，内蒙古自治区潮格旗霍各乞铜多金属矿区一号矿床 3 - 16 线 1630 米标高以上勘探地质报告［R］.1992.11.

［3］西部矿业股份有限公司，内蒙古自治区乌拉特后旗霍各乞铜多金属矿区一号矿床 - 1～19 线 1834～400m 标高铜矿资源/储量核实报告［R］.2004.9.1.

［4］北京西蒙地质矿产有限责任公司，内蒙古乌拉特后旗霍各乞铜多金属矿区一号矿区 - 5 线至 15 线 1400 标高以下深部地质勘探报告［R］.2007.12.

［5］矿山地质手册［M］.北京：冶金工业出版社，1995.

［6］中华人民共和国国土资源部，铜、铅、锌、银、镍、钼矿地质勘查规范.2002.12.17.

作者简介：

刘伟，1984 年出生，地质助理工程师，现就职于巴彦淖尔西部铜业有限公司，从事采出矿管理工作。

霍红亮，1970 年出生，地质工程师，现就职于巴彦淖尔西部铜业有限公司，从事采出矿管理工作。

内蒙古获各琦铜多金属矿床地质
特征与成因分析

江　超

（巴彦淖尔西部铜业有限公司　内蒙古巴彦淖尔　015000）

摘　要：内蒙古获各琦铜多金属矿床是狼山地区著名的大型铜多金属矿床，产于狼山北麓的中元古代陆缘裂谷中，呈似层状、层状、透镜状产出与地层整合接触。矿体受岩性的控制有规律地赋存在特定的岩石中。矿区火成岩根据 W（Na_2O + K_2O）—W（SiO_2）图解显示应属于亚碱性火成岩类。矿床成因分别分析了火山喷流沉积特征和热液特征，表明矿床是经火山喷流沉积再经后期变质，在变质过程中受热液改造而形成的矿床。

关键词：铜多金属；火山喷流沉积；获各琦

获各琦铜多金属矿床处于狼山成矿带中，狼山成矿带是华北地台北缘的一条著名成矿带，其代表了代表陆缘裂谷环境下形成的以喷流沉积型为主要矿床类型的铜铅锌矿床。在区域上分布有东升庙（Pb、Zn、S、Cu）矿床、甲生盘（Pb、Zn、S）矿床、炭窑口（Cu、Pb、Zn、S）、获各琦（Cu、Pb 、Zn、Fe）等大型矿床。

1　矿区地质

获各琦铜多金属矿床是狼山地区著名的大型矿床之一，产于狼山北麓的中元古代陆缘裂谷中，前人做过研究将该区划分为渣尔泰裂谷系，其沉积建造与白云鄂博相近[1]，矿区内以火山岩系发育为特征，主要出露辉长岩、闪长岩、斑状花岗岩、角闪岩、石英黑云母片岩。获各琦多金属矿区由三个矿床组成，其中一号矿床为以铜为主的铜铅锌铁多金属矿床，二号矿床为以铅锌为主，少量铜矿化，三号矿床为铁矿床（图1）。矿体呈层状、似层状，与地层产状基本一致，矿石构造为条带状、纹层状、细脉浸染状、块状为主。矿区由走向为50°向东方向延展的狼山群地层组成，呈复式倒转向斜构造[2]（图2），主要出露狼山群第二岩组，为一套浅海相泥质为主的碎屑岩 - 泥灰岩 - 碳酸岩建造，夹中基性火山岩建造[3]。

矿区构造较为复杂，以褶皱、扭曲为主，断裂次之，由于两次构造叠加，致使矿区构造复杂化。第一期褶皱构造表现为矿区中部的一个背斜，背斜及南、北两侧的两个向斜构造。二期褶皱构造受逆斜断层的及岩浆侵入的影响，在第一期褶皱构造之上叠加并形成了一系列以水平扭曲为主要特征的呈局部分布的倾竖褶皱。矿区断裂一般为元古期同沉积断裂，控制着矿区元古期狼山群的沉积古基底格局、沉积建造和成矿特征，断裂带一般宽度较大，十几米至三十几米，由多条断裂组成一个破碎带，在破碎带内既有张性的角砾，也出现压扭性的角砾。

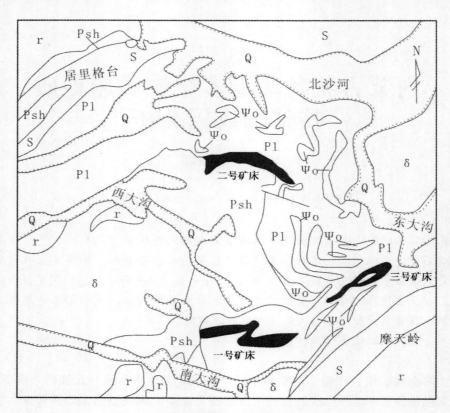

图1 获各琦矿区地质简图

Psh—石英黑云母片岩；Pl—石英绿泥石片岩；S—石英沙岩；ΨO—辉长岩；

δ—闪长岩；r—花岗岩；Q—第四系

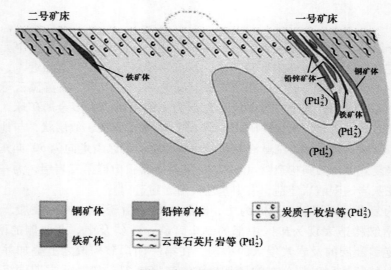

图2 复式倒转向斜示意

2 矿区火成岩特征

矿区火成岩类型主要有绿泥石英片岩、钙质绿泥片岩、绿泥云母片岩、含长角闪片岩等。

岩石化学分析结果见表1。

表1　获各琦矿区火成岩岩石分析结果（W/%）

岩石	SiO₂	TiO₂	Al₂O₃	Fe₂O₃	FeO	MnO	MgO	CaO	Na₂O	K₂O	P₂O₃
绿泥绢云千枚岩	54.42	1.00	14.12	1.11	5.32	0.09	3.75	6.00	3.56	2.88	0.14
钙质绿泥绢云片岩	52.10	0.69	12.15	2.3	2.53	0.11	3.06	11.20	2.18	2.80	0.12
绿泥绢云千枚岩	61.02	0.78	12.04	1.58	4.54	0.09	3.55	4.95	1.72	3.36	0.14
含长角闪片岩	62.34	0.63	11.64	1.37	4.31	0.05	6.40	7.00	0.72	4.48	0.04
钙质绿泥片岩	56.08	0.6	13.38	0.89	9.46	0.26	1.36	3.10	0.52	4.24	0.19
绿泥石石英片岩	49.86	1.45	14.1	1.38	9.86	0.21	4.67	6.00	3.43	0.73	0.18
绿泥云母石英片岩	48.30	1.58	15.13	1.66	10.37	0.22	6.64	8.97	2.26	2.00	0.17
绿泥石片岩	51.61	2.00	14.59	2.90	9.55	0.15	4.85	7.20	3.12	1.12	0.24
斜长角闪片岩	50.70	2.65	14.11	3.61	10.80	0.21	3.50	10.15	1.64	0.80	0.17
绿泥石英片岩	49.86	1.45	14.10	1.38	9.86	0.21	4.67	6.00	3.43	0.73	0.18

注：以上数据来源于内蒙古自治区乌拉特后旗获各琦矿区一号矿床深部铜多金属详查报告。

该类岩石在地层中呈顺层产出的侵入脉体产状，在其边部，往往形成十几米至几十米的围岩蚀变带。岩体从边部到内部，粒度由细变粗，沿走向往往与正常沉积岩交叉状接触。岩石普遍含钠长石，岩石中绿泥石干涉色呈淡黄绿色，反映折光率较低。根据 W（Na₂O + K₂O）—W（SiO₂）图解显示应属于亚碱性火成岩类（图3），据各种化学图解分析起原岩类型为基性的火山熔岩类，主要为：亚碱性玄武岩及少量过渡玄武岩类[4]。

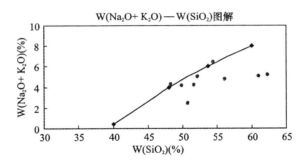

图3　获各琦矿区火山岩 W（Na₂O + K₂O）— W（SiO₂）图解

3　含矿层岩石特征

获各琦铜多金属矿床一号矿床赋存在获各琦千枚岩（Pt2）的上中部，由石英岩、灰岩、炭质板岩组成的互层带。其沉积环境为相对稳定的振荡环境从其宏观上看这种互层带为透镜状，但就其矿床、矿体而言为层状或似层状。矿体赋存层位受岩性的控制，即一定的矿体存在一定的层位中，一定的含矿层赋存一定的矿体，根据上述特点，可将含矿层共分四层：①上条带状石英岩；（上含铜石英岩）；②透辉石、透闪石化石英岩；（含磁铁矿）；③下条带状炭质石英岩；（下含铜石英岩）；④含铅锌炭质板岩。

以上各层的含矿程度、含矿种类、矿化特点、变化程度都各有不同。

3.1　上条带状石英岩

　　分布于矿床的最顶端，贯穿于东西，约1400m，矿体连续性强，平均厚26m，由于受构造的影响，在8－10线形成了水平褶曲部位，矿体局部变厚，实际生产探矿最厚处达85m。与顶板围岩二云母石英片岩、千枚岩及其下腹的含矿层均为整合接触。

　　镜下观察表明石英可以分为两种：一种是和炭质在一起的石英细粒为0.1～0.3mm，粒度均匀一般为圆形，少量具有拉长定向排列，与石英颗粒间定向排列的炭质组成条带，金属矿物多分布在此条带中；另一种石英单独存在，颗粒较大，为0.3～0.5mm，与前种石英界限明显，多分布在透辉石的颗粒之间或沿节理裂隙穿插，这种石英的颗粒间有透辉石的残留体，前一种石英是在变质过程中原岩中矽质重熔再结晶（自变质）的结果；后一种石英是为后期矽化的产物，而且时间晚于透辉石。根据Kernagel and Zin（1989）的研究[5]，石英的阴极发光有三种类型：①具紫色、蓝紫色、蓝色的阴极发光，形成温度大于573℃，往往产于火成岩及接触变质岩中；②褐色发光的石英，形成温度为300～573℃产于区域变质岩中；③不发光石英，为成岩过程中形成的自生石英。据采自获各琦矿床条带状含铜石英岩的样品测试分析而知，获各琦一号、二号矿床中的条带状石英岩阴极不发光，说明条带状含铜石英岩中的石英为自生石英。如果条带状含铜石英岩是由碎屑岩重结晶而成，石英颗粒应保持源岩区特点而发光。因而获各琦矿床条带状含铜石英岩由硅质岩经变质作用颗粒有所加大而形成的。

3.2　透辉石、透闪石化石英岩

　　该层分布于上条带状石英岩的下部，长1300m，平均厚度34m，呈层状、似层状产出，与上述含矿层整合接触，岩石大部分已变为透辉石、透闪石岩、局部保存有灰岩的残留体，透辉石、透闪石含量的变化情况是：延走向自西向东，透辉石由强变弱，透闪石由弱变强，沿倾向深部灰岩的残留体由少变多，岩石结构西部颗粒粗，东部颗粒细，呈微密块状，灰—灰绿色，由方解石、透辉石、透闪石及少量的石榴子石、黑云母等组成。

　　透辉石、透闪石细粒（粒径0.1～0.5nm）具残余条带状构造，具与碳酸盐岩无交代关系的部分透辉石透闪石岩是与硫化物同期形成的。透辉石呈短柱状，透闪石呈长柱状，具多色性。岩石呈薄层状产出，层厚0.5～1cm。在∑REE－（La/Yb）N投影图解中，岩石落在拉斑玄武岩区内[6]。在矿区低绿片岩相地层内，产于后期岩体不接触的部位的这些细粒透辉石透闪石岩极可能是热水喷出沉淀的产物。

3.3　下条带状含矿石英岩

　　分布于矿床西段1－11号勘探线之间，长550m，平均厚度15m，以条带状透辉石化石英岩为主，块状透辉石次之，呈似层状产出，与上下含矿层整合接触，岩石为白色－灰白色、致密块状构造，成分以石英岩为主，其次是透辉石，少量透闪石、石榴子石、炭质，镜下呈花岗变晶结构，粒度0.1～0.3mm，部分石英为拉长状，条带状主要为透辉石，其次为炭质，分别与石英相间排列构成。本层为Cu－2矿体含矿层位，品位约在0.5%～0.7%之间，Pb－3矿体的一部分也在此层中。

3.4　含铅、锌炭质板岩

　　该层位于含矿层的最底部的层位，东西延长1600m，平均厚16m，西段较厚且泥质岩为主，

东段变薄逐渐尖灭，炭质减少铅质增加，局部含透辉石、透闪石。岩石呈灰黑 - 黑色，板状 -
千枚状构造，解理发育 - 不发育，主要有石英、绢云母、褐铁矿，其次含有少量的炭质泥质。
该层上部几乎普遍具角砾岩化，角砾呈棱角状、次棱角状大小不等，胶结物为黄铁矿、磁黄铁
矿、硅质、凝灰质，是较为典型的喷气成因角砾岩。

4　矿床成因分析

4.1　火山喷流沉积特征

获各琦一号矿床空间变化规律主要受盆地沉积环境控制，就现已开采完的三个中段来看
（Cu1）矿体产状基本与含矿层一致，矿体东段 8 - 10 线由于受构造的影响，矿体变厚，平均厚
60m，向西方向均匀变薄，矿体连续性好，说明了矿体形态明显取决于沉积物的形态。其沉积物
又完全受当时沉积小洼地控制，同时矿体呈层状、似层状，矿石为条带状，纹层状构造等，这
些均充分显示了矿床沉积的特征。

含矿岩系及主矿层（Cu1）沿走向方向延伸不大，小于2km，岩层呈透镜状产出，属裂陷槽
（次级海盆）沉积物的产物，含矿岩系为一套中元古界火山沉积岩，富含亚碱性玄武岩及丰富的
化学沉积——硅质黄铁矿中 Co、Ni 定量分析结果见表2，其 Co/Ni 平均比值为1.07。与岩石总
的 Co/Ni < 1 正好相反，依据海相火山岩型铁铜矿床 Co/Ni 比值特征的研究[7]，黄铁矿石中 Co/
Ni > 1 或 < 1 主要反映成矿物质来源，根据一号岩、铁锰质碳酸盐岩、铜铅锌矿源层，体现海底
喷流沉积产物的特征。笔者认为矿床的生成环境 Co/Ni 平均值为1.07，反映成矿物来源主要与
海底喷流有关，矿化富集主要受古地理环境等控制。

表2　黄铁矿定量分析（一号矿床）（μg/g）

样品编号	Y32	Y52	Y77	Y78	YX9
Se	<1	1.5	1.2	2.8	<1
Co	42	52	45	171	141
Ni	39	20	20	111	115
S（%）	37.09	35.67	41.55	43.06	34.94

注：以上数据来源于获各琦一号矿床勘探报告。

据刘玉堂[6]等人的研究，获各琦铜矿的硫元素倾向于火山硫源，另外在 1 号矿床 CK97 孔
512m 深处方铅矿中经电子探针分析，发现单质硫。我们知道 S^0 在强氧化条件下形成，当大量的
雌黄铁矿氧化形成磁铁矿时可能生成自然硫，即：$2FeS + 2O_2 = Fe_3O_4 + 2S^0$。由于该样品来自
512m 深处，由于上述反应而形成自然硫的可能性很小，因此应属火山或喷流作用形成。

以上说明一号矿床成岩成矿是同期的，矿床是受沉积机理的控制，是沉积的有利证据，说
明矿床有了充分的物质来源，经火山喷流沉积作用形成。

4.2　热液特征

根据矿石组成及结构构造的特点，清楚地表明矿床受有由高温到低温三个热液的矿化阶段，
是矿床遭受后期区域变质和热液变质作用无可争辩的事实，但根据本矿床，金属组分分布规律
及地质发展史分析，区域变质作用及后期热液变质作用均是迭加在矿床原始沉积之后的。另外
矿床内的所有岩层均为变质岩，与火成岩的远近无十分明显的关系，而与区域变质为主导。

伴随区域变质作用和后期热液作用使矿床本身和围岩产生了一系列的与一般热液成因不完全一致的蚀变现象，如透辉石和透闪石化、矽化、绢云母化等，以矿床底板炭质板岩和条带状炭质石英岩为列，因为原岩含炭质较高，表现非常明显的矽化作用，由此可见矿床的热液蚀变是在外界热液作用的影响下以自变质为主导的结果。

以上说明矿床遭受后期变质作用具有内生矿床的特点。

综上所述，认为矿源层的形成就是矿床的形成，再经后期区域变质和在变质过程中产生的热液作用下，使矿床的有用组分局部重新再造迁移，富集而成现今的状态，因此推定为火山喷流沉积再经后期变质，在变质过程中受热液改造而形成的矿床。

参 考 文 献

[1] 王楫，李双庆，王保良，等. 狼山 – 白云鄂博裂谷系 [M]. 北京：北京大学出版社，1987.

[2] 邓吉牛，钟正春. 内蒙古自治区乌拉特后旗获各琦矿区一号矿床深部铜多金属详查报告 [R]. 北京西蒙矿产勘查有限责任公司，1987.

[3] 池三川，扬海明，王思源. 内蒙古霍各乞矿田并外围铜多金属成矿控制及找矿预测 [R]. 中国地质大学，1991.

[4] 路凤香，桑隆康. 岩石学 [M]. 北京：地质出版社，2002.

[5] 孙宝忠，许贵忠，边千韬. 内蒙古狼山霍各乞矿床条带状含矿石英岩成因的探讨 [J]. 岩石学报，1997，13 (2)：226 – 232.

[6] 刘玉堂，李维杰. 内蒙古霍各乞铜多金属含矿建造及矿床成因 [J]. 桂林工学院学报，2004，24 (3)：261 – 268.

[7] 王亚芬. 海相火山岩型铁铜矿床黄铁矿中 $C \downarrow O/Ni$ 比值特征及其地质意义 [J]. 地质与勘探，1981，26 (8)：495 – 504.

作者简介：

江超，1986 年出生，助理工程师，现就职于巴彦淖尔西部铜业有限公司，从事矿山地质工作。

浅析获各琦铜矿的地质管理

霍红亮　马凤莹

（巴彦淖尔西部铜业有限公司　内蒙古巴彦淖尔　015000）

摘　要：本文就获各琦铜矿地质工作阶段入手，强调各阶段的地质管理工作，认为加强矿山地质管理工作是提高矿山经济效益并保持矿山的可持续发展的重要手段之一。

关键词：地质管理；可持续发展；获各琦

地质管理是矿山技术管理的重要组成部分，贯穿于矿山的整个开发过程中，做好这项工作是对开发利用矿产资源，延长矿山寿命，保证矿山持续生产，提高矿山经济效益有重要意义。

1　生产探矿管理

1.1　加强生产勘探日常地质管理工作

生产探矿是在原地质勘探的基础上，为满足开采和继续开拓延深的需要，提高矿床勘探程度，准确圈定矿体形态，提高储量级别。生产探矿工作是地质工作的基础，其可靠程度将直接影响以后的地质工作及矿山生产。为保证生产勘探的准确度，地质工程技术人员加强坑道编录及钻孔编录工作。地质技术人员对钻孔及刻槽采样进行逐一检查，发现不符合规范的按报废处理，并采取及时的补救措施。及时、认真、细致地对室内资料进行整理，以免出现原始资料丢失或字迹模糊不清等情况，造成不必要的损失。

经常到采场查看矿体的形态和产状，与生产探矿的资料进行核对，及时对生产探矿的资料进行修正。

1.2　充分认识矿床地质特征，确定合理的生产探矿网度

在地质勘探期间，根据主矿体的特征，将获各琦铜矿床划分为 Ⅱ—Ⅲ 类勘探类型。在生产中根据加密法确定生产探矿的网度。生产探矿以钻代坑，坑钻结合的总体方针，在原有的 $100m \times (100 \sim 120)$ m 的网度上增加中段和勘探线，使探矿网度达到 $25m \times 20m$。对矿体形态较复杂地段，增加钻孔，探矿工程网度达到 $12.5m \times 20m$，以探求 111b 基础储量的需要。准确控制矿体的形态和产状等，避免采准工程的浪费，提高采准工程的准确性。

1.3　探采结合，节约投资

矿山生产探矿工作是直接为采矿服务的，探矿工程的布置，除了应考虑矿床地质因素外，还应充分考虑矿床的开采方法。在保证探矿工程质量的前提下，要尽量使探矿工程与采准、备采工程结合起来，使探矿工程尽量为矿床开采工程所利用；反之，部分采矿工程也可代替探

工程。

在生产探矿中，合理运用各种探矿手段以及尽量利用原有地质探矿工程，为矿山节约探矿成本，提高矿山经济效益，达到良好的探矿经济效果和地质效果。

2　加强矿石质量管理

矿石质量管理是既要保证采矿回收率，也要保证选矿回收率，减少损失。

2.1　贫化和损失方面的管理

2.1.1　设计中贫化、损失的监督管理

矿山在采矿设计时，应该考虑充分利用和保护矿产资源，要实行贫富、大小、难易兼采的原则进行设计、要综合考虑经济、资源回收、能耗和生产条件的基础上，选取合理的损失率和贫化率指标，为下一步的管理提供理论依据。

2.1.2　开采过程中贫化、损失的监督管理

矿石的贫化和损失是矿山生产过程技术管理工作。贫化率和损失率指标是衡量矿山企业技术管理水平和经济效果的主要考核指标。在开采中必须加强监督管理，建立定期检查分析制度，制定措施，切实做好贫化损失管理工作，提高资源回采率，降低损失率。

2.2　矿石质量均衡管理

质量均衡是保证资源的合理利用。质量均衡运用手段是合理配矿。在生产计划安排时，地质、采矿人员提前沟通，力争做到不同品级的矿石的采出矿量搭配出矿。在生产环节中，地质技术人员应对每个采场的矿石质量与井下调度进行技术交底。矿石质量细化到每个采场的每个分层，由井下调度同意调配，技术人员协调管理，达到品位均衡，并且能最大化地利用资源。

2.3　探采对比

获各琦铜矿选择具有代表性的地段，利用生产实践中揭露出来的真实、可靠的地质资料与生产探矿所获得的地质资料进行对比，并计算出生产探矿阶段所获得的地质资料和技术经济参数与实际之间的误差，剖析这些误差对生产的影响程度，并找出其产生原因，总结矿床地质勘探工作经验及合理的勘探工作模式，并提高对矿床的认知程度。

3　资源储量管理

地质储量管理工作是矿山地质管理工作中的一项重要工作，它关系到矿山是否持续均衡生产，为决策层提供物质保障。因此，在生产探矿的基础上建立矿体总投影图台账，随着二次探矿、采准、回采等工作引起的储量变化及时更新台账，并能直观地展现每个块段的关系，保证数据的准确性以及合理地利用资源。

矿山三级矿量管理工作是保证矿山均衡生产中顺利衔接的重要依据。由于矿山生产能力逐年提升，三级矿量确定为3:2:1的平衡关系。矿山至目前为止，未出现过矿山的生产失衡、资金过压的现象，有力保证了矿山生产正常有序进行。

充分利用矿山软件，根据不同的品位进行圈定矿体，达到储量的动态管理。

4 健全地质资料

地质资料是矿山生产建设的重要依据，其完善程度和质量的高低，是衡量矿山企业地质技术管理的重要标志。在整个矿山开发过程都要围绕地质条件来进行。尤其在矿山生产中，应建立和完善一整套必要的图件和数据台账。在获各琦铜矿有如下图件和数据台账，其中主要图件有 1:500 中段地质平面图、1:500 勘探线地质剖面图、1:500 中段矿体纵投影图、1:200 钻孔柱状编录图、1:100 坑道地质编录图、1:500 矿体综合地质编录图及供采矿用的 1:200 等一系列图件。主要数据台账有单工程品位台账、钻孔工程量台账、三级矿量台账、采场台账、月份损失贫化台账等。只有保证图件和数据台账的真实可靠，才能为矿山的正常、有序、合理生产奠定基础。

5 加强地质找矿中的地质管理工作

5.1 就矿找矿是矿山找矿工作最强有力的手段

2003 年以来，矿山加大了地质找矿的投入力度，在随后的几年里，西部铜业与西蒙公司合作，在矿区深边部进行找矿勘探工作。尤其在深部找矿方面取得了突破性的进展。于 2007 年 10 月提交了《内蒙古自治区乌拉特后旗获各琦矿区一号矿床深部铜多金属矿详查报告》。2010 年与内蒙古第二矿产勘查院合作，在一号矿床的东部和西部进行深部探矿，达到良好的效果。2011 年与中国地质大学（北京）进行合作，主要开展获各琦矿区构造和成矿模式的研究。

5.2 加强控矿因素的研究，寻找各类隐伏矿体

加强与大中专院校及科研单位合作开展了一系列有针对性的找矿地质研究和矿床成因分析工作。通过对矿体形态、产状、岩性及构造等的研究，对矿床成因及控矿因素有了进一步地认识。实际上，近南北向的断层、破碎带对矿体甚至矿带有明显的改造作用。这些都对加强矿区成矿认识和进一步开展探矿工作有实际意义。

6 结语及建议

矿山地质工作不仅仅是矿山工作的一环，更是矿山生产不可缺少的一环。良好的矿山地质工作可以保证矿山的合理、正常开展生产。因此，对矿山地质的研究不应仅仅停留在找矿等单一层面上，还要在日常矿山开采过程中去充分地了解和掌握矿区的地质特征，有针对性地对开采设计方案进行修订和完善，同时也为增加资源储量、延长矿山寿命、保障矿山环境、降低矿石贫化损失等方面服务，为矿山提供技术支持，使矿山发挥最大综合效益，实现企业的可持续发展。

参 考 文 献

[1] 内蒙古自治区冶金地质勘探公司一队，内蒙古自治区潮格镇霍各乞铜多金属矿区一号矿床地质勘探总结报告 [R]. 1978. 10. 31：85 − 92.

[2] 铜、铅、锌、银、镍、钼矿地质勘查规范. 中华人民共和国国土资源部. 2002. 12. 17.

[3] 冶金工业部北京地质研究所. 内蒙古霍各乞多金属矿区一号矿床铜矿石选矿试验报告 [R]. 1966. 4

[4] 袁怀雨. 矿山地质. 国土资源部矿产开发管理司.

[5] 中国地质学会. 矿山地质手册 [M]. 北京：冶金工业出版社，1995.

[6] 北京西蒙矿产勘查有限责任公司. 内蒙古自治区乌拉特后旗霍各乞矿区一号矿床深部铜多金属矿详查报告
　　[R]. 2007：96 - 97.

作者简介：

霍红亮，1970 年出生，地质工程师，现就职于巴彦淖尔西部铜业有限公司，从事采出矿管理工作。

马凤莹，1985 年出生，地质助理工程师，现就职于巴彦淖尔西部铜业有限公司，从事采出矿管理工作。

青海赛什塘铜矿区深部找矿前景分析

刘海红

（青海赛什塘铜业有限公司　青海共和　813000）

摘　要： 赛什塘铜矿目前保有资源储量保证程度已达中度危机。分析矿区成矿地质条件和矿床特征，铜矿体主要分布在大理岩与变质粉砂岩的接触带上，矿体在走向和倾向上均有向深部延伸的趋势，且矿体在垂向上具有多层分布的特点。深部已施工的见矿钻孔和地质资料分析结果对应，反映矿区深部（-500）～（-800）m找矿前景良好。

关键词： 赛什塘铜矿；地质特征；深部找矿

赛什塘铜矿位于青海省海南藏族自治州兴海县境内，是经国家计委批准的青海省政府"九五"计划重点建设项目。于2001年6月6日建设全面展开。经过2000—2003年的矿山基建探矿工作，发现本区首采区段的地质情况与先前勘探时的认识发生了较大的变化，首采地段的保有储量由原设计的129.88万t锐减为69.35万t，减幅为46.61%。全矿区可利用矿石储量仅为876万t左右，按照设计的生产规模，矿山稳产服务年限仅为17年左右，使赛什塘铜矿成为中度资源危机的矿山。因此，充分研究以往地质勘查及物探资料，分析矿区深部找矿前景，对于实施赛什塘铜矿接替资源勘查具有积极意义。

1　矿区地质背景

矿区位于柴达木准地台南缘台褶带之东南端，东与西秦岭印支褶皱带相毗邻，西与昆仑褶皱系相连，处于两构造带的接合部。

矿区被大面积第四系和第三系覆盖，沿沟谷或山脊仅有下二叠统出露，为一套浅海陆棚相碎屑岩夹碳酸盐岩沉积。按沉积旋回和岩性特征，可进一步划分为a、b两个岩性组，由老至新有：下二叠统a岩性组五岩性段（P_1^{a5}）变质细粒长石石英砂岩夹灰黑色条带状绢云母千枚岩及黑云母千枚岩，下二叠统a岩性组六岩性段（P_1^{a6}）变质细粒长石石英砂岩和变质细粒石英砂岩夹变质粉砂岩、绢云母千枚岩、黑云母千枚岩和透镜状大理岩。下二叠统a岩性组七岩性段（P_1^{a7}）灰色条带状变质粉砂岩和黑云母千枚岩夹变质细粒长石石英砂岩、白色大理岩、灰白色条带状大理岩、灰白色条带状绢云母千枚岩及黑云母千枚岩，大理岩中含Schwagcrina　SP化石厚度大于380m。下二叠统b岩组（P_1^b）云母石英片岩、绿泥石英片岩。地层总体走向近南东，倾向西，倾角一般为25°～50°。下二叠统a岩组七岩段下部大理岩与变质粉砂岩的换层部位为矿区主要赋矿层位。

矿区印支期侵入岩较发育，以中－中酸性石英闪长岩体为主，次为中－酸性岩脉。主要岩石种类有：石英闪长岩，其次为闪长玢岩、辉石闪长玢岩、石英闪长岩、石英闪长玢岩、斜长花岗斑岩、细粒花岗岩、石英二长岩、花岗斑岩、石英斑岩等。本区岩浆活动特点有同源、异相、多期的特征。按相互穿插关系及区内岩浆活动规律，可将本区岩浆活动归为四个时期。其中第二次活动规模最大，形成了赛什塘复合岩体的主体－石英闪长岩及脉岩。其他三次规模较小。第三阶段及其以后的侵入岩均有不同程度的矿化蚀变作用，而以第三阶段与成矿关系最为密切。

本矿区位于东西向构造与北北西向构造交接部位。主要为雪青沟复式背斜南西翼或孤峰向斜之北东翼上的赛什塘背斜。受后期岩浆活动影响，矿区构造较为复杂。主要以褶皱构造为主，断裂构造次之，断裂构造中北西向层间滑动及层间剥离构造，是矿区的主要控矿构造。

2　矿体地质特征

赛什塘铜矿床是以铜为主，伴生有铅、锌、硫、铁、金、银、硒、镓、镉等组分的中型矿床。初勘及外围普查中探明的矿体数很多，基本查明和大致查明的矿体达 176 个。其中编号 M_1 － M_{111}、M_{163} － M_{167}（计 116 个）为铜矿体或铜硫矿体；M_{112} － M_{137}（26 个）为硫矿体；M_{138} － M_{160}、M_{168} － M_{176}（32 个）为铅锌矿体；M_{161} － M_{162}（2 个）为铁矿体。

赛什塘铜矿体受下二叠统地层控制。矿体赋存于下二叠统 a 岩组第七岩性段（P_1^{a7}）中，其中主矿体 M_2 赋存于 P_1^{a7-2} 下部大理岩与变质粉砂岩的换层部位，局部赋存于变质粉砂岩或黑云母千枚岩中，严格受地层层位的控制，矿体产状与地层一致，局部受层间剥离构造的控制；M_1 矿体赋存于 P_1^{a7-2} 中下部大理岩或变质粉砂岩中，受地层层位控制明显，顶、底板多为条纹（带）状大理岩，局部为矽卡岩、变质粉砂岩。由于赛什塘铜矿床位于赛什塘背斜的南西翼上，而赛什塘背斜又是雪青沟复式背斜的一翼，由于雪青沟背斜向北西倾伏，由此赛什塘背斜同样向北西倾伏。作为控制着矿区地层展布、岩体及矿体的空间分布和矿区矿体赋存主要区段的赛什塘背斜，其中分布着的几个多呈似层状、透镜状沿一定地层层位、随地层同步褶皱、多呈左行式雁状排列着的矿体，同样具有向北西倾伏的特征。

赛什塘铜矿区铜矿床由浅到深可划分为两大矿群（3100m 以上、3100m 以下），矿群之间有 100～300m 厚的无矿或铜矿化的地段，而目前赛什塘铜矿区勘查范围仅局限在 3100m 以上矿群，对 3100m 以下，只有局部少量的钻探工程控制。因受后期岩浆的影响，许多深部钻孔未控制石英闪长（玢）岩体（实际上是岩枝或岩脉）以下二叠系地层中的铜矿层，已勘查矿体的边部多未控制。ZK6703 在标高 2930m 和 2895m 见铜矿体两层，铜品位 0.49%～1.05%，表明 3100m 深部确实存在铜矿体。

矿石的矿物成分比较复杂，主要金属矿物为黄铜矿、磁黄铁矿、黄铁矿，其次为磁铁矿、闪锌矿、方铅矿；脉石矿物为硅酸盐矿物及碳酸盐矿物，主要有透辉石、钙铁辉石、钙铝石榴石、钙铁石榴石系列、石英、方解石，其次为斜长石、绿泥石、绢云母、黑云母、阳起石、铁白云石、绿帘石。将矿区矿石的矿物成分与主要金属矿物及脉石矿物特征叙述见表1。

表1　赛什塘铜矿矿石的矿物组成表

	主要	次要	少量	偶见
金属矿物	黄铜矿 磁黄铁矿 黄铁矿	磁铁矿 闪锌矿 方铅矿	毒砂、胶黄铁矿、白钨矿、锡石、白铁矿、孔雀石、斑铜矿、辉铜矿、辉钼矿、赤铜矿、褐铁矿、黄锡矿	自然铜、方黄铜矿、墨铜矿、黝铜矿、银铜矿、蓝辉铜矿、硫铋镍矿、硫铋铜矿、自然铋、碲铋矿、辉铋矿、硫镍钴矿、自然银、辉银矿、含金辉银矿、车轮矿、碲银矿、淡红银矿、深红银矿、辉铜银矿、硫铋银矿、脆硫锑银矿、铜蓝、黝锡矿、硫银锑铅矿、硫锑铅矿、菱铁矿、钛铁矿、针铁矿、赤铁矿、自然金、银金矿、软锰矿、硬锰矿

续表

主要	次要	少量	偶见
脉石矿物	单斜辉石（透辉石－钙铁辉石系列）、石榴石（钙铝－钙铁榴石系列）、石英、方解石	斜长石、绿泥石、绢云母、黑云母、阳起石、铁白云石、绿帘石	钾长石、金云母、角闪石、钠长石、蒙脱石族黏土、磷灰石、黝帘石、透闪石、白云母、白云石、方柱石、橄榄石、符山石、铁闪石、蛇纹石、高岭石	金红石、锆石、电气石、重晶石、榍石、独居石、红柱石、水镁石

3 深部找矿前景分析

3.1 矿区深部成矿条件

赛什塘铜矿区经过多期勘查，已发现有以下矿化（体）类型：层矽卡岩中的层状矿体、石英闪长岩与围岩（大理岩）接触带的矽卡岩型矿体、石英斑岩附近围岩裂隙带中的脉状、细脉浸染状矿（化）体、石英斑岩中的细脉浸染状矿（化）体。综合本区成矿地质条件和以往各种测试成果，可以把本矿床看作是多期和多个成矿系统的成矿作用产物，局部地段发生不同成矿系统的相互叠加。具体可归纳为：喷流热水沉积（改造）成矿系统、矽卡岩成矿系统和斑岩成矿系统。上述成矿系统的成矿作用，在矿区构成斑岩型矿床－矽卡岩型矿床－层控改造型矿床三位一体的矿床成矿模式。

矿区深部与浅部成矿地质条件一致，矿体主要赋存于（P_1^{a7-2}）下二叠统 a 岩组七岩段第二岩性层大理岩与变质粉砂岩的换层部位，局部赋存于变质粉砂岩或黑云母千枚岩中，严格受地层岩性及层间剥离构造的控制。石榴石单斜辉石矽卡岩或矽卡岩化大理岩为矿体直接顶板。24 勘探线南东多以变质粉砂岩和石英闪长玢岩为直接顶板；而直接底板多为条带状黑云母千枚岩。说明矿区深部具备铜矿床的成矿条件和容矿空间。

3.2 矿区深部以往勘查成果

矿区以往勘查中，已有部分钻孔见到深部矿体，但工程分布较稀，控制程度不够。钻孔控制深部矿体主要分布在（－500）～（－800）m 标高段。－500m 以下见矿钻孔主要分布在 7 线（图 1）、19 线（图 2）、23 线、31 线、59 线（图 3），控制矿体厚度数米至数十米不等。如 19 线 ZK2519B－02 见矿厚度累计 9.1m，单层最大厚度 5m；59 线 ZK5901、ZK5902 见矿厚度累计 50.9m，单层最大厚度 29.72m（表 2）。可见该区深部资源潜力较大。

表 2 （－500）～（－800）m 标高段部分钻孔见矿情况表

线号	孔号	见矿标高（m）		厚度（m）	
		自	至	分层	合计
7	ZK711	－591.3	－591.95	0.65	0.65
19	ZK2519B－02	－674.1	－675.2	1.1	9.1
		－698.84	－701.84	3	
		－719.46	－724.46	5	

续表

线号	孔号	见矿标高（m）		厚度（m）	
		自	至	分层	合计
23	ZK2303	−590.63	−595.51	4.88	28.6
	ZK2306	−605.92	−615.68	9.72	
	ZK3023B−01	−545.5	−548.5	3	
		−564.5	−575.5	11	
31	ZK3103	−764.54	−777.89	13.35	13.35
59	ZK5901	−687.17	−695.92	8.75	50.9
		−711.68	−721.13	9.45	
	ZK5902	−756.46	−759.44	2.98	
		−770.39	−800.11	29.72	

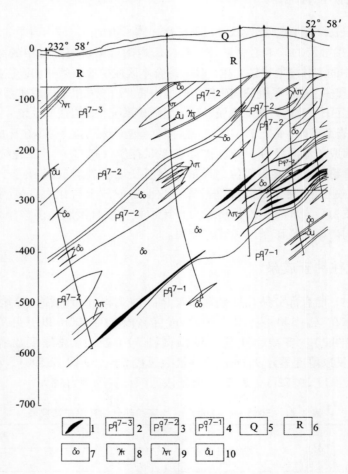

图1　赛什塘铜矿7线地质剖面

1—矿体；2—下二叠统a岩性组7岩性段第三岩性亚段；3—下二叠统a岩性组7岩性段第二岩性亚段；
4—下二叠统a岩性组7岩性段第一岩性亚段；5—第四系；6—第三系；7—石英闪长岩；
8—花岗斑岩；9—石英斑岩；10—闪长玢岩

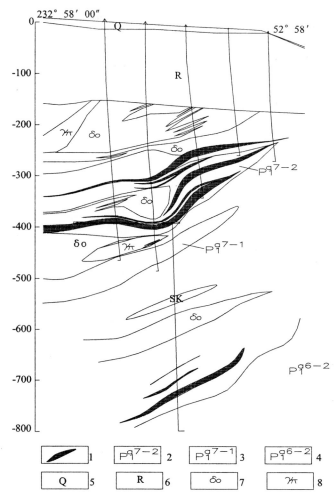

图2　赛什塘铜矿 19 线地质剖面

1—矿体；2—下二叠统 a 岩性组 7 岩性段第二岩性亚段；3—下二叠统 a 岩性组 7 岩性段第一岩性亚段；

4—下二叠统 a 岩性组 6 岩性段第二岩性亚段；5—第四系；6—第三系；7—石英闪长岩；8—花岗斑岩

赛什塘铜矿床从地质勘探到生产阶段数年时间内，主要的生产工程布置及地质勘探主要集中在本矿床的南东端，即赛什塘铜矿提交的近地表高级储量地段，而对矿体沿倾伏方向倾伏的北西端，尤其是北西端的深部控制上，一则勘探网度较稀，二则做的地质工作较少，因此矿区目前深部找矿工作主要是加强北西段深部矿体的地质勘探。

4　结语

赛什塘铜矿为一中型矿床，下二叠统 a 岩组七岩段第二岩性层大理岩、矽卡岩及变质粉砂岩层为矿区内铜矿的主要赋矿围岩，铜矿体主要分布在大理岩与变质粉砂岩的接触带。矿区深部成矿地质条件与浅部一致，以往勘查钻孔深部见矿情况和物化探资料分析显示，赛什塘铜矿区深部找矿前景良好，预测铜矿资源主要分布 3—11 线和 19—67 线之间的（−500）~（−800）m 标高段。

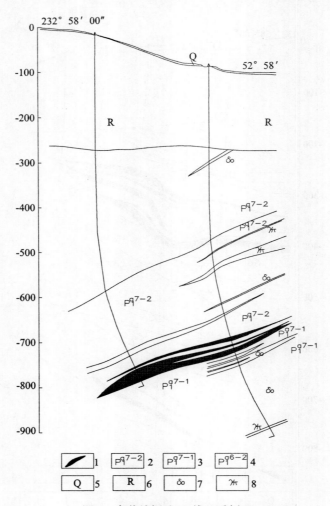

图3 赛什塘铜矿59线地质剖面

1—矿体；2—下二叠统 a 岩性组 7 岩性段第二岩性亚段；3—下二叠统 a 岩性组 7 岩性段第一岩性亚段；4—下二叠统 a 岩性组 6 岩性段第二岩性亚段；5—第四系；6—第三系；7—石英闪长岩；8—花岗斑岩

参 考 文 献

[1] 姚凤良，孙丰月．矿床学教程［M］．北京：地质出版社，2006．
[2] 侯德义，等．矿产勘查学［M］．北京：地质出版社，1997．
[3] 朱志澄．构造地质学［M］．武汉：中国地质大学出版社，1999．
[4] 吴庭祥，肖海源，窦国林．赛什塘铜矿一期勘探地质报告［M］．青海省西海地图印刷厂，1995．
[5] 李义邦，李厚友，钟正春．锡铁山铅锌矿深边部找矿成就及未来 5－10 年找矿规划［C］//汪海涛．锡铁山．铅锌矿成矿与找矿前景高层论坛论文集．中国地质学会，2010，1－23．

作者简介：

　　刘海红，1987 年出生，地质助理工程师。现就职于青海赛什塘铜业有限责任公司，主要从事矿山地质工作。

赛什塘矽卡岩型铜矿床地质特征
及控矿因素分析

李正明 刘 恒

（青海赛什塘铜业有限公司 青海共和 813000）

摘 要： 根据赛什塘矿区首采地段矽卡岩型铜矿床的地质特征，总结出矿区矽卡岩型铜矿床地质特征，论述了矿区矽卡岩型铜矿床的主要控矿因素，说明矿区矽卡岩型铜矿床的形成与地层、岩浆、构造作用有直接的关系。

关键词： 矽卡岩型铜矿床；地质特征；控矿因素

关于赛什塘铜矿床矿床成因有以下几个方面：①最初的地质初勘工作时，认为赛什塘铜矿床属于中高温矽卡岩成因类型[1]；②一期勘探时，认为属于热液沉积－变质－岩浆叠加改造型成因类型[2]；③前几年，提出赛什塘铜矿床属于流沉积型成因类型；④近几年，经几家科研单位进行综合研究，认为本矿床可能与斑岩型矿床成因有关；⑤目前认为本矿床可能属于矽卡岩型号、喷流沉积型号和斑岩铜矿床多位一体的成因类型。本文并不是探讨赛什塘矿床矿床成因，只是根据首采地段北西段的 19 线与南东段的 26 线所揭露的矽卡岩型矿床，总结出赛什塘矽卡岩型铜矿床地质特征，并简要分析赛什塘矽卡岩型矿床主要控矿因素，为寻找该类矿床提供相关的依据。

1 矿区概况

矿区位于赛什塘铜矿区大地构造，位于柴达木准地台东南缘晚古生代弧形褶皱的东南段，东南侧与西秦岭印支褶皱带相毗邻。其成矿区划属鄂拉山多金属成矿带（Ⅲ级）的赛什塘—日龙沟亚矿带（Ⅳ级）[3]。主要出露地层为中－下三叠统、第三系贵德群。中－下三叠统岩性主要为细粒长石石英砂岩、灰黑色条带状绢云母千枚岩夹大理岩。主要含矿地层为下二叠统下岩组（P_1^a）为火山碎屑岩、泥质岩、碳酸盐岩组合，共分 7 个岩性段（P_1^{a1} － P_1^{a7}）。区内浸入岩较发育，由中深成－浅成相的中酸性小岩体和超浅层相得中－酸性岩枝、岩脉群组成，浸入与中－下三叠统中。矿区岩体主要为印支期中酸性及酸性岩体，主要岩石为石英闪长岩[4]。矿区断裂构造和层间破碎带发育，主要为北西向和北北西向，褶皱构造主要有雪青沟复式背斜和孤峰向斜，总体轴象北西（参见图 1）。

2 赛什塘矽卡岩型矿床矿体地质特征

2.1 19 线矽卡岩型矿床矿体地质特征

该区域（图 2）主要的地层为下二叠统 a 岩组第 7 岩性段第 1、第 2 岩性层，第 1 岩性层主

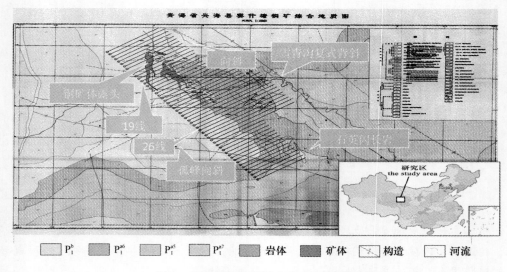

图1 青海省赛什塘铜矿矿区地质简图

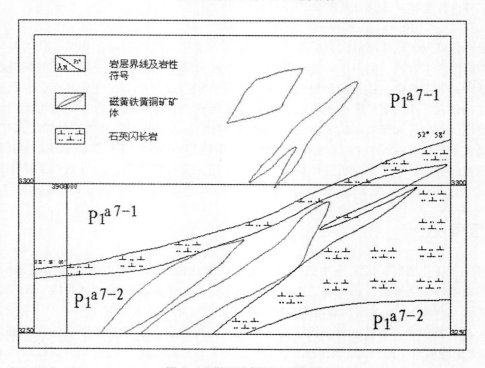

图2 19勘探线剖面地质简图

要为变质粉砂岩,底部可见少量大理岩。第2岩性层顶部为一层较稳定的灰白色大理岩,底部可见少量灰白色白云岩,中间为灰黑色变质粉砂岩。变质粉砂岩为灰黑色,中细粒结构,条纹状构造,节理与层理皆十分发育,走向北东(30°~40°)一组最为发育;大理岩为灰白色,中粗粒变晶结构,块状构造,局部绿帘石化较强。岩体整体看形状为一小型岩枝,整体与地层为整合接触。主要岩石为细粒结构石英闪长岩及石英闪长玢岩,即边缘相。矿体主要分布在接触带的围岩一侧变质粉砂岩与矽卡岩的交接部位中,顺层分布,走向与地层基本一致,走向为北北西(345°)—南南东(165°),倾角为30°~50°,最大厚度为10m,最小厚度为2m,平均厚度约为6m,赋存于标高3250~3350m之间,北高南低。矿体形态为透镜状、脉状,中间厚大,两端及顶底部呈锥形、楔形尖灭，沿走向长 50 ~ 100m，矿体规模趋于中小型化。矿石组合较为复杂，除了黄铜矿、黄铁矿外，还可见少量斑铜矿、方铅矿、闪锌矿等。顶部铜矿化较好，以黄铜矿、斑铜矿为主，底部铁矿化较好，以黄铁矿、磁黄铁黄铜矿为主，铜金属品位较好为 2% ~ 3%，沿矿体走向呈现低—高—低的趋势。矽卡岩受地层层位与岩性控制，主要发育于条带状大理岩与条带状变质粉砂岩换层部位及其附近，呈层状、似层状顺层产出。成分比较简单，主要为石榴子石、透辉石组成，即类矽卡岩，该矽卡岩与矿体密切伴生。

2.2 26 线矽卡岩型矿床矿体地质特征

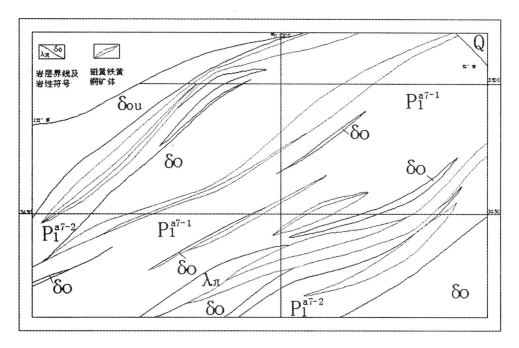

图 3　26 勘探线剖面地质简图

该区域（图 3）主要的下二叠统 a 岩组第 7 岩性段第 2 岩性层，岩石以灰黑色变质粉砂岩和灰白色大理岩为主，变质粉砂岩为灰黑色，中细粒结构，条带状构造，节理相当发育；大理岩为灰白色，中粗粒变晶结构，块状构造，绿帘石化较强。岩体主要岩性为中 - 中粗粒石英闪长岩，少量石英斑岩与石英闪长斑岩，即内部相，岩体分支现象较为明显，整体看为许多条与地层呈整合接触的近似平行的小型岩枝，岩枝宽约 20 ~ 50m，顺层产出。矿体主要呈细脉状、透镜状分布于接触带的围岩一侧，顺层产出，走向为北北西（325°）—南南东（145°），倾角上陡下缓，3450m 标高以上为 30° ~ 50°，3450m 标高以下为 10° ~ 30°，最大厚度为 6m，最小厚度为 2m，平均厚度约为 4m，赋存于标高 3350 ~ 3500m 之间，北高南低，沿走向长 20 ~ 50m，矿体规模趋于小型化。矿石组合简单，主要以黄铁矿，磁黄铁矿为主，少量黄铜矿，铜金属平均品位 0.5% 左右。矽卡岩受地层与层位严格控制，呈层状、似层状和透镜状分布在岩体与地层的接触带中，成分比较简单，主要为石榴子石、透辉石组成。与矿体关系密切，经常作为矿体的底板，与矿体相互接触。

2.3 赛什塘矽卡岩型铜矿床地质特征

从上面对比可以看出：①地层：赛什塘矽卡岩型矿床主要分布在下二叠统 a 岩组第 7 岩性段

第 1、第 2 中的变质粉砂岩与岩体的接触带附近，带有层控的性质。该类变质粉砂岩均为变余中细粒结构，条纹状构造，节理普遍发育。②岩体从西北—东南方向，有从酸性—基性的趋势、有明显的分支现象，及边缘相—内部相。③矿体从西北—东南方向，有明显的变薄，但数量上有变多的趋向，矿体平均品位有高—低的变化趋势。④矽卡岩组合较为简单，主要矿物为石榴子石、透辉石，与矿体关系密切，经常以矿体底板的形式与矿体直接接触。

3 赛什塘矽卡岩型矿床控矿因素分析

3.1 地层因素

矿体主要分布在下二叠统 a 岩组第 7 岩性段中灰黑色变质粉砂岩与岩体的接触带中，顺层分布。表现了矿体的形成与地层层位的密切关系。下二叠统 a 岩组第 7 岩性段中岩石普遍具有条纹状构造、条带状构造等，表现出了原生的沉积特征。总的来看，在垂向上每个沉积旋回自下而上，岩石总体由粗变细，主要由粉砂岩、大理岩交替出现的沉积韵律比较发育。这种沉积作用为矿床的形成提供了围岩条件。

3.2 岩浆因素

矿体在空间上主要分布在小型岩脉、岩枝的接触带两侧，靠近岩体，矿体规模较大；远离岩体，矿体规模较小，且矿体分支现象表现明显。岩体的岩石化学、微量元素分析表明，由岩体中心向外金属元素逐渐增加，至接触带最高，往外又逐渐降低。根据矿体的硫元素组成，说明成矿物质来源于岩浆，岩浆中富含成矿物质亦证明岩体具备提供成矿物质的条件。这说明赛什塘侵入岩—石英闪长岩对矿体的形成有直接的控制作用，它为矿体的形成提供了物质来源与热源条件。

3.3 构造作用因素

在形成赛什塘背斜等构造的同时，由于地层岩石之间力学性质的差异，而形成层间滑动及层间剥离构造，后期岩浆顺着层间滑动及层间剥离侵入，与地层的大理岩发生接触交代作用，形成了现在的赛什塘矽卡岩型矿床。这也解释了矿体受地层层位控制的原因。层间滑动及剥离构造对矿床的形成起到了决定性的作用。它不仅为含矿热液的运移提供了通道，同时也控制了矿体的规模和产状。

3.4 岩石因素

赛什塘矿区有其特殊的类矽卡岩，而且它经常作为矿体的底板存在，与矿体密切共生。类矽卡岩是早二叠世末期在区域变质作用中形成的，整体为顺层分布。岩浆侵入时，一部分的类矽卡岩也发生接触交代作用，形成了星点状、细脉状的矿化，本身就可以作为矿石，这种类矽卡岩结构成分相对比较简单，主要由黄褐色石榴子石和灰绿色透辉石组成，其他主分相对较少。故这类成分相对简单的类矽卡岩对矿床具有指导作用，没有这种成分简单的类矽卡岩存在的地方绝对没有矽卡岩型矿体的存在。

4 结论

根据以上对控矿因素的分析，认为矿区具备由粉砂岩、大理岩交替出现的沉积韵律的地层，为其提供了围岩条件，石英闪长岩为其提供了物质来源与热源，层间滑动及层间剥离构造为含矿热液的运移提供了通道，并同时控制着矿体的规模和产状，成分简单的类矽卡岩为其提供了找矿标志，所以在赛什塘矿区找矽卡岩型铜矿床的潜力较大。

参 考 文 献

[1] 李东生，奎明娟，古凤宝，等. 青海赛什塘铜矿床的地质特征及成因探讨 [J]. 地质学报，2009，83（5）：1－12.

[2] 青海省第三地质队. 赛什塘矿区一期勘探地质报告.

[3] 路远发. 赛什塘－日龙沟矿带成矿地球化学特征及矿床成因 [J]. 西北地质，1990，（3）：20－26.

[4] 有色金属矿产地质调查中心. 赛什塘储量核实报告.

作者简介：

李正明，1987 年出生，助理工程师，现就职于青海赛什塘铜业有限责任公司，主要从事矿山地质工作。

刘恒，1986 年出生，助理工程师，现就职于青海赛什塘铜业有限责任公司，主要从事矿山地质工作。

探采结合在赛什塘铜矿的应用

刘　恒　廖方周　李正明

（青海赛什塘铜业有限责任公司　青海共和　813000）

摘　要：以赛什塘铜矿床为例，简要叙述了探采结合在地质条件较为复杂的矿床中的应用时，其基本原则的确立、勘探网度的合理选择、探采结合的方式以及产生的成效等几个方面，希望能为该矿床今后的开发和类似矿床的勘探、开发提供借鉴。

关键词：探采结合；赛什塘铜矿

探采结合是一种将采矿生产与生产勘探统一组织起来实施的一体化工作方法。它可以贯穿于采矿生产的全过程，自矿山地质勘探至矿石回采均有实行探采结合的可能。实践证明，探采结合具有降低成本，缩短矿量升级周期，提高勘探资料质量，利于生产地质管理等优点。特别是在开采年限较久、地质条件复杂的矿山，开展探采结合工作并充分总结经验很有必要。

1　矿床地质特征

赛什塘铜矿位于青海省海南藏族自治州兴海县赛什塘牧场，距青海省省会西宁市337km。地理坐标为：东经99°46′07″~99°50′03″；北纬35°15′40″~35°18′44″。矿区位于柴达木准地台南缘台褶带之东南端，东与西秦岭印支褶皱带相毗邻，西与昆仑褶皱系相连，处于两构造带的接合部。成矿区划为鄂拉山多金属矿带（Ⅱ级）的赛什塘－日龙沟亚矿带（Ⅳ级）。矿区构造主要为雪青沟复式背斜南西翼或孤峰向斜之北东翼上的赛什塘背斜，受后期岩浆活动影响，矿区构造主要以褶皱构造为主，断裂构造次之。

本矿床的主要赋矿部位为下二叠统 a 岩组第 7 岩性段（P_1^{a7}），主矿体为 M2 矿体，矿体主要产于赛什塘背斜的南西翼上，受地层—层间构造控制。含矿岩性主要为石榴石单斜辉石矽卡岩、变质粉砂岩等，矿体大多为似层状、透镜状，总体走向南东—北西，倾向南西，倾角20°~50°，在走向与倾向上与地层同步起伏，有膨缩、分枝、复合现象（见图1）。矿体厚度变化较大，平均厚9.60m，最薄为0.37m，厚度变化系数91.93%。矿体中铜品位变化范围一般在0.36%~3.63%，矿体铜平均品位1.1%，铜品位变化系数在勘探区为126.45%。矿床矿体厚度和品位属不均匀类型，勘探类型划至Ⅱ—Ⅲ类型。

2　开采情况

矿区范围内的矿体，除 M2、M4 矿体由于丁科沟切割，矿体头部露出外，其他矿体均为隐伏矿体。自2003年试生产以来，经过近八年的回采，目前3450中段、3350中段已基本回采完；3400中段、3300中段、3250中段为主要生产中段；3200中段正在开拓中。

根据矿体规模，形态产状，围岩稳固和地质构造等条件，矿山生产主要采用全面法和浅孔留矿法。矿房一般沿矿体走向布置，矿房长度一般不大于 50m，中段高 50m，采用电耙道或震动漏斗出矿。

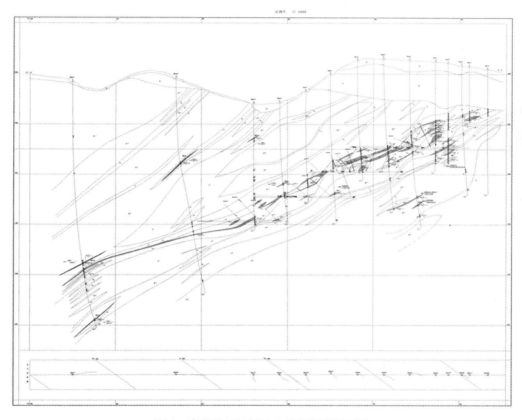

图 1　赛什塘矿区铜矿 4 号勘探线剖面图

3　探采结合

在矿山生产中，根据现场情况进行生产探矿，实现探采结合技术显得特别重要。它对提高矿床勘探程度，促进储量升级，为矿山生产、采矿设计提供决策依据等方面具有现实意义。赛什塘铜矿经生产探矿和生产回采后发现，井下资源情况与地质资料相比负变较大，且随着中段的下延岩石条件日趋复杂，给生产工作带来了不利的影响。针对这一情况，赛什塘铜矿近几年开始加大了生产勘探的力度，并加强了探采结合工作，从而基本满足了生产上的要求，获得了较好的经济效益。

3.1　基本原则

探采结合技术应用的好坏，直接影响矿山生产，决定着企业经济效益。因此，它必须坚持计划性、周密性和统筹性。也即实现探采统一规划，联合设计，统筹施工，综合利用成果。且在具体实施中，还应及时收集、修改和补充所获地质资料，并向生产计划部门反馈所得到的信息，使采矿设计和计划调度切合实际。当然，勘探与采掘工程系统尽可能地一致是工程彼此利用的前提，是实施探采结合的条件。

3.2　探采中合理勘探网度的选定

探采结合的勘探网度总体布局往往受到矿床地质、工程地质、技术经济、生产计划等诸因素的制约。所以在具体选定中，根据本矿大部分矿体呈透镜状产出，走向上断续延伸，倾向上尖灭再现等特点，我们总结以往生产经验并参考同类型矿山的成功案例，选用 25m×25m 的勘探网度，局部加密达到 25m×12.5m。

3.3　探采结合的应用

从矿山以往生产实践来看，早期采用的 50m×(50~25)m 的生产勘探网度难以控制矿体的复杂变化，往往因此造成采掘工程布置不合理，资源回采利用不充分，损失与贫化指标的上升。后期生产过程中通过坑钻结合、探采结合技术，总结经验后，选择了合理的生产勘探网度，在各中段结合开拓工程和采准工程进行矿体控制，使矿体边界得到二次甚至三次圈定，及时为采矿设计提供了准确的地质资料，结果使损失、贫化率低于初步设计中的损失率 14%、贫化率 17% 的设计指标，近几年基本保持在损失率 12%、贫化率 13% 左右（见表 1）。

表1　赛什塘铜矿 4 年主要生产技术指标

年份	位置（中段）	采下矿石量（t）	采矿损失量（t）	贫化率（%）	损失率（%）
2004	3400	177740.3	27680.1	13.89	13.47
	3350	85421.1	15205	14.12	15.11
2007	3450	125307.8	18766.4	10.63	13.03
	3400	178904.8	23515	9.06	11.62
	3350	185621.1	21244.3	8.98	10.27
2008	3450	132124.13	18482.5	10.22	12.27
	3400	180493.84	26677.5	12.72	12.88
	3350	207622	30839.4	12.27	12.93
	3300	69833.03	11372.6	10.14	14
2009	3450	95732.36	15073.3	12.63	13.6
	3400	157868.83	21181.105	11.83	11.83
	3350	148896.89	21545.015	11.88	12.64
	3300	122529.25	15933.03	11.07	11.51

生产过程中的探采结合具体方式如下：赛什塘铜矿属平硐—竖井联合开拓，中段高 50m，上、下中段间用斜井连通。

（1）中段的开拓设计阶段，由地质技术人员提供资源分布资料后，采矿技术人员负责布设开拓工程，并结合地质技术人员提出的探矿要求，使开拓设计中的勘探工程能为采矿作业所用，承担具体的生产任务。如图 2 所示，以 3250m 中段为例，初步规定穿脉巷道间距为 50m，同时在两穿脉之间施工钻机硐室（利用坑内钻探在沿脉附近大范围控制辅助穿脉位置的矿体形态），这既照顾了探矿工程网度的要求，又起到采矿运输的作用。其中 17 线某位置揭露出现矿体，但由于 17 线是该中段连接竖井提升的主运输巷道，无法进行坑内钻探的施工，故施工辅助穿脉 17A 线用来进行矿体的探矿工作，同时也为今后的回采工作提供条件，实现了开拓设计阶段的探采结合。

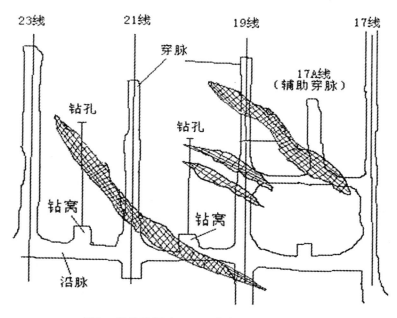

图 2　赛什塘铜矿 3250m 中段平面图（局部）

（2）采准阶段，依据全面法和浅孔留矿法的回采工艺和构成要素情况，充分利用采准工程进行生产探矿，或生产探矿工程达到探矿目的后充分用作回采工程，体现探采结合的紧密性。在具体施工时：利用采准耙道沿走向追踪矿体，且尽量保证采准耙道布置在矿体内，并使耙道底部揭露矿体底板围岩。厚大矿体回采时在矿体下方聚矿耙道的两侧施工斗川、斗颈，一般揭露矿体底板后即可停止，然后在斗颈上部沿矿体走向施工拉底巷道，上述工程的揭露情况均可作矿体二次圈定时底板位置和走向延伸的依据。同时针对形态复杂、钻探控制不够地段，需要进行进一步生产探矿时，我们把探矿平巷（主要为探矿耙道）基本布置在矿体底部，在控制矿体的走向后，即可作为采准耙道；探矿斜井施工后除满足探矿目的外，还要成为以后矿块采准联络道或临时的人行通风通道。部分探矿天井在采矿作业开始后则成为溜矿井。

此外，为了缩短生产探矿施工周期，减少探矿成本，实现施工的机动灵活，满足矿山正常要求的探矿超前和探求盲矿体，我们增加了一定量的坑内钻探工程，这样不但每年减少了约 1000m 的坑探量，而且每年可新增矿石储量数万吨。

上述探采结合工程的应用，有效地加密了生产勘探网度，基本准确控制了矿体的规模与分布状态，为矿体变化提供较准的边界。这样既保证了生产回采的顺利，也节省了矿山工程的投入，增加了矿山的经济效益。

4　结语

赛什塘铜矿是一座已经开采多年的矿山，资源的迅速消耗和复杂的开采地质条件给生产带来很大挑战。我们通过加强和总结生产过程中的探采结合工作，确定了适合本矿床复杂地质情况的生产勘探网度，结合本矿床的采矿方法采用了有效的探采结合方式，最终不但能有效降低了贫化损失率，增加了矿山地质储量，而且降低了矿山生产成本，缩短了矿块生产周期，提高了企业经济效益。

总的来说，有效地利用探采结合技术，必须根据本矿山的地质特征，结合本矿的采矿方法，合理地布置工程，使探采结合得更加紧密，最终达到降低开采损失与贫化率、满足矿山正常生产的目的，体现最佳的矿山经济效益。

参 考 文 献

[1] 青海省第三地质队. 青海省兴海县赛什塘铜矿初步勘探地质报告 [M].1983.

[2] 青海省第三地质队. 青海省兴海县赛什塘铜矿区及外围铜矿普查地质报告 [M].1993.

[3] 矿山地质手册 [M]. 北京：冶金工业出版社，1995.

[4] 侯德义. 找矿勘探地质学 [M]. 北京：地质出版社，1984.

[5] 齐庆浩，周俊. 缓倾斜薄矿体探矿的生产实践 [J]. 现代矿业，2010，(05).

[6] 张轸. 探采结合及其分类 [A]//中国实用矿山地质学（下册）[M]. 北京：冶金工业出版社，2010.

[7] 韩金波，杨瑞宽，王彦龙. 探采结合在山枣岭金矿采矿中的应用 [J]. 江西冶金，2009，(03).

[8] 俞锡明，楼海高. 探采结合技术对降低采矿损失贫化的实践 [J]. 矿产保护与利用，1997，(01).

[9] 张轸. 探采结合工作法评述 [J]. 有色金属（矿山部分），1987，(03).

作者简介：

刘恒，1986 年出生，助理工程师，现就职于青海赛什塘铜业有限责任公司，主要从事矿山地质工作。

廖方周，1987 年出生，地质助理工程师，现就职于青海赛什塘铜业有限责任公司，主要从事矿山地质工作。

李正明，1987 年出生，助理工程师，现就职于青海赛什塘铜业有限责任公司，主要从事矿山地质工作。

呷村银多金属矿田控矿规律研究
及成矿预测

李倩倩

（四川鑫源矿业 四川成都 610000）

摘 要： 通过呷村银多金属矿田找矿评价研究的多次实践，着重探讨了古地理、构造、层位（岩性）三位一体的控矿规律。在研究矿田控矿规律的基础上，对呷村银多金属矿田进行了成矿预测。

关键词： 控矿规律；构造；找矿方向；成矿预测

1 矿田地质特征

呷村银多金属矿田位于四川省白玉县昌台区麻邛乡境内，东距白玉县城直线距离 70km，矿区面积 4.5km²。地理坐标：东经 99°32′11″，北纬 31°10′32″。

从区域大地构造位置来看，矿田位于中国西部特提斯—喜马拉雅构造域东缘，松潘—甘孜印支地槽褶皱系西部的玉树—义敦优地槽褶皱带的中段。按板块构造观点，玉树—义敦优地槽褶皱带属岛弧带性质，是在二叠纪裂陷槽基础上发育起来的中晚三叠世岛弧裂谷带，其东侧为甘孜—理塘俯冲带，西侧为中咱地块，从东到西构成完整的沟—弧—盆体系（见图1）。印支期随着古特提斯洋的关闭产生褶皱造山，再经历燕山、喜山期的改造而成为陆内造山带（见图2）。

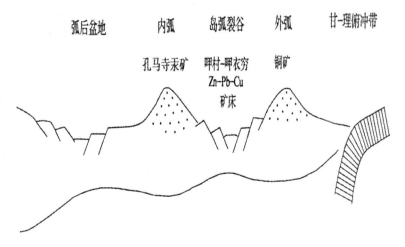

图1 义敦岛弧的沟—弧—盆体系

呷村矿区出露地层主要是上三叠统图姆沟组（或呷村组）。主体构造为一向东陡倾、局部倒转的单斜层。断裂构造较发育，局部可见一些与断裂构造伴生的次级小褶皱，在矿体接触带附近因围岩含凝灰质较高而见一些具断裂构造性质的软弱带。矿区火山岩尤以爆发相之酸性火山

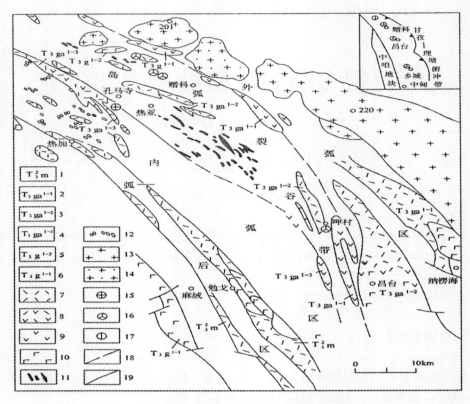

图2 呷村矿田区域大地构造

1. 勉戈旋回（弧后期）火山岩；2. 呷村旋回（主弧期）第三亚旋回火山岩；3. 呷村旋回第二亚旋回双峰式火山岩；4. 呷村旋回第一亚旋回火山岩；5. 根隆亚旋回火山岩；6. 纳楞海亚旋回火山岩；7. 流纹岩类；8. 英安岩类；9. 安山岩类；10. 玄武岩类；11. 辉长辉绿岩；12. 闪长岩–闪长玢岩；13. 印支期花岗岩类；14. 燕山期花岗岩类；15. 汞矿；16. 多金属；17. 铜矿化；18. 火山弧轴线；19. 断层

碎屑岩为主，是呷村银多金属矿床的矿源层和矿体的赋存层位。变质作用以区域浅变质为主，围岩蚀变表现有硅化、绢云母化、钡长石化及碳酸盐化等。

2 矿田成矿过程演化

结合野外的观察及岩相古地理研究成果，恢复呷村矿田的成矿演化过程为：上三叠时期，义敦岛弧带内侧断陷盆地发生海底火山喷流活动。含矿热液在喷出前沿火山岩筒上升，高温引起火山岩筒发生蚀变，形成强硅化、绿泥石化、绢云母化蚀变岩带。同时，含矿热液在上升过程中，沿火山岩筒中的裂隙渗透运移（即热液柱），并在这些热液通道中以充填交代的形式成矿，形成脉状—网脉状矿化及石英脉。含矿火山热液冲破盖层喷出海底后，胶结了部分火山角砾，在火山口附近形成角砾状矿体。含矿火山热液一部分在角砾状矿体上部及两侧形成沉积成因的纹层状矿体，另一部分与盆地中海水混合形成成矿卤水池，成矿物质在一定物理化学条件下析出并沉积形成块状硫化物矿体和喷气岩—化学沉积岩（见图3）。

成矿后，矿区经历了强烈的构造挤压活动，尤其是盆地东侧岛弧俯冲带向下俯冲，盆地西侧形成上冲的逆断层，导致盆地中的成矿沉积序列发生由西向东的倒转，并使整个沉积序列倒转后向西倾并向南侧伏，使原始下部火山岩筒（附近）部位的脉状、网脉状矿化带被挤压成与上部矿体平行的层状，并分布在矿区西侧，上部层状矿化位于东侧。后期的富银、铜矿液沿断

· 92 ·

裂裂隙运移，充填交代早期矿体。矿区总体呈现出现今的西脉东层、银铅锌铜矿体与独立铅锌矿体空间上紧密相连的矿化特征。

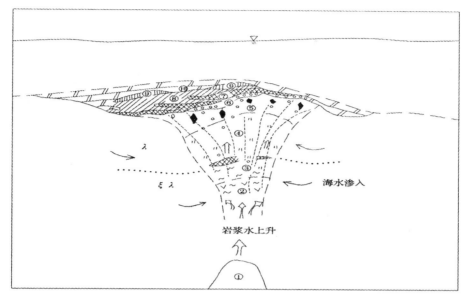

图3　呷村式矿床成矿模式

3　呷村银多金属矿田控矿规律

呷村银多金属矿的形成主要受岩相古地理、构造和地层（岩性）地质条件制约，三者控矿作用相互联系，又相互制约。

3.1　岩相古地理控矿规律

从区域成矿地质背景来看，义敦岛弧发育在一个长期处于伸展状态下的薄陆壳之上，它们对义敦岛弧的空间轮廓和矿产分布产生重要的影响。三叠世早期（即卡尼克早期）受区域断块运动的影响，在德格—乡城一带形成垒堑式海槽，在海槽内形成赠科、昌台、乡城等凹地，凹地所围限的封闭小海盆为一个"相对宁静"的环境，有利于新生矿物的生成，形成矿源层。此外，海水和基底岩石为矿源层的初始富集提供了丰富的物质基础，如重晶石中的硫来源于同期海水，部分铅由火山下伏地层，即基底岩石提供。随后矿源层上部沉积了碳酸盐岩和钙、泥、碳及凝灰质组成的海底泥岩，对矿液起着屏蔽作用。至此，呷村银多金属矿田的"生、储、盖"条件完全具备。由此可见，古地理条件控制着矿源层的形成，为含矿液的集中和沉淀提供良好的就位条件，一定古地理条件还影响岩性及岩石组合。

3.2　构造控矿规律

从区域成矿地质背景来看，三叠世早期（即卡尼克早期）受区域断块运动的影响，在德格—乡城一带形成垒堑式海槽，在海槽内形成赠科、昌台、乡城等凹地。卡尼克晚期，特提期洋北支甘孜理塘海盆沿甘孜—理塘一线由东向西俯冲和消减，伴随洋壳和下地壳的部分融熔，在海槽凹地中喷发沉积了呷村组（或图姆沟组）基性和酸性的双峰式火山沉积岩系，并形成由火山锥组成的呷村火山—沉积围限的裂谷断陷热卤水盆地。在喜山期陆内碰撞－挤压阶段，由于呷村火山—沉积围限的裂谷断陷热卤水盆地东侧在伸展正断层作用下，岩层向下运动，西侧逆冲向上运动，同时北部被抬升，向南倾伏，使呷村—有热矿区现存的控矿构造格架，主体为一楔冲控矿构造模式。

由上述可见，主岛弧带拉张的构造背景下形成的昌台火山—沉积盆地为Ⅰ级控矿构造；火山—沉积盆地中由裂谷断陷形成的深水相火山—沉积凹地为Ⅱ级控矿构造；火山—沉积凹地中由安山岩带（火山机构）围限造成的封闭深水小海盆（卤水池）为Ⅲ级控矿构造；呷村—有热矿区现存控矿构造格架—楔冲构造为Ⅳ级控矿构造。

成矿后期，断裂构造较为发育，主要表现为逆冲断裂性质，将矿体错断，但断距较小，不影响矿体的连续性。

构造控矿规律的研究，对后期的找矿及矿体圈定工作具有非常重要的指导意义。

3.3　地层（岩性）控矿因素

呷村银多金属矿田成矿严格受到地层（岩性）的控制。矿床主要赋存于晚三叠世呷村组酸性火山岩系及其上部的喷气沉积岩如重晶石、灰岩的接触带内。即在下部流纹质火山碎屑岩中，为含矿流体与流纹质火山碎屑岩进行交代、充填形成的脉状、网脉状矿体；上部为流纹质凝灰岩系与重晶石、灰岩的接触部位沉淀形成的层状、似层状矿体。

4　成矿预测

综合呷村银多金属矿田地质特征和控矿规律的研究成果，根据"岩相古地理—构造—层位（岩性）"控矿作用的基本思路，认为呷村银多金属矿田仍具有较好的找矿远景。

4.1　矿区深部

根据对呷村矿床成因及变形史的分析可知，在海底火山喷流沉积成矿后，矿区经历了强烈的构造挤压活动，尤其是盆地东侧岛弧俯冲带向下俯冲，盆地西侧形成上冲的逆断层，导致盆地中的成矿沉积序列发生由西向东的倒转，使整个沉积序列倒转后向西陡倾，向南侧伏，造成矿区内由北向南，矿体赋存标高逐渐降低，并且北段遭受剥蚀、南段埋深加大的产出现状。因此，沿侧伏方向，矿区南段深部有较好的找矿前景。

4.2　矿区东部

本文所指矿区东部是指矿区含矿带东侧灰黑色炭质千板岩以东的一套流纹质火山碎屑岩，本套岩性段空间上延伸稳定并且有较大的延伸规模，与已探明矿床具有相同或类似的层位（岩性）、构造等控矿规律。经取样分析，普遍存在着铅锌矿化。因此，初步判断该流纹质碎屑岩岩层具有一定的找矿前景。

4.3　有热地区

有热地区矿化层和呷村矿区东侧沉积韵律单元的流纹质角砾熔岩、流纹质碎屑岩相连。并根据有热地区工程揭露的矿化特征，表明有热地区的矿化总体上仍具有层状矿化、产状与地层产状基本一致、层控明显、矿化延伸较为稳定的特点。因此，有热地区进一步找矿方向较为明确，值得开展进一步的找矿工作。

参 考 文 献

[1] 胡世华，等. 川西义敦岛弧火山－沉积作用 [M]. 北京：地质出版社，1992.
[2] 侯增谦，候立玮，等. 三江地区义敦岛弧构造－岩浆演化与火山成因块状硫化物矿床 [M]. 北京：地震出版社，1995.
[3] 侯增谦，莫宣学. 义敦岛弧的形成演化及其对三江地区黑矿型块状硫化物矿床的控制作用 [J]. 地球科学，1991，16（2）：153－164.
[4] 侯增谦，等. 中国西南三江地区古特提斯演化与地幔对流 [C]//中国科协首届青年学术年会论文集（理科分册）. 北京：中国科学技术出版社，1992，526－532.
[5] 李兴振，等. 西南三江地区大地构造单元划分和地史演化 [J]. 成都地质矿床研究所刊，1991，总13号，1－20.
[6] 侯增谦，杨岳清. 三江义敦岛弧碰撞造山带过程与成矿系统 [M]. 北京：地质出版社，2003.
[7] 徐明基. 四川省白玉县呷村银多金属矿床地质研究报告 [M]. 1990.
[8] 朱维光，李朝阳，邓海琳，等. 呷村银多金属块状硫化物矿床银的赋存状态 [J]. 矿床地质，2002，21（4）：400－407.
[9] 吕庆田，侯增谦，赵金华，等. 四川呷村火山成因块状硫化物矿床的综合找矿模式 [J]. 矿床地质，2001，20（4）：313－321.
[10] 侯增谦，曲晓明，徐明基，等. 四川呷村 VHMS 矿床：从野外观察到成矿模型 [J]. 矿床地质，2001，20（1）：44－56.
[11] 侯增谦，李荫清，张绮玲，等. 海底热水成矿系统中的流体端员与混合过程：来自白银厂和呷村 VMS 矿床的流体包裹体证据 [J]. 岩石学报，2003，19（2）：221－234.
[12] 朱维光，李朝阳，邓海琳. 四川西部呷村银多金属矿床硫铅同位素地球化学 [J]. 矿物学报，2001，21（2）：219－224.
[13] 叶庆同. 四川呷村含金富银多金属矿床成矿地质特征和成因 [J]. 矿床地质，1991，10（2）：107－118.
[14] 别风雷，侯增谦，李胜荣，等. 川西呷村超大黑矿型矿床成矿流体稀土元素组成 [J]. 岩石学报，2000，16（4）：575－580.
[15] 徐明基，傅德明，尹裕明，等. 四川呷村银多金属矿床 [M]. 成都：成都科技大学出版社，1993.
[16] 叶庆同，胡云中，杨岳清，等. 三江地区区域地球化学背景和金银铅锌成矿作用 [M]. 北京：地质出版社，1992，144－173.
[17] 侯立玮，戴丙春，俞如龙，等. 四川西部义敦岛弧碰撞造山带与主要成矿系列 [M]. 北京：地质出版社，1994.

作者简介：

　　李倩倩，女，1985 年出生，地质助理工程师，现就职于四川鑫源矿业有限责任公司资源管理部。

高精度磁法在青海铜峪沟铜矿
勘查中的应用

刘海红[1]　高会卿[2]

(1 青海赛什塘铜业有限责任公司　青海共和　813000；2 山东省第八地质矿产勘查院　山东日照　276826)

摘　要： 在青海铜峪沟铜矿勘查中通过应用高精度磁测方法可以看出，地面高精度磁法测量对伴随磁黄铁矿的黄铜矿勘探效果明显，磁黄铁矿较之围岩具有较明显的磁性差异，而铜矿体中一般含磁黄铁矿较高，故可引起磁异常，为利用磁法找矿提供了依据，也为地质找矿提供更准确的参考依据。

关键词： 铜峪沟；地面高精度磁测；铜矿勘查

　　磁测是指自然界的岩石和矿石或其他磁性物体具有不同的磁性，可以产生各不相同的磁场，使地球磁场在局部地区发生变化，形成地磁异常，进而达到找矿和解决其他地质问题目的的方法，称为磁测，亦称磁法勘探或磁法勘查。在地面进行的磁测称为地面磁测。地面磁测根据磁测精度的不同又分为精度低于 5nT（纳特）的中、低精度地面磁测和精度高于 5nT 的高精度磁测。

　　高精度地面磁测是指磁测总误差小于或等于 5nT 的磁测工作，统称为高精度磁测工作。高精度磁测中，又据磁测总误差的大小分为 5nT、2nT、1nT 三个精度等级。一般普查性磁测工作的精度，应根据由目标物引起的可以从干扰背景中辨认的，有意义的最弱异常极大值的 1/5 ~ 1/6 来确定[1]。

1　矿区地质概况和地球物理特征

1.1　矿区地质概况

　　矿区出露地层为下二叠统中上部，在山坡及沟谷中有第四系分布。下二叠统在本矿区按沉积旋回、岩性组合特征可分为 3 个岩性组 4 个岩性段和 9 个岩性亚段；各组、段、亚段间为连续沉积、整合接触。其中 P_1^b 岩组仅见其顶部层位（P_1^{b3-3}），以浅变质的碳酸盐岩为主，夹泥、砂质沉积建造；P_1^c 岩组可分为 2 个岩性段（P_1^{c1}、P_1^{c2}）和 6 个岩性亚段（P_1^{c1-1}、P_1^{c1-2} 及 P_1^{c2-1}—P_1^{c2-4}），为浅变质的砂泥质复理石夹碳酸岩及火山岩沉积建造；P_1^d 岩组仅见其第 1 岩性段（P_1^{d1}），可分为 2 个岩性亚段（P_1^{d1-1}、P_1^{d1-2}），为浅变质的碎屑岩夹变基性熔岩及碳酸盐岩沉积建造。

　　P_1^c 岩组第一岩性段第二亚段（P_1^{c1-2}）分布于铜峪沟两侧，为条带状大理岩、砾屑灰岩和层矽卡岩组成，局部夹薄层变质粉砂岩、千枚岩；西部为灰白色大理岩，条带（纹）状构造不明显；南部见条带状大理岩向钙质变质粉砂岩过渡。在 P_1^d 的 91 ~ 115m 段，见层矽卡岩及条带状矽卡岩与条纹（带）状大理岩过渡。在条纹（带）状矽卡岩及条纹（带）状大理岩中见白色糖粒状大理岩团块，其棱角较清晰，可能为滑塌堆积产物[1]。ZK2701 – ZK1514 一线南西及 32 线以东，该亚段尚夹角砾状大理岩，且该亚段的总厚度急剧增大，该两处可见滑塌褶曲，缓波层理和水下滑动构造。本亚段中、下部及底部和岩相尖灭过渡部位见层矽卡岩化，是 M1 矿带各矿体的赋存部位，为本矿区的主要含矿层位。本亚段在矿区西部及尼琴沟一带产螆、珊瑚、海石合茎等化石，因碳酸盐化及重结晶显著而无鉴定意义，本亚段厚度 20 ~ 100m[2]。

1.2 矿区地球物理特征

区内具有以铜为主、以多金属硫化物为特点的成矿。黄铜矿—硫化物的产出常伴随磁黄铁矿出现。矿区地球物理场的特点不仅与金属硫化物在岩石中的含量有关，也与不同岩石的组构、含水情况及含碳情况有别。铜峪沟铜矿区各类岩矿石物性参数见表 1[3]。

表 1 铜峪沟铜矿区各类岩矿石物性测定结果

岩矿石 名称	K × 10⁻⁶ CGSM			Jr × 10⁻⁶ CGSM			η （%）			ρ Ω（M）		
	max	min	常见值	max	min	常见值	max	min	常见值	max	min	常见值
磁黄铁黄铜矿石	1.6×10^4	1.0×10^2	1000	1.45×10^5	1.0×10^2	3200	97.2	3.5	35.2	25920	1	105
黄铜矿石	—	—	—	—	—	—	62.5	0.2	6.0	153600	35	2500
磁黄铁黄铜矿化矽卡岩	227	58	120	65	10	30	30.4	0.3	2.7	119600	129	13000
磁黄铁黄铜矿化变砂岩	4.2×10^3	1.0×10^2	500	8.47×10^4	1.0×10^2	1700	12.1	0.6	3.4	221400	3000	44000
磁黄铁黄铜矿化石灰岩	3.1×10^3	0	30	2.21×10^4	3×10^2	4300	16.7	1.7	3.7	14286	220	2800
磁黄铁黄铜矿化绢云石英片岩	5.3×10^3	0	40	1.06×10^4	7.6×10^3	36000	15.5	3.8	7.5	12350	924	5007
炭质千枚岩	0	0	0	0	0	0	60.0	0.2	3.2	28500	129	2600
炭质千枚岩	0	0	0	0	0	0	11.6	3.2	5.9	1256	179	494
炭质千枚岩	0	0	0	0	0	0	41.3	5.8	17.1	628	100	217
矽卡岩	0	0	0	85	0	0	14.3	0.7	4.9	108000	4667	18010
石灰岩及大理岩	0	0	0	0	0	0	24.4	0.3	1.4	179200	88	3800
石英片岩	—	—	—	—	—	—	11.7	0.2	1.5	129000	1200	15930
变质粉砂岩	0	0	0	0	0	0	15.5	0.3	2.8	17829	58	720

本区岩、矿石物理特性：

（1）砂岩、板岩、片岩、片麻岩类一般无磁性、极化率低，导电性差；构成本区磁性、电性的背景场。而石英闪长岩、花岗岩、斜长花岗岩等则具不均匀的弱磁性，部分闪长玢岩脉具不均匀磁性，能引起不规则的弱异常。

（2）磁黄铁黄铜矿石具较强磁性（$K = 2.2 \times 10^2$、$J_r = 6.3 \times 10^3$）和良导电性（$\eta = 2.14$、$\rho = 147$），可引起明显的矿致异常。其磁性、电性随金属硫化物含量的增高而增强。铅、锌等金属硫化物的多少则影响到电性的强度。致使矿石与非矿岩石的物性有明显差异，这已为本矿区的找矿实践所证实和利用。

（3）具磁黄铁黄铜矿化的岩石，具中等磁性（$K = 0.2 \times 10^2$、$J_r = 3 \times 10^3$）和电性（$\eta = 4 \sim 7$、$\rho = 3000 \sim 5000$）可引起指示矿化的异常。因本矿区含矿地层中的矿化较普遍，故此类异常可导致高背景，使矿致异常与矿化异常难于区分。

（4）含碳的板岩（千枚岩）具有低电阻、中强极化率和无磁性的特点，其电阻率与矿石基本相当，当遇潮湿环境时，此类岩石分布区易形成低阻、较高极化率的明显异常，对电测成果造成干扰。

2　野外观测系统

本次勘查主要采用地面高精度磁法。首先，采用高精度磁测进行扫面，扫面面积为8.75km²，使用仪器为WCZ21型质子磁力仪，观测精度1nT。先进行仪器噪声和一致性测定，达到规定要求后，开始测量。高精度磁法观测参数为总磁场ΔT，本次工作共观测剖面线57条，个别线适当加密。观测网度为：线距100m×点距20m，测线方向主要为东西向，部分南北向。观测测点4612个，质量检查点389个，检查点占总工作量的8.43%。工作质量严格按《地面高精度磁测技术规程》。

3　资料处理与解释

首先，对磁测数据进行预处理，观测数据ΔT经总基点改正、日变改正、梯度改正、高度改正等各种处理后，得到磁异常ΔT平面等值线数据。然后，原始资料绘制成等值线平面图，等值线平面图与铜峪沟地形地质图套合而绘制成铜峪沟地形地质物探图。从铜峪沟地区地形地质物探图可以看出磁异常分布具有以下特点：

在测区内，磁异常与已知矿体或零星小矿体基本对应，如M1、M2、M4。磁异常的异常范围不大，异常正负伴生，且成群成片出现。测区内有6处明显的磁异常（图1、图2、图3、图4、图5、图6）。

（1）磁异常M1，该异常带呈北东向，呈串珠状分布，且正负异常伴生。这一特征是典型的浅部的规模不大的磁性体引起的。该地段地表出露已知矿体，出露矿体位置与磁异常位置基本吻合。

（2）磁异常M2范围较大，该异常呈近东西向，正负异常伴生。沿测线（南北向）看，正负异常呈串珠状分布。从异常形态看，地质体走向近东西，倾向南倾。该地段为已知矿区，在该地段，经过钻探工程勘探，揭露的矿体规模较大，质量较好，磁黄铁矿化发育。该区地质特征与物探异常形态特征基本吻合。对本地区范围找矿有重要指导意义。经与地质剖面对比发现，正异常的高值区域一般是出露地表或近地表的矿体引起的，而深部的较大规模矿体一般反映为ΔT异常图的正负变化区（一般在 $-100 \sim 100$nT 之间），这一现象对下步指导找矿具有重要意义。

（3）磁异常M3，该异常呈串珠状存在，正负异常伴生。从异常形态看，地质体走向北西，向南西倾。该异常特征与M2基本一致，处于同一地质条件，可以认为是同一成矿带，建议在该异常处进行工程勘探验证。

（4）磁异常M4，该异常南北走向。从异常形态看，地质体走向近南北，向东倾。磁异常位

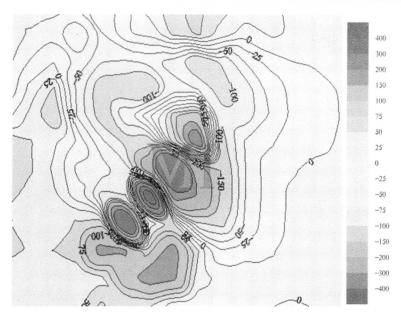

图 1   M1 磁异常平面示意

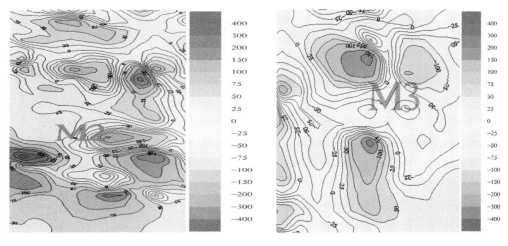

图 2   M2 磁异常平面示意　　　　　　　图 3   M3 磁异常平面示意

置与已知矿体 M1 位置吻合，判断为由矿体 M1 引起的磁异常。

（5）磁异常 M5，该异常走向近南北。根据异常形态，推测地质体以透镜体形式存在。地表基岩裸露，裂隙发育，有褐铁矿化现象，推测由此引起磁异常。

（6）磁异常 M6，该异常走向北西向，北侧有负异常伴生。从异常形态看，与 M2 异常基本一致，推测地质体走向北西，向南西倾。该异常处，地表覆盖较厚，无露头，建议槽探，工程钻探进行进一步验证。

以上对各磁异常的解释仅为定性解释，由于目前尚难进行定量计算，所以推断的磁性体形态，只能作为参考，不能作为定性依据。

（1）根据本区磁异常的分布特征及异常规模，结合已知矿区的磁异常，认为：6 处磁异常是由磁性地质体引起；

（2）综合区内地质特征和地球物理特征，可以认为：测区内矿化带连续，矿体不连续。即：矿化带蜿蜒连续，而矿体呈间歇式产出。

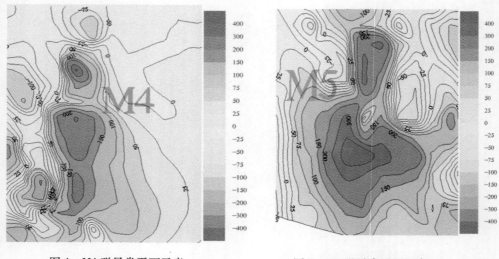

图 4   M4 磁异常平面示意   图 5   M5 磁异常平面示意

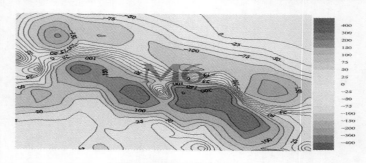

图 6   M6 磁异常平面示意

在本区下一步工作中，建议首先对 M1、M3、M4、M6 异常进行验证，可进一步开展深部钻探工作，以揭示地质体的赋存状态及矿化程度。

4   结论

高精度磁法测量在探测有磁性异常的矿产中是非常有效的，磁法数据化极、延拓和求导等处理方法对确定异常的形态非常重要。结合地质资料，在铜峪沟铜矿区采用高精度磁测方法能更准确地确定矿体的形态，增加推断解释异常的准确性，减少投资风险。

参 考 文 献

[1] 姚凤良，孙丰月．矿床学教程［M］.北京：地质出版社，2006.
[2] 赵呈祥，王移生，李青雄，等．青海省兴海县铜峪沟铜矿区 24 - 27 线地质勘探报告［M］.青海省地质调查院，2004.
[3] 高会卿，等．青海省兴海县铜峪沟铜矿区 7 - 24 线补充地质勘探报告［M］.青海赛什塘铜业有限责任公司，2007.

作者简介：

刘海红，1987 年出生，本科，地质助理工程师。现就职于青海赛什塘铜业有限责任公司，主要从事矿山地质工作。

三色沟矿床地质地球物理化学特征分析

王洪庆[1]　邓鹏博[2]

(1 青海赛什塘铜业有限责任公司　青海共和　813000；2 湖南省有色地质勘查局二四七队　湖南长沙　410129)

摘　要：三色沟铅锌矿构造发育，矿产丰富。2008 年，根据物探在该区打四个钻孔和一个平洞，其中两个钻孔见矿，一个钻孔见厚层黄铁矿化，一个没见矿；平洞见两层高品位的铅锌矿，一层 5.7 米厚，一层 1.7 米厚。找矿效果显而易见。文章通过工作实践，在阐述区域成矿背景和三色沟铅锌矿床地质及矿化特征的基础上，对该矿床的矿体地球物理、地球化学特征、矿床特征及找矿标志进行综合分析和总结，以期为区内下步找矿提供指导。

关键词：铅锌矿床；地球物理；地球化学；都兰县三色沟

随着地质工作的深入开展，近年来地质找矿由单一学科、单一方法向多学科、多方法发展，矿床研究内涵也不断拓宽。认识矿区的勘查状况，掌握正确的理论知识，善于结合实践解决问题，有利于今后地质技术人员更好地去探索与发现相关方面的矿床。三色沟铅锌矿区应用物化探找矿效果较为理想，具有一定的现实意义，值得探讨。

1　区域地质特征

该矿区位于东昆仑造山带南缘，昆中大断裂以北的东昆中岩浆弧带（Pt^{3-J}），大地构造位置上属华北—塔里木板块西南缘过渡带（见图 1）。

区域地层除新生界的第三系、第四系外，主要为元古界地层。岩性组合为一套由各种变粒岩、片麻岩、混合岩、混合片麻岩、混合花岗岩、白云母大理岩、大理岩、角闪片麻岩及角闪岩组成的中、高级变质岩系，其原岩为陆源碎屑岩、基性火山岩和镁质碳酸盐岩。区域构造主要表现为近东西向的压扭性断层外，还有北西向的压扭性或平移断裂。岩浆岩发育以海西—印支期同熔型中酸性侵入岩为主，包括闪长岩、石英闪长岩、斜长花岗岩、英云闪长岩、二长花岗岩、钾长花岗岩等，其中海西期花岗岩（γ_4^3）大片出露，印支期花斑岩或花岗斑岩（γ_5^1）多呈岩株、岩脉等产出。也见有基性和超基性岩侵入体零星分布。其矿产以金为主，其次钴、锑、铜、铅锌、萤石等。其中中大型金矿床有五龙沟金矿，受北西向的压扭性断裂控制，为含金破碎蚀变岩型金矿（韧性剪切带型）。

2　矿区矿床地质特征

2.1　地层

工作区出露地层主要有太古—元古界的金水口群中、深变质岩系，从老至新按岩性分为

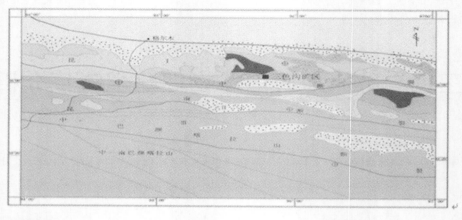

1—新生界；
2—上三叠统八宝山组；
3—下至中三叠统洪水川组；
4—下至中三叠统巴颜喀拉山群；
5—上古生界；
6—下古生界；

7—元古界；
8—引支至燕山期中酸性侵入体；
9—华力西期中酸性侵入体；
10—加里东期中酸性侵入体；
11—元古宙中酸性侵入体；
12—断层；

13—岩金矿体；
14—金（锑）矿床；
15—钴金矿床；
Ⅰ—柴南缘金成矿带；
Ⅱ—东昆仑南坡金成矿带；
Ⅲ—北巴颜喀拉金成矿带

图1　东昆仑山中段北巴颜喀拉山西段地质构造

（见图2）。

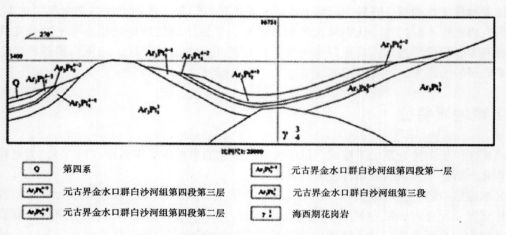

| | 第四系 | | 元古界金水口群白沙河组第四段第一层 |

| | 元古界金水口群白沙河组第四段第三层 | | 元古界金水口群白沙河组第三段 |

| | 元古界金水口群白沙河组第四段第二层 | | 海西期花岗岩 |

图2　三色沟矿区地层与岩体关系剖面示意

金水口群白沙河组第三段（$Ar_3Pt_1^3$）：主要为混合岩化条带状钾长片麻岩、斜长角闪岩，厚80～150m。在矿区东北边部及中东部小面积出露。

金水口群白沙河组第四段第一层（$Ar_3Pt_1^{4-1}$）：主要为浅灰绿色石英绢云母片岩、二云母石英片岩、云母片岩夹薄层黑云母石英片岩，厚250～300m。仅在矿区山沟或局部小面积出露。

金水口群白沙河组第四段第二层（$Ar_3Pt_1^{4-2}$）：主要为一套灰色结晶灰岩和灰白色大理岩，局部夹绢云母石英片岩，绿泥石片岩，厚50～80m。仅在矿区西北角小面积出露。

金水口群白沙河组第四段第三层（$Ar_3Pt_1^{4-3}$）：主要为黑灰色、黑绿色条带状斜长角闪片岩、绿泥石斜长片岩、绿泥石片岩，厚150～200m。矿区北部、西北部有较大面积出露。其中斜长角闪片岩为赋矿层位。

综上所述，地层岩石节理、裂隙、断层发育，石英脉广泛发育，小岩脉也出露较多。说明热液充足，作用广泛，成矿有利。

2.2　岩浆岩

该矿区岩浆岩主岩体分布范围,占矿区面积的 65% 左右。主要分布在矿区南部、东部及西南部,为海西期的灰色中粗粒二钾长花岗岩(γ_4^3)。岩石呈灰至浅灰色,地表风化呈肉红色,中粒或中粗粒花岗结构,粒度一般为 2～5mm,块状构造。矿物成分主要为钾长石(占 40% 左右)、斜长石(占 35% 左右)、石英(占 15% 左右)、黑(或白)云母(占 9% 左右),副矿物主要有黄铁矿及铁镁矿物。

岩体呈肠状,展布方向与地层走向一致。侵入于元古界金水口群地层中,接触面不平整,产状较陡,东北向北东倾,倾角为 60°,西南向南西倾,倾角为 75°。

此外,在地层中还有小的岩枝或岩脉产出。

岩体断裂发育,矿体(化)主要产于其中。因此,可以认为岩体与矿床有密切的关系。

2.3　构造

褶皱构造:从区域上看,矿区处于一向南东端扬起的向斜转折部位,核部地层为 $Ar_3Pt_1^{4-3}$。但在矿区北部中段有 $Ar_3Pt_1^3$ 地层呈穹状隆起,使矿区北部东西两段形成凹状盆地(如图 1 所示)。

断裂构造:矿区断裂构造发育,特别是岩体,尤其是矿区东部岩体中断裂构造非常发育。断裂构造分为三级,其中一条穿过矿区东北角的 NWW 向区域性逆冲挤压构造带为矿区一级构造;矿区二级构造为 NW 向剪切构造,为区域 NW 向韧性剪切带的北延;矿区三级构造为 NE 向及 NNW 向两组断裂构造,为矿区 PbZn 矿体的主要控矿构造,其中 NE 向呈压剪性,Ⅰ、Ⅱ号铅锌矿体即分布在此组断裂中,NNW 向呈张剪性,Ⅲ、Ⅳ、Ⅴ、Ⅵ号铅锌矿体受此组断裂控制。

矿区节理、裂隙也较发育,尤其在花岗岩中比较发育,主要发育两组节理,其产状分别为 330°∠58°、145°∠55°。

由上可见,矿区断裂构造特别发育,是矿床形成的主要因素。

2.4　围岩蚀变

矿区围岩蚀变主要有硅化、绿泥石化,其次为云英岩化、黄铁矿化、萤石化、钾长石化等。

硅化:与成矿关系较密切,矿区广泛分布,如在断裂中、地层中、花岗岩中都有发育,石英以粗脉、细脉、微脉状产出。

绿泥石化:主要分布在花岗岩中的节理、裂隙、断层中,常与硅化相伴生,与成矿有一定关系。

云英岩化:云英岩化只出现在少数矿脉、断层中,与成矿关系较密切。

黄铁矿化:主要分布在花岗岩及花岗岩与片岩接触带的强蚀变含铅锌矿化花岗岩中;花岗岩、花岗片麻岩中广泛发育黄铁矿,而已发现的矿体中除Ⅶ号矿体外肉眼不见黄铁矿。

萤石化:主要分布在矿区北部萤石沟一带的断层或接触带,萤石矿化与成矿有关系。

钾长石化:主要在花岗岩较大断层附近可见。

2.5　矿化特征

矿区矿化有铅锌矿化、铜矿化、磁铁矿化、黄铁矿化、萤石矿化,其中主要为方铅矿化,次为闪锌矿化,铜矿化偶尔在山沟滚石中可见,在地质点 D178 中可见孔雀石,黄铁矿化在Ⅶ号矿体、花岗岩、花岗片麻岩和花岗岩与片岩接触带的强蚀变含铅锌矿化花岗岩中较发育,在萤石沟(在矿区东北边部)发育萤石矿脉。该矿区矿点多、特别是花岗岩体中矿化普遍,但矿(化)体矿化不均匀、非常不连续、厚度也不稳定;从地表和平硐来看,深部比地表好,可矿体仍不均匀、不连续、厚度也不太稳定。从地表往深部的变化趋势来看,深部找矿大有希望。

3 地球物理特征

该次物探工作中,对电性参数,采用露头小四极法,对测区内出露的地层、岩石、矿石等的进行了详细的测定和分析。对磁性参数,以野外实际采集的岩、矿石标本,用标本盒架法,对各目的物进行了详细的测定和统计分析。研究表明测区内各个地层、岩石和矿体之间存在着明显的物性差异,具备了良好的物探各方法的应用前提。详细磁性参数统计和电性参数统计分别见表1和表2。

表1 三色沟测区磁参数统计表

岩矿石	标本数(块)	磁化率(K)($\times 10^{-6}4\pi SI$)		剩余磁化强度(Jr)($\times 10^{-3}A/m$)		备注
		变化范围	平均值	变化范围	平均值	
Ⅱ号含铅萤石石英脉	32	0.003~0.004	0.0036	165~167	166	所有平均值均为算术平均值,标本均为岩石或矿石标本,故统计的均是岩石或矿石的磁性参数
Ⅲ号含铅萤石石英脉	31	0.000068~0.0034	0.0012	104.7~136.9	121.3	
蚀变带花岗岩	28	0.0032~0.0056	0.0042	154.7~191.3	173	
辉绿岩	29	0.0036~0.01	0.0075	146.4~243.3	194.8	
花岗岩	32	0.0026~0.0088	0.0057	206.4~346.6	276.5	
绿泥石绢云母片岩	33	0.0035~0.0041	0.0038	37.2~437.8	237.5	
碎裂花岗岩	28	0.0013~0.0049	0.0031	51.7~267.1	159.4	
粗粒花岗岩	29	0.00012~0.01	0.0053	164.0~436.9	300.4	
斜长角闪片岩	27	0.0022~0.0037	0.00295	200.1~371.6	285.9	
萤石	26	0.00057~0.0055	0.003	110.0~233.0	171.5	
结晶灰岩	32	0.0043~0.0047	0.0045	103.1~193.0	148.1	
闪长岩	32	0.0014~0.0038	0.0026	104.8~136.0	120.4	
铅锌矿	35	0.0006~0.0079	0.0041	61.1~166.4	104.8	
纯铅锌矿	31	0.000295	0.0003	122.93	122.9	
含黄铁矿花岗岩	31	0.0029	0.0029	207.9	207.9	
含矿砂岩(铁矿体)	32	0.0044~0.0065	0.0054	131.1~284.8	207.9	

3.1 磁性特征

由表1统计，磁化率K的数值按由低到高的排列顺序是：纯铅锌矿（0.0003）＜Ⅲ号含铅萤石石英脉（0.0012）＜闪长岩（0.0026）＜含黄铁矿花岗岩（0.0029）＜斜长角闪片岩（0.00295）＜萤石（0.003）＜碎裂花岗岩（0.0031）＜Ⅱ号含铅萤石石英脉（0.0036）＜绿泥石绢云母片岩（0.0038）＜铅锌矿（0.0041）＜蚀变带花岗岩（0.0042）＜结晶灰岩（0.0045）＜粗粒花岗岩（0.0053）＜含矿砂岩（铁矿体）（0.0054）＜花岗岩（0.0057）＜辉绿岩（0.0075），单位是（$\times 10^{-6} 4\pi SI$）。

由表1统计，剩余磁化强度Jr按数值由低到高的排列顺序是：铅锌矿（104.8）＜闪长岩（120.4）＜Ⅲ号含铅萤石石英脉（121.3）＜纯铅锌矿（122.9）＜结晶灰岩（148.1）＜碎裂花岗岩（159.4）＜Ⅱ号含铅萤石石英脉（166）＜萤石（171.5）＜蚀变带花岗岩（173）＜辉绿岩（194.8）＜含黄铁矿花岗岩（207.9）＜含矿砂岩（铁矿体）（207.9）＜绿泥石绢云母片岩（237.5）＜花岗岩（276.5）＜斜长角闪片岩（285.9）＜粗粒花岗岩（300.4），单位是（$\times 10^{-3} A/m$）。

从上面剩余磁化强度Jr的排列顺序可以看出，区内目的层中，铅锌矿的剩磁最弱，粗粒花岗岩的剩磁最强。但最弱和最强之间其实区别很少，同处一个数量级。说明区内岩矿石磁性差异并不明显。从磁化率的统计看，也是如此。纯铅锌矿的磁化率最低，最不容易磁化，与别的岩矿石相比，明显低了一个数量级，所以，铅锌矿在磁异常图里，往往处在负磁异常区。

区内磁化率最高的是辉绿岩，这符合统计规律，一般来讲，基性、超基性岩石，磁化率趋高，酸性岩石则偏低。从表1看，区内磁化率较高的主要是各类花岗岩和含铁矿砂岩。

但各类岩石无论是磁化率还是剩余磁化强度，基本都处在同一数量级，没有明显的差异。

3.2 视电阻率的特征

据表2的统计，区内各目的层的视电阻率从低到高依次为：绿泥石绢云母片岩（102）＜辉绿岩（115）＜含铅萤石石英脉（386）＜花岗岩（围岩）（1305）＜斜长角闪片岩（2328），单位Ω·m。

表2　三色沟岩矿石电性参数统计表

岩矿石	标本块数	视极化率（%）		视电阻率（Ω·m）		特征简述	备注
		变化范围	平均值	变化范围	平均值		
辉绿岩	6	0.17~2.28	1.06	81~150	115	低阻低极化	平均值为算术平均值
斜长角闪片岩	7	7.38~14.0	10.99	1715~2845	2328	高阻高极化	
绿泥石绢云母片岩	7	0.96~1.0	0.98	88~110	102	低阻低极化	
花岗岩（围岩）	9	0.21~1.80	0.97	830~2125	1305	高阻低极化	
含铅萤石石英脉	8	5.55~13.74	8.17	276~630	386	低阻高极化	
黄铁矿	19	4.6~37.7	21.7	46~1312	373	低阻高极化	
绿泥石	40	0.01~5.9	2.6	6~1024	277	低阻低极化	

从表2可以看出，区内视电阻率较低的是绿泥石绢云母片岩、辉绿岩、绿泥石和含铅萤石石英脉，与其他两种岩石相比，低了一个数量级。差别比较明显，这说明电阻率法的应用是有物性基础的，而且，目标矿体具有低阻特征。

3.3 视极化率的特征

据表2的统计，区内视极化率由低到高的是，花岗岩（围岩）（0.97%）＜绿泥石绢云母片岩（0.98%）＜辉绿岩（1.06%）＜含铅萤石石英脉（8.17%）＜斜长角闪片岩（10.99%）＜黄铁矿（21.7%）。从表2看出，含铅萤石石英脉和黄铁矿具有低阻高极化的特征，斜长角闪片岩虽然视极化率最高，但视电阻率也最高，特征是高阻高极化，花岗岩（围岩）则是高阻低极化，绿泥石绢云母片岩和辉绿岩都是低阻低极化。具有低阻高极化特征的含铅萤石石英脉是寻找的目标体，而同具有低阻高极化特征的黄铁矿是干扰体。

综上所述，区内岩矿石的电性特征明显，具备开展激电工作的物性前提。

4 结语

铅锌矿在我国目前比较紧缺，其广泛用于电气工业、机械工业、军事工业、冶金工业、化学工业、轻工业和医药业等领域，需求量非常大。因此，在以后地质工作中，在一线的地质技术人员应该多积累资料，掌握新技术，新方法，多实践，以发现更多、更好的铅锌矿矿产能源，去迎接未来新的挑战。

参 考 文 献

[1] 青海省地质矿产局. 青海省区域地质志 [M]. 北京：地质出版社，1991.

[2] 湖南省有色地质勘查开发局247队. 青海省都兰县三色沟铅锌矿物探专项地质报告 [R]. 2008.

[3] 匡文龙，刘新华，陈年生，等. 湘西北下光荣矿区铅锌矿床主要地球化学特征 [J]. 地质科学，2008，43（4）：685－694.

[4] 吴志华，魏绍六. 留书塘铅锌矿床成矿特征与找矿方向 [J]. 华南地质与矿产，2009，（4）：17－21.

作者简介：

王洪庆，1973年出生，现就职于青海赛什塘铜业有限责任公司，从事矿山地质工作。

锡铁山中间沟041－11线深孔钻探事故处理方案探讨

孙 利 张 伟

（西部矿业股份有限公司锡铁山分公司 青海海西 717300）

摘 要：锡铁山铅锌矿中间沟—锡铁山沟详查区041－11线钻孔，设计孔深1000m，2010年7月18日开孔施工，钻探施工至716.8m遇井内钻探事故，仍没能采取有效措施进行处理，钻孔无法继续施工，严重影响工程进度，影响锡铁山矿区地质勘探计划。按目前执行的钻探单价计算，若钻孔报废则造成经济损失约90万元，若采取技术可行、经济高效的措施来处理井内事故，对于施工单位来说可减少相应损失，对公司找矿计划顺利实施意义重大。
关键词：深孔；钻探事故；锥形钻头

锡铁山铅锌矿是西部矿业最重要的资源地，其矿产资源储量对于西部矿业公司发展来说意义重大，西部矿业公司非常重视锡铁山矿区的找矿工作，目前锡铁山矿区的找矿工作主要集中在中间沟—断层沟地区，处于详查阶段。

1 041－11钻孔设计

根据以往的钻探地质资料及物化探资料来看，锡铁山矿区中间沟—断层沟041线附近出现一地质异常体，为查明这一地质情况，故在041线计钻孔；041线位于中间沟与断层沟交界地带，在这一地带附近出现地层年代新老不统一，近地表北边的地层较新往南变老，即中间沟一带地层较新，断层沟一带地层较老，其可能原因为主矿区及中间沟一带老地层在地表剥蚀，而使得新地层出露于地表，且中间沟以及主矿区浅部地层主要向北倾，到深部地层扭转为向南倾。由于断层沟目前施工的钻孔较浅，钻探深度内揭露到的地层与中间沟及主矿区深部不一致，而该地段深部地层是否会出现产状相反的情况，是否与中间沟及主矿区一致，为查明这一地质情况，加强对地质层位的了解故将该钻孔设计至1000m，以便对该地区开展地质解译工作，对指导未来的地质找矿工作意义重大。

2 041－11线钻孔施工现状

ZK041－11钻孔设计孔深1000m，倾角90°，钻孔施工钻机型号为XY－44，2010年7月18日开孔施工，开孔钻具为108mm，施工进尺至31.4m时，采用直径89mm钻具施工；孔深290.2m时，钻具换径为75mm，9月27日，施工至716.8m处孔内塌方，导致埋钻；经研究后，该钻孔换径60mm钻具，9月29日孔内事故，无法继续施工，停钻至2011年3月底，继续采用60mm钻具施工，钻探无进尺，提钻后发现金刚石钻头切削刃部脱落或损坏，钻头只剩胎体且胎体磨损成光滑杯口形，钻孔停钻，至今仍未有效处理。

3 钻孔现状原因分析

该钻孔自 2011 年 3 月用 60mm 钻具继续钻进，钻进长时间无进尺，提钻后发现金刚石切削刃磨损完毕，钻头只剩胎体。根据施工工人反映的钻进情况及钻头磨损情况，基本可推测造成以上状况的原因为：采用 60mm 钻具钻进时，由于钻孔偏斜等原因，使得 60mm 钻头与原 75mm 钻具产生磨擦切割，导致 75mm 钻具金刚石钻头脱落或者其他原因致使原 75mm 钻头脱落；60mm 钻具钻头金刚石切削刃从胎体脱落，胎体与脱落的金刚石切削刃磨损所致；井内掉入金属物等。

4 解决方案探讨

解决井内遗留物的基本措施主要有如下两种：

（1）将井内遗留物提出：可采用丝锥打捞；使用强磁打捞器打捞。

对于一般井内事故处理来说，采用丝锥打捞是常用手段。该钻孔将原 75mm 钻杆遗留孔内作为套管使用，若由于某种原因使得 75mm 钻具钻头遗落于孔内，则用丝锥打捞时，不仅无法将孔内遗留物提出孔外，而且可能导致打捞钻杆无法提出。若井内遗留物为 60mm 钻头，由于钻孔偏斜仍可能导致遗留物无法提出。若井内遗留物为块状较大金属物，则采用丝锥打捞便无法奏效。采用丝锥打捞时，钻杆需采用结实耐用的 50mm 外螺纹接手钻杆，购置钻杆费用约 8 万元；钻杆接手直径 65mm，由于钻孔偏斜等原因，外螺纹钻杆在 75mm 套管内无法顺利上下；50mm 钻杆每米重量约 7kg，则 716m 长的钻杆自重达 5t，操作时无法控制。因此排除使用钻杆配丝锥打捞孔内遗留物的方案。

若使用强磁打捞器打捞，不仅设备购置成本大，而且也同样会因为井内遗留物为脱落的 75mm 钻头而无法将遗留物提出井口。

（2）将井内遗留物打穿或磨碎，使其对钻进不产生阻碍。

将井内遗留物磨碎或打穿也是处理井内事故的措施之一，可采用的措施有，采用平底钻头配合旧金刚石钻头切削刃使用，其原理类似于钢粒钻进；采用锥形钻头钻进。

针对该孔有可能是钻头脱落的特点，若采用平底钻头配合旧金刚石钻头切削刃，即将旧金刚石钻头切削刃敲下，将其投入孔内，使用平底钻头压紧切削刃，利用切削刃上的金刚石的切削作用将遗落于孔内的钻头磨损。才采用此方法时，有可能使得新投入孔内的切削刃全部集中于遗落于孔内的钻头内部，使得平底钻头无法接触到投入孔内的旧金刚石钻头切削刃，起不到碾压切削的作用。因此，排除使用平底钻头配合切削刃磨损孔内遗留物的方法。

采用平底钻头配合旧金刚石钻头切削刃的方法，主要问题集中在新投入孔内的切削刃无法散布于孔底，因此考虑采用锥形钻头磨损打穿孔内遗留物的方法。

锥形钻头由于其结构自身的特点，其锥顶受力部位先与钻孔底部接触，随着摩擦切削的加深，可以使得整个钻头都与孔内遗留物接触，因此可以不考虑遗落于钻孔内钻头中间空洞使得磨损钻头无法与遗留物接触的问题。使用锥形钻头，对于孔内遗留物为块状、环形或其他结构物体，均可以有效发挥作用。

采用锥形钻头处理，只需购置锥形金刚石钻头，钻杆可使用钻进用 60mm 钻杆。

5 处理过程施工组织

（1）洗孔，将孔底残渣排出孔外，避免其对丈量钻孔深度以及对孔内注浆水泥强度的影响。

（2）重新丈量孔深，要精确定位钻孔事故的准确位置。

（3）水泥注浆，采用高标号水泥，配合早强剂使水泥尽快凝固，此次注浆目的为控制固定孔内遗留物，避免在处理过程中孔内遗留物随钻头打转，起不到切削磨损的作用。

（4）使用锥形钻头切削磨损，由于锥形钻头结构特点，其钻进速度较慢，处理过程中要在钻机主动钻杆上设置标记，精确控制钻进深度，直至完全穿过事故位置。

（5）二次水泥注浆，此次注浆也为固定被打穿的孔内遗留物作用，避免在正常钻进过程中附着于孔壁的遗留物脱落或偏斜，对正常钻进造成影响。

（6）事故处理完正常钻进。

6　综合评价及设想

本文考虑了几种常见井内遗留物的状况，采取措施充分考虑了遗留物的特点，针对井内遗留物的特点，采取了可同时解决几种不同特征遗留物的措施，基本可以满足事故处理的需要。所采取的措施只需购置锥形钻头，另外配备适量水泥，综合成本较低。

若本文所述措施不能有效解决井内事故，针对遗留物为钻头的情况，可考虑井内爆破，由于钻头多为刚性，利用炸药爆破力将孔内遗留物破坏，然后采用水泥注浆固定遗留物，最后通过正常钻进手段将破碎的遗留物取出。但由于该孔较深，爆破位置控制较难，且较易毁坏原钻孔结构，因此该手段仅作设想，未进行详述。

作者简介：

孙利，1984 年出生，地质助理工程师，现就职于西部矿业股份有限公司锡铁山分公司铅锌矿，从事地质技术工作。

张伟，女，1983 年出生，地质助理工程师，现就职于西部矿业股份有限公司锡铁山分公司资源管理部。

灰色系统在矿体面积预测的应用

缪 君 刘海红 李领贵

（青海赛什塘铜业有限公司 青海共和 813000）

摘 要：在金属矿床中，矿体在剖面上的准确反应，对矿山资源储量的计算、对于矿山设计、矿床经济评价以及矿山日常生产都有决定性的影响。在储量计算、采准设计中，仅知道两相邻勘探线剖面的矿体面积进行矿体储量计算、做采准设计，而对两勘探线中间的矿体变化了解不清楚，使得计算出的储量与矿体的形态与实际相比出入较大。在本文中我们根据两勘探线剖面的矿体面积，利用灰色系统预测两勘探线中间任意剖面的面积，了解两勘探线之间的矿体形态，能更好地指导采矿设计，从而能更好地为矿山日常生产提供服务。

关键词：灰色系统；资源储量；矿体面积预测

1 灰色系统理论

由若干个相互作用、相互依赖的组成部分构成的具有特定功能的整体就是系统，如果我们对系统内部的结构、参数、特征等一无所知，这个系统就是黑色的。相反，如果一个系统的内部信息已完全明了，这个系统就是白色的。介于黑白之间，如果系统内有一部分信息已经明了，而另一部分信息却尚未知晓，这个系统就是灰色的。由此可知，灰色系统综合反映了系统本身特点，人们认识水平及其相互关系的共同作用，在我们日常生活中，有许多系统都是灰色的，矿体规模的变化随着距离也在发生变化，通过勘探线剖面的探矿工作，剖面上矿体规模基本明了，但某勘探线之间的部分尚不知晓，因而，它是一个灰色系统。

研究一个系统，首先建立系统的数学模型，进而对系统的整体功能、协调功能以及系统各因素之间的关联关系、因果关系进行具体的量化研究。灰色系统建立的是 GM（n，h）动态模型，该模型是微分方程的时间连续函数模型，n 表示微分方程的阶数，h 表示变量的个数。其中 GM（n，l）模型为预测模型，一般取 $n=1$，此时称为一阶线性动态模型。

现有一个时间序列 $\{X_0(k); i=1, 2, 3, \cdots, n\}$ 是个灰色系统，其中数值均为非负数，尽管现实中的这个数据列随时间柱的变化可能是非常复杂的，但如果对 X_0 进行累加生成，形成数列 $X_1(i)$，即

$$X_1(k) = \{X_0(k) + X_0(k-1)\} = \sum_{k=1}^{k} X_0(k); \quad k = 2, 3, \cdots, n \tag{1}$$

其中 $X_1(1) = X_0(1)$，则是一个呈指数单调上升的数列，这个现象不是偶然的，因为它反映了数据之间存在的能量规律，这已在数学中得到了证明。

令 $Z_1(k) = 0.5X_1(k) + 0.5X_1(k-1)$，由 $Z_1(k)$ 组成的数列为 $X_1(k)$ 紧邻均值生成数列，则方程 $X_0(k) + aZ_1(k) = b$ 为灰微分方程，参数 $-a$ 表示发展系数，b 为灰作用量。称 $X_0(k) + aZ_1(k) = b$ 为 GM（1，1）模型，GM 为 Grey Model，该模型中的第一项代表 I 阶方程，后面项代表 1 个变量。

$$令 Y = \begin{bmatrix} x_0(2) \\ x_0(3) \\ \vdots \\ x_0(n) \end{bmatrix}, B = \begin{bmatrix} -Z_1(2) & 1 \\ -Z_1(3) & 1 \\ \vdots & \vdots \\ -Z_1(n) & 1 \end{bmatrix}, \hat{a} = [a, b]^T \quad (2)$$

则方程 $X_0(k) + aZ_1(k) = b$ 的最小二乘估计参数列为 $\hat{a} = [a, b]^T = (B^TB)^{-1}B^TY$，有如下关系式：

（1）GM（1，1）灰微分方程 $X_0(k) + aZ_1(k) = b$ 的时间响应序列为：

$$\hat{X}(k) = \left[X_1(0) - \frac{b}{a} \right] e^{-a(k-1)} + \frac{b}{a}; k = 2, 3, \cdots, n \quad (3)$$

一般有 $X_1(0) = X_0(1)$

（2）通过（3）式可估算出时间 k 的累加生成数列值。各时间的累加生成数列值算出后，通过累减生成还原，即可估算出各时间处的原数列估计值来，即

$$\hat{X}_0(k) = \hat{X}_1(k) - \hat{X}_1(k-1); k = 2, 3, 4, \cdots, n \quad (4)$$

式中：$\hat{X}_0(1) = X_0(1)$；$\hat{X}_0(k)$——时间为 k 时原数列估值；$\hat{X}_1(k)$——时间为 k 时累加生成数列估值。

2 用灰色系统理论估算剖面矿体面积

如前所述，矿体剖面的面积随位置变化可以看成一个灰色系统，在储量计算、矿图编制过程中，许多问题都可以化解为一维估值问题，这时，以时间轴代替坐标轴，步骤如下：

2.1 选择已知数据列

即根据所研究的问题把剖面矿体面积随位置的变化为一个随时间变化的时间序列，时间轴表示为一个垂直于剖面的垂直线。表 1 为兴海县赛什塘铜矿 3400 - 3450 水平 M_2 矿体在 7、5、3、1 线的面积。

表 1 勘探线剖面面积分布

剖面线	7	5	3	1
面积（m²）	415.35	895	1041.25	1208.07

因为两勘探线之间的间距是 50m，一个时间间隔为 50m 的长度。

2.2 做累加生成

即把上述步骤中的时间序列按做累加生成，成为 $X_1(k)$，结果如表 2 所示：

表 2 勘探线剖面积化为时间序列并作累加生成

序号	1	2	3	4
$X_0(k)$（m²）	415.35	895	1041.25	1208.07
$X_1(k)$（m²）	415.35	1310.35	2351.6	3559.67

2.3　建立矩阵 B、Y

根据（2）式有：

$$B = \begin{bmatrix} -Z_1(2) & 1 \\ -Z_1(3) & 1 \\ -Z_1(4) & 1 \end{bmatrix} = \begin{bmatrix} -[0.5X_1(2)+0.5X_1(1)] & 1 \\ -[0.5X_1(2)+0.5X_1(2)] & 1 \\ -[0.5X_1(2)+0.5X_1(3)] & 1 \end{bmatrix} = \begin{bmatrix} -862.85 & 1 \\ -1930.975 & 1 \\ -2955.635 & 1 \end{bmatrix},$$

$$Y = \begin{bmatrix} -Z_0(2) \\ -Z_0(3) \\ -Z_0(4) \end{bmatrix} = \begin{bmatrix} 895 \\ 1041.25 \\ 1208.07 \end{bmatrix}$$

求解系数 $\hat{a}$

$$\hat{a} = \begin{bmatrix} a \\ b \end{bmatrix} = (B^T B)^{-1} B^T Y$$

带入数据可得：

$$\hat{a} = \begin{bmatrix} a \\ b \end{bmatrix} = \begin{bmatrix} -0.149561065 \\ 766.4602487 \end{bmatrix}$$

2.4　建立时间响应数列

把数据代入（3）式有：

$$\hat{X}(k) = \left(X_1(0) - \frac{b}{a}\right)e^{-a(k-1)} + \frac{b}{a};\ k=2,3,\cdots,n$$

$$= \left(415.35 - \frac{766.4602487}{-0.149561065}\right)e^{0.149561065(k-1)} + \frac{766.4602487}{-0.149561065}$$

$$= 5540.081152e^{0.149561065(k-1)} - 5124.731152$$

2.5　求累加响应估值

上述过程建立的时间序列模型，其时间间隔是一定的，即代表实地长度 50m，但在估值时，待估点不一定正好位于整间隔处，这时，要将其换算成时间值，有小数位也没关系。如要预测距离 5 线 10m 剖面的矿体面积，我们把 7 线默认为 0m，那该剖面距离 7 线 60m，则此处对应的时间为 $p=+1=2.2$，将 $k=2.2$ 代入第四步求出的响应模型，即得到累加响应估值：

$$\hat{X}_1(2.2) = 5540.081152e^{0.149561065(2.2-1)} - 5124.731152$$

$$= 1504.4575$$

由于还原生成，需要对累加模型做累减处理，累减间隔为 1 个时间单位，也就是 50m，故为了下一步求原值估值，还需要计算对应时间 $p-1=1.2$，即相当于对距离 7 线 10m 处的剖面的累加响应估值 $\hat{X}_1(p-1)$，带入数据有：

$$\hat{X}_1(1.2) = 583.5695$$

求原值估值

代入（4）式有 $\hat{X}_0(2.2) = \hat{X}_1(2.2) - \hat{X}_1(1.2) = 1504.4575 - 583.5695 = 920.888$

对于其他各处，也可仿此进行估值。

2.6　误差估计

为了评估可靠性，可对 5、3、1 线剖面面积进行估值，在与实测值相比较，从而进行误差分析。如表3可见其精度较高，可靠性较强。

表3　原值估计误差评估

勘探线	5	3	1
原值（m²）	895	1041.25	1208.07
估值（m²）	893.750184	1037.93388	1205.3831
相对误差（%）	0.1396	0.3185	0.2224

3　用灰色系统理论估算剖面面积与实际比较

通过灰色系统，我们可以估算出 5-3-1 勘探线间 M_2 矿体任意处的面积，现根据 5-3 线间矿体面积举例说明；根据灰色系统估算出距离 7 线 50（5 线）、60、70、80、90、100（3 线）m 处 M_2 矿体剖面面积如表4：

表4　5-3 线预测剖面面积

剖面位置	5 线					3 线
	50	60	70	80	90	100
剖面面积（m²）	893.75	921.88	948.85	977.661	1007.347	1037.933

本采场采用的是中深孔爆破法，根据切割巷、联络道、人行井的编录资料圈定矿体与我们预测相比较，误差很小；根据这些预测面积用垂直断面法计算出 5-3 线 M_2 矿体储量为 158115.0076t，而我们的实际出矿量为 149606t，误差为 8509.0076；所以，灰色系统能很好地预测矿体的剖面面积，具有精度高、方法严密的特点。

4　结论

通过以上计算分析，可以得出以下结论：

（1）从理论上讲，灰色系统方法具有严密合理的特性；

（2）与地质统计方法相比，灰色系统方法不需要求原始观测值以及不要求某种统计分布规律，并且只要少数几个已知值（最少三个）即可进行估值，过多选用已知数据对提高估值精度作用不大；同时计算速度快，因而其应用能力较强；

（3）本文介绍的是矿体面积的估计，对矿体厚度品位等其他参数亦可参照此法进行估值。

参 考 文 献

[1] 刘思峰. 灰色系统理论及其应用 [M]. 河南：河南大学出版社，1991.
[2] 邓聚龙. 灰色系统理论教程 [M]. 武汉：华中科技大学出版社，1990.

作者简介：

缪君，1985 年出生，地质助理工程师。现就职于青海赛什塘铜业有限责任公司。

刘海红，1987 年出生，地质助理工程师。现就职于青海赛什塘铜业有限责任公司。

李领贵，女，1985 年出生，地质助理工程师。现就职于青海赛什塘铜业有限责任公司。

采矿

锡铁山沟矿柱回采的成功实践

田贵有

（西部矿业股份有限公司锡铁山分公司　青海海西　717300）

摘　要：本文通过对锡铁山沟矿柱回采方案的确定，充分回收了矿产资源。经对地表安全有效的保护、确保了沟底公路畅通，又起到了泄洪的作用，减少了矿石损失，提高了矿山的经济效益。

关键词：矿柱回采；道路保护；锡铁山沟

锡铁山铅锌矿是我国大型有色采选冶联合企业之一，位于青海省大柴旦境内，铁路、公路、交通比较方便。矿山自 1986 年试生产以来，采选能力不断提高，到 2007 年采选能力已经达到 150 万 t，随着开采年限的延长，矿产资源不断减少。近年来我矿为延缓矿山的开采时间，开展了大规模的深部和外围地质找矿工作。同时，也加大了残矿及小矿体的回采力度，力求通过各种有效的途径延长矿山寿命。锡铁山沟矿柱矿量 13 万 t，铅锌品位 18.05%，如何采用合理的方法将这部分矿石采出已势在必行。

1　锡铁山沟基本概况

1.1　道路概况

锡铁山沟是通往矿区的唯一通道，早先预留矿柱用来保护道路的安全，矿柱宽 100m，高 60m，沟内有空压机站、主扇风机和厂房及井下供水以及动力设施、所需材料及上下班工作人员都从这里出入。深部投产后，2762m、2702m、2642m 中段乃至 2462m 中段的通风都从 3234m 回风风平硐抽出地表；其次，如有山洪暴发，锡铁山沟还兼有排洪功能，进而确保井下的作业安全，因此锡铁山沟的矿柱回采意义深远，必须确保矿区通往矿山的咽喉畅通。

鉴于上述的特殊情况，沟底矿柱回采过程中将大部分矿石采出，仍留少量的矿石作为间柱，用来保护道路安全。

1.2　矿柱及地质概况

锡铁山沟底矿体均为 II 矿带矿体，位于 3142m 中段 55—63 线之间，矿石有氧化矿和硫化矿两种类型，氧化矿体主要是 II_{10} 和 II_{62} 的氧化部分，氧化深度一般为几米到十几米。硫化矿以 II_{58} 和 II_{10} 矿体为主。II_{58} 矿体沿走向长度 110 多米，平均厚度 7.22m，走向 NW320°左右，倾向为 SW230°左右，为陡倾斜矿体，该矿体主要赋存于绿泥石片岩与大理岩接触带附近的大理岩体内，矿石构造以块状为主，次为浸染状构造，II_{10} 矿体沿走向长度达 90m，平均厚度达 16.47m，走向 320°左右，倾向 230°左右，倾角 70°，该矿体无论在走向或倾向上分枝复合、尖灭再现、膨缩现象十分明显，矿体主要产于绿泥石片岩与大理岩接触带附近的大理岩内，矿石构造以块状、浸染状为主，II 矿带的其他矿体如 II_{59}、II_{60}、II_{61}、II_{62}、II_{63}、II_{64} 等规模较小，以透镜状、似层状、扁豆状等产出，产状与 II_{58}、II_{10} 矿体相同。除 II_{61} 矿体赋存于大理岩与绿泥石片岩的接触带以外，其余矿体均位于大理岩体内，直接近矿围岩为大理岩。

1.3　储量保有情况

表1　锡铁山沟底矿体储量保有情况

矿体号	矿石量（t）	平均品位（%）		金属量（t）	
		Pb	Zn	Pb	Zn
II_{60}	2507. 98	2. 11	1. 19	52. 92	29. 84
II_{61}	4056. 74	5. 48	5. 57	222. 11	225. 89
II_{62}	1821. 11	8. 67	9. 91	1593. 76	1796. 40
II_{64}	1048. 17	8. 09	8. 35	84. 76	87. 52
II_{59}	1391. 99	4. 87	6. 83	67. 79	95. 07
II_{10}	21810. 44	8. 55	8. 40	1864. 79	1332. 08
II_{58}	45207. 64	10. 14	8. 82	4584. 05	3987. 31
II_{63}	66603. 89	8. 96	4. 60	5967. 70	3063. 78
合计	160838. 96	—	—	14437. 88	10617. 89

2　矿柱回采及地表道路维护方案

2.1　矿柱回采方案的确定

根据多年来锡铁山采矿实践的经验积累，矿山对有底柱分段空场法和浅孔溜矿法两种采矿方法操作熟练，工艺成熟，并在多个中段的实践中取得了成功的应用。本次方案经认真地考虑，对中厚矿体（II_{10}、II_{58}、II_{63}）仍采用有底柱空场法，对零星小矿体采用浅孔溜矿法。

2.1.1　矿柱回采

II_{10} 矿体为 346 采场的主矿体，II_{58} 矿体为 347 采场主矿体，沟底 II_{10} 和 II_{58} 矿体即为 II_{10} 和 II_{58} 主矿体的一小部分。由于 346、347 采场设计时对沟底矿石开采与否未做决定，暂未考虑。本次方案称上述两矿体分别为 348 和 349 采场，实际上 348、349 采场设计时，346、347 采场已出矿结束，且电耙、绞车、振动放矿机已全部拆除。为合理利用已有工程，减少间柱回采的费用，降低采矿成本，设计时充分考虑了这些因素，具体方法：

348 采场：将 346 采场的耙道延长作为 348 采场的耙道、溜井用原采场溜井，因两采场耙道标高一致，凿岩巷开凿后利用中深孔抛掷爆破，将矿石崩至 346 采场后即可耙矿。由于 346 采场已为空区、自由面大，这样采场就节省了拉槽这道工序，从而节约工程量。

349 采场：如果 349 采场利用 347 采场耙道有两个不足之处，一是 347 采场耙道长 50m，已到有效耙矿极限。如果再延长 349 采场耙道将大大降低耙矿效率；二是 349 采场矿体向西抬高、布置斜耙道更为合理，因此，349 采场布置了一条倾角为 20°的斜耙道（如图 1），利用 57 线川脉巷运输出矿，崩矿仍利用 347 采场空区，采取调转耙斗方向的措施可顺利耙出落入空区的矿石。

350 采场（II_{63}）：此采场为一独立盲矿体、回采时用斜耙道耙矿，利用切井和钻探相结合的方法，探明地表基岩的厚度和氧化矿界线，确定安全合理的采矿高度。通风利用原 3162 水平一矿坑道方可完成回采工作。

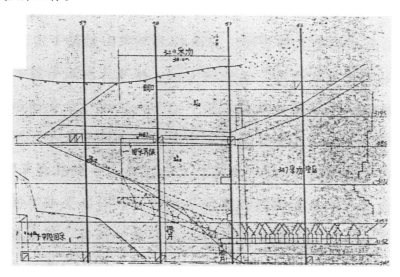

图 1　采场纵投影

小矿体依据上下中段的具体情况，用浅孔溜矿法回收。

2.1.2　保安间柱

由于锡铁山沟矿柱回采后，仍需留足够安全的间柱才能保证地表车辆、行人的安全，在雨季还要保证防洪的安全。另外所留间柱（间柱按矿体端部 65° 倾角选取）既要尽量减少损失矿石，还需保证地表安全，在设计中 349 采场 38 线半以西矿体作为损失；350 采场 59 线半以东的矿体尖端作为损失。在地表道路改道中巧妙利用道路弯道，将两矿体的损失降到最低限度，两采场共损失矿量 1.4 万 t。这样沟底 II_{10}、II_{58}、II_{63} 三条矿体以最低的成本、回收了最多的矿石。

2.1.3　采矿区处理

采场回采完毕，348、349 采场空区离道路较远、只需构筑防洪堤，挡住上游的来水不进入空区即可。350 采场空区利用大孔硐室压顶，将地表连通后用废石填满空区。3142m 中段设防水闸门并封堵与上述采场联通的巷道。

2.2　地表防护工程

2.2.1　地表氧化矿清理

350 采场地表堆积氧化矿 20977.27t，将来地下矿石采出后，采空区要采用崩落填平的方法进行处理，这部分氧化矿势必造成损失。从公司今后利用氧化矿的长远利益出发，将这些氧化矿搬运到安全地带堆放，等技术成熟时再加以利用。

2.2.2　道路改道

原地表道路横穿 350 采场，为保证将来空区形成后的道路安全，必须将道路从陷落区移到安全范围内（如图 2）。改道后的道路宽度和原来的保持一致，其宽度为 4m，这样就保证了运送人员和材料的车辆安全出入。道路预留在间柱中间。

2.2.3　设置防洪堤

为了防止雨季因山洪暴发而造成洪水倒灌的自然灾害，保证井下作业人员和设施的安全，用锡铁山沟堆积的废石块沿移动带边界设置防洪堤堵水，使水沿道路中心流淌，防洪堤断面为梯形，堤内外侧砌毛石。因锡铁山尚未有历年洪水和降雨量的历史记录资料，防洪堤能否满足泄洪需要尚在实践中加以验证和不断补充完善。改道时还需将3204m硐口北侧废石倒运近3000m³后方能开通道路。为了节省防洪堤构筑资金，在砌防洪堤时将这部分废石直接利用。

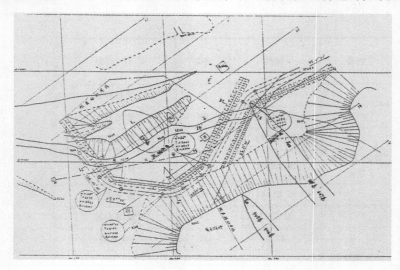

图2　地表防洪工程布置示意

2.2.4　水管线改道

锡铁山沟供水管线从采空区上面穿过，为保证改道时不影响井下生产的稳定和连续，防止管线损坏时便于维修，方案设计中增加一条水管复线；水管按改道后的道路中心线埋入地表以下1.76m处，接通后可将原管路拆除。经地表防护工程和井下采矿两种有效方法的实施，不仅保证了工程的安全，而且回收了地下的矿产资源，达到了预定的目标。

3　方案实施效果及经济效益

锡铁山沟底矿技术经济指标如表2所示。

表2　锡铁山沟底矿技术经济指标

序号	项目	指标	备注
1	地质储量（t）	133621.97	—
2	矿房矿量（t）	118146.78	—
3	损失量（t）	15475.19	—
4	贫化量（t）	1392.28	—
5	损失率（%）	13.09	留永久间柱
6	贫化率（%）	1.16	—
7	原矿品位（%）	10.54/7.5	Pn/Zn
8	出矿品位（%）	10.42/7.41	Pn/Zn
9	金属量（t）	21065.57	—
10	总投资（万元）	28	地表工程
11	产值（万元）	20000	—
12	利润（万元）	19334	—

目前，锡铁山沟底矿柱量回采及地表维护工作已经完成，348、349、350采场回采完毕后各采场围岩稳定，均未对地表部分的防洪和道路运输造成威胁，自工程实施到出矿结束，至今一切都达到了预期目的和设计效果，本方案安全可靠，经济效益和社会效益明显。

本施工方案及实施效果评价如下：

（1）回收矿产资源118146.78t，针对矿山储量日趋减少、找矿难度越来越大的现实，矿柱回收有效延长了矿山的服务年限；

（2）在利用原有工程的基础上，以最少的投入、最低的成本、取得了较好的经济效益，符合矿山开采的技术经济政策。方案技术上可行，经济上合理，安全上可靠；

（3）方案不仅回采了锡铁山沟底的矿量，而且改道后通往空压机站道路仍然畅通，有效防止了山洪的危害，保证了矿山生产的连续性和稳定性，节约了原方案搬迁空压机站的费用；

（4）方案实施为锡铁山"三下"开采方面积累了宝贵的经验，提高了采矿的技术含量，解决了矿山生产的难题；

（5）为矿山顺利实施转段奠定了良好的基础，确保了中段的正常衔接。

4 结束语

矿产资源不可再生，面对日趋减少和枯竭的资源，矿山在生产过程中应尽最大努力充分回收利用矿产资源。本着大小、贫富、难易兼采的原则，提高采矿经济效益。不断降低开采过程中的损失和贫化将关系到每个矿山的切身利益，也是关系到我公司现在和未来各项事业持续发展的大事。在日常的生产管理中多想办法，建立健全各项制度和机制，积极发挥每个工程技术人员的作用，挖掘潜力以弥补不足。

参 考 文 献

[1] 张富民，等. 采矿设计手册 [M]. 北京：中国建设工业出版社，1987.
[2] 周君才，等. 难采矿体新型采矿法 [M]. 北京：冶金工业出版社，1998.

作者简介：

田贵有，1965年出生，采矿高级工程师，现任西部矿业股份有限公司锡铁山分公司副总工程师。

锡铁山铅锌矿斜坡道工程施工凿岩台架改进方案探讨

孙　利　杨通录　钟永生

（西部矿业股份有限公司锡铁山分公司　青海海西　717300）

摘　要： 斜坡道工程是锡铁山铅锌矿深部过渡衔接重要工程之一，斜坡道工程施工快慢和工程质量直接影响锡铁山铅锌矿采出矿效率和矿山安全。目前斜坡道工程凿岩及支护施工用简易木支架费时费力且对工程施工可靠性有一定影响，将木支架改为钢结构整体支架可以有效解决以上问题，提高工程质量可靠度，降低不必要的浪费，提高经济效益。

关键词： 斜坡道；凿岩台架；优化改进

随着无轨机械设备在中国地下矿山的逐步推广，尤其是大型机械设备的逐渐应用，大大改善了矿山生产面貌，加快了矿山建设速度，促进了矿山生产效率的提高，而保证这一进步的关键工程即为斜坡道工程。

斜坡道工程作为矿山服役阶段的永久性工程，是矿山基建及矿山生产的主体工程，其工期长，投入大，安全稳定性要求高，斜坡道工程施工进度快慢直接影响矿山开拓工程及生产作业效率，影响企业经济效益。因此，如何采取措施加快斜坡道工程施工进度，提高斜坡道工程施工质量，保证斜坡道工程的安全性对于矿山企业增加效益至关重要。

1　斜坡道工程现状

1.1　工程地质条件

斜坡道工程所处地段岩石为含碳质绿泥石石英片岩。岩体水理差，遇水软化、膨胀，特别对片理极为发育、钙质、碳质、泥质含量高的片岩，其影响尤为严重，严重时表现为粉末状和泥状。岩石中各种结构面发育，主要有片理面、节理面、层间滑动面和断层等。片理面发育程度相间，大致平行，致使岩石的完整程度不同，片理面较完整的岩石与片理面发育破碎岩石相间，前者为骨架，岩石较脆，后者为片理面极发育松散带，岩石的韧性较前之增强，多呈碎片状至泥状；节理面主要为剪性节理面，张性与压性节理面次之；同时硬性节理面与软性节理面并存；软弱结构面主要有节理面、层间滑动面和断层面。节理面绿泥石化，节理面中充填有 1 ~ 10mm 的泥质物，遇水呈软弱夹层；层间滑动面主要为剪切性构造面，夹有 5 ~ 15mm 的泥质。同时该区段内断层构造亦较为发育，断裂带宽窄不一，一般为泥质充填，未被胶结，为主要的导水构造。软弱性结构面面内为泥质充填，极易被水软化，遇水后膨胀变软，与局部承压水和渗流相遇，泥质被溶蚀搬运，岩石形成层、裂隙致使岩体极不稳固。硬性结构面也较发育，主要对岩体完整性造成严重破坏，较软弱结构面对开挖工程的威胁次之。

井下涌水为裂隙水，局部为承压裂隙水，主要赋存于断层破碎带及岩层等局部裂隙中，以静储量为主。岩体裂隙均充水，巷道周边不同程度出现涌水。涌水量较大，掌子面涌水基本在 $30 \sim 50 m^3/h$，最大达到 $100 m^3/h$，并有逐步增大的趋势，这对结构面发育、特别软弱发育的岩体地段开挖有较大的影响，给工程施工带来难度及不安全因素。

由上述地质概况可知，岩体地质类型为较强烈褶皱及破碎的层状岩体，岩体结构类型为层状碎裂结构。岩体结构面极为发育，诸多结构面将岩体碎裂成大小不一的结构体，主要结构体形式有碎块状、菱形状及楔形等。岩体的完整性破坏较大，整体强度降低，加之岩体中软弱结构面发育，易受地下水的不良影响，并且，岩体自身水理性质差，开挖时对巷顶稳固性影响尤为严重。

1.2 施工现状

锡铁山铅锌矿斜坡道工程自 2003 年至 2005 年 9 月完成 3065 ~ 2802m 段施工，2005 年 9 月至 2009 年 9 月完成 2802 ~ 2682m 段施工，自 2009 年 9 月至今已施工至 2522m 水平。

斜坡道施工主要流程为：测量放线—凿岩爆破—支护—出渣—测量放线。斜坡道工程施工凿岩台架采用简易木支架，钢丝捆扎，气腿式凿岩机钻凿岩石。

结合本地区工程地质及水文地质条件，通过观察发现，斜坡道工程施工爆破效果较差，经常造成超挖及欠挖；支护效果较差，喷射混凝土经常开裂，拱顶坍塌，安全性差；锚杆施工角度导致锚杆受力作用差，发挥不了锚杆应有的受力作用；凿岩及支护效率低，工人劳动强度大，耗时长，且对失稳地段二次处理困难。

2 斜坡道工程施工现状原因探讨

对造成以上现象的各种因素进行分析，认为造成爆破效果较差，发生超欠挖的原因主要有：炮孔施工角度与设计偏差大、炮孔装药结构及炮孔间距与设计偏差大；认为造成支护效果差，喷射混凝土开裂的主要原因有：一次支护喷射混凝土密实度不够，钢筋网片安装效果不好，锚杆未充分受力；而锚杆受力效果差的原因主要有：锚固剂对锚杆的锚固长度不够，锚杆施工角度与设计偏差，发挥不了锚杆应有的持力作用。

3 解决方案

通过对造成斜坡道施工现状原因综合分析认为：改变目前施工使用的简易木支架，而采用刚性较好的钢结构简易凿岩台架，可以较为有效地解决以上问题（见图 1）。若采用钢结构简易凿岩台架，与木制支架钢丝捆绑相比，其优点主要有以下几个方面：

（1）钢结构凿岩台架刚性好，且台架高度可根据工程断面调整，台架顶层可调整至适当高度，使得凿岩机工作时满足设计炮孔角度，爆破效果会明显好转，减少超欠挖，降低支护难度，减少混凝土用量，可以减少处理时间。

（2）采用木支架，由于高度限制，使得锚杆施工时，锚杆角度很难满足设计要求，尤其是对于起关键作用的拱顶部位锚杆，难以按照设计角度施工，使得锚杆难以发挥其应有的承载力，导致支护失败。而采用钢结构台架，由于其顶层靠近拱顶部位，施工工人可以更方便地完成锚杆孔钻凿及锚杆安制，确保锚杆施工质量。

（3）对于各喷射混凝土地段，采用木支架，由于高度及稳定性限制，出于安全考虑操作手往往难以使得干喷机喷嘴靠近工作面，导致混凝土密实度不够，加上地下水及不稳定地质因素

图1 凿岩台架及支护效果

影响，导致喷射混凝土支护失败，而采用钢结构支架，由于其具有刚性大，自身稳定性好的优点，喷射混凝土时工人可以确保最佳的喷射距离，可以有效保证喷射混凝土质量。

（4）采用木支架凿岩及支护时，工人需花费相当长的时间来完成木支架木材搬运、捆绑、拆除，在爆破期间需搬运凿岩设备、动力风管及水管，劳动强度大，工人工作量大，需时 5~6h。而采用钢结构支架，凿岩机可以直接放置在凿岩台架上，动力风管，水管可直接固定在台架上，钢结构支架行走采用铲运机拖行，每循环约需时 30min。

（5）对于需要二次处理的拱顶支护地段，只需铲运机将台架托至需处理地段，即可进行处理作业，耗时短，不影响其他工序施工。

（6）整体支架可设置三层工作平台，各平台可设置钢管制作的伸缩臂，对于断面变化的拐弯处或各中段加宽带，只需将各伸缩臂抽出，铺设一层钢筋网片即可完成大断面施工。

（7）采用钢结构支架各平台都可作为工作面，可增加同时作业工人数量，降低每循环作业时间，加快工程施工进度，进而可以使得斜坡道工程尽快为矿山服务，为矿山多中段开采创造条件，提高经济效益。

（8）从安全性考虑，钢结构支架其刚性好，稳定性好，工人位于底层作业时支架作为防护装置，遇有拱顶部位的掉块及坍塌时，可以有效避免人身伤害事故得发生。

4 改进方案评价

综上所述，认为斜坡道工程采用钢结构支架，可降低工人劳动强度，可以提高坡道工程工人施工安全性，提高斜坡道工程质量安全稳定性，缩短施工工期，可大大提高矿山经济效益。

作者简介：

孙利，1984 年出生，地质助理工程师，现就职于青海省锡铁山铅锌矿从事地质技术工作。

杨通录，1975 年出生，采矿工程师，现就职于青海锡铁山铅锌矿从事矿山采矿技术工作。

钟永生，1984 年出生，地质助理工程师，现就职于锡铁山分公司从事地质技术工作和相关的管理工作。

锡铁山铅锌矿竖井延深工艺技术的应用研究

杨通录

（西部矿业股份有限公司锡铁山分公司　青海海西　717300）

摘　要： 针对锡铁山铅锌矿竖井延深的实际情况，在现场资料调查、理论分析及专家论证的基础上，提出了适合于锡铁山铅锌矿竖井延深的施工技术及施工方案。最终在施工工程保障措施的严格执行下，锡铁山铅锌矿竖井延深工程顺利竣工，从而为该矿深部资源的平衡生产与稳定发展创造了有利条件。

关键词： 锡铁山铅锌矿；竖井延深；工艺技术

锡铁山铅锌矿位于青海省海西蒙古族藏族自治州大柴旦工委锡铁山镇，地处柴达木盆地北缘中段，地理坐标为：东经95°12′，北纬37°20′，矿山采矿权区域面积为9.32km²，矿区海拔高度在3000～3500m之间。该区气候干燥，风大雨少。常年多为西风和西北风，冬季大气压力516.5mmHg（68.86kPa），夏季为518mmHg（69.06kPa）。最高温度35.5℃，最低 -19.7℃，年平均气温5.3℃，采暖期7个月。年平均降雨量41.2mm，年平均蒸发量2151.1mm。随着锡铁山铅锌矿深部资源升级和开发，并通过矿山实际情况调查、理论分析论证及专家论证对已有的竖井进行延深，从而达到锡铁山铅锌矿资源的进一步开发利用。

混合井井筒穿过地层主要为砂岩，岩体水理性质较差，遇水有一定的软化、膨胀。岩石中各种结构面发育，从上部工程的揭露情况可知，岩石中主要发育有三组优势节理：305°、313°和335°，与矿区断裂构造线一致，节理面平直，裂隙面绿泥石化，局部充填方解石脉，闭合 - 微张，多数裂隙宽1～10mm，裂隙率17～25 条/米²，节理将岩石碎裂成大小不一的菱形碎块结构体。该区段内断层构造亦较为发育，断裂带宽窄不一，一般为泥质充填，未被胶结，为主要的导水构造。岩层中富含裂隙水，局部为承压裂隙水。岩石硬度高，抗风化能力比较差，岩体整体性差，破碎强烈，由过去施工经验可知经过紫色砂岩段施工的井巷工程，掉块现象比较普遍，且易发生片帮。根据《锡铁山铅锌矿深部过渡衔接工程可行性研究》，井筒岩石硬度系数：$f = 6 ～ 8$。

混合井延深是将现有的混合井延深四个中段，即从2942m中段延深至2702m中段。井筒中心坐标：$X = 4132561.617$，$Y = 461816.998$，延深起始标高2920.037m，井底标高2680.037m，井筒延深深度为240m，在2882m、2822m、2762m、2702m四个水平设双侧马头门。井筒净直径φ6.0m，砼支护厚度450mm，砼等级为C15，总掘进工程量240m/13170.12m³，支护工程量3167.32m³。

井筒内布置提升间（两套独立单罐笼配平衡锤提升系统）、钢罐道梁和型钢罐道、梯子间、管缆间、压气管路一趟、排水管路两趟。

混合井井筒装备采用树脂锚杆支承托架固定，其中罐道顶梁、挡罐梁、拉紧平台梁、管座梁、马头门框架梁采用预留梁窝固定。

1 竖井延深工程技术及工艺

1.1 竖井延深工程技术

由于混合井延深期间 2942m 中段以上进行正常的生产作业，故混合井延深施工从 2882m 中段开始，2920m 水平水窝以下留 8m 保护岩柱，将保护岩柱以下段井筒掘砌、安装完成后，混合井停产一个半月，拆除保护岩柱、支护井筒并进行该段井筒设施安装，最后整体形成提升系统。

1.2 竖井延深施工工艺

混合井掘砌分为四个阶段进行：第一进行 2882m 水平以上段井筒施工，第二进行 2882m 水平至 2822m 水平井筒施工，第三进行 2822m 以下段井筒的施工，最后进行保护岩柱的拆除和井筒支护、安装施工，竖井延深施工工艺见图 1。

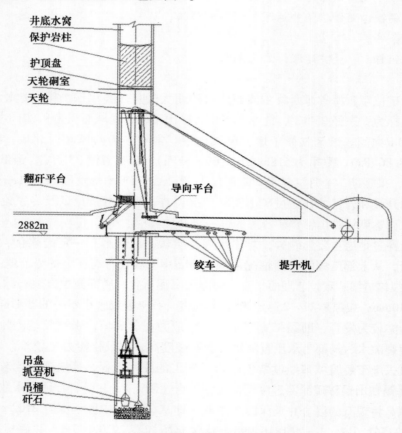

图 1　竖井延深施工工艺

1.2.1 第一阶段施工

（1）措施工程

根据现场实际情况和凿井设计，凿井设施全部布置在 2882m 水平，该水平主要措施硐室及巷道工程包括：稳车硐室、提升机硐室、绳道等工程。最终以实际发生工程量为准。在绳道的开挖和支护施工期间，同时采用吊罐法小井反掘 2822～2882m 井筒。

（2）2882～2912m 段井筒施工

从 2882m 水平南侧车场巷道施工绳道到达 2905m 水平井筒位置，然后从 2882m 水平反掘 2m×2m 小井与绳道贯通。利用绳道通行人员、机具，反掘小井排碴，搭设脚手架平台进行天轮硐室掘支施工。天轮硐室施工完毕后，自上而下刷大井筒，短掘短支，局部临时支护采用 50mm 喷射砼。采用建筑组合模板和槽钢拱架砌筑井壁，搅拌机设置在 2882m 水平车场北侧，混凝土由砼输送泵通过绳道利用溜灰管和活节入模。在该段掘支施工过程中，根据凿井布置设计要求，需要将翻矸平台和导向平台的部分主梁预埋，同时在 2882m 水平马头门处根据设计预留马头门框架的梁窝，同时将掘支完成 2882m 水平马头门和部分摇台基础坑，摇台基础拆模后，与井筒相邻的缺口部分先利用水泥砂浆砌筑砖墙填平，以利于临时设施安装和施工设备通行。为了方便人员和材料的运输，保证施工安全，在该段井筒刷大、支护施工过程中，需要在 2905m 水平搭设临时封口平台。

（3）2882m 水平部分凿井设施安装工程

在井筒刷大至 2882m 水平以下 5m（即 2877m 位置）处时，井筒掘进暂时停止，开始进行部分凿井设施的安装，安装的内容包括：天轮平台、导向平台、2882m 临时封口盘、主提升卷扬机、模板稳车、整体液压金属模板、吊盘稳车、抓岩机稳车、稳绳稳车、安全梯稳车、放炮电缆稳车。同时安装压气、供水、通风、供电、信号、通讯、砼溜放系统。

1.2.2　第二阶段施工

（1）在部分凿井设施安装完成后，利用已经形成的 2822~2882m 小井，小井断面为 2m×2m，开始从 2877m 向下刷大支护至 2822m 水平，提升采用主提升卷扬机，出碴在 2822m 水平，支护利用 2882m 水平的混凝土搅拌机搅拌成品混凝土通过溜灰管配活节入模，模板采用已经安装完成的液压整体伸缩式金属模板。

（2）2882m 水平部分凿井设施安装工程

在井筒刷大至 2882m 水平以下 30m（即 2852m 位置）处时，井筒掘进暂时停止，开始进行剩余部分凿井设施的安装，安装的内容包括：翻矸平台、2882m 封口盘、测量平台、吊盘、稳绳稳车、安全梯。同时安装稳绳悬吊、吊盘悬吊、安全梯悬吊系统。

1.2.3　第三阶段施工

2822~2680m 井筒施工采取普通法正向掘砌，两掘一支混合作业方式。钻爆法开挖，长绳悬吊抓岩机抓岩，1.5m³ 吊桶提升，废石经 2882m 水平翻矸转载系统卸至 2m³ 矿车内，由 7t 电机车牵引到 2882~2802m 斜坡道溜井系统，装入自卸汽车经过斜坡道排到地表废石场。井筒施工遇马头门、摇台基础时，在 2882m、2822m、2762m 三个水平井筒施工期间马头门按设计长度开挖，两侧各支护 5m，摇台基础支护开挖和支护长度为 5m，没有整体砼支护的马头门段落采用 50mm 喷砼临时支护。待斜坡道延深到这三个水平后在进行其他工程的施工。2702m 水平马头门和摇台基础按照设计开挖和支护。

1.2.4　第四阶段施工

竖井掘砌到底后，进行 2680~2882m 井筒装备安装，安装结束后，将凿井设施（除天轮平台）全部拆除，将 2882m 井口、天轮平台封好。停止上部井筒生产提升，人员通过绳道进入天轮平台，在天轮平台上搭设平台，利用 YGZ-90 潜孔钻机钻凿上向孔，分次分段崩落岩柱，崩落的矸石通过天轮平台，落到 2882m 水平马头门处。保护岩柱在崩落时，根据岩石的稳定情况进行临时支护，临时支护采用 50mm 喷砼。岩柱全部崩落后，在天轮平台上搭设平台、脚手架支架进行支护，支护采用槽钢拱架和建筑组合模板，2882m 水平搅拌机搅拌混凝土，输送泵通过绳道泵送混凝土至工作面入模。井筒支护完毕后，拆除原井筒底部防撞梁等设施，安装罐道梁及罐道，悬挂安全绳，罐笼试运行、调试。

2 竖井施工工程保障措施

我们通过精心组织，合理安排，通盘考虑，既要保证上部生产的正常进行，完成产量任务，实现经营目标，同时也要保证竖井延深的顺利进行。为了处理好这一矛盾，我们采取以下措施：

（1）建立健全质量管理制度，配备专职质量工程师进行质量管理和检查工作。

（2）严把原材料质量关，工程材料要有出厂合格证和有效的检验证明。

（3）强化质量培训，对参与施工的人员进行规程、规范和标准的培训。

（4）采用光面爆破技术，以保证井筒规格，减少超欠挖。

（5）保证砼搅拌站配料准确，砼输送泵运行状态良好。

（6）施工前，技术人员应进行详细的现场和文字技术交底，施工人员应严格按规程、规范和技术交底进行施工。

（7）各有关部门要做好各项记录和原始检查记录以及各种技术资料的收集整理工作，确保资料完整、及时、客观、准确，做到资料整理与工程进度同步。

（8）强化工序管理，完善质量监督、检查体系。坚持班组自检、交接互检和质检人员专检制度，各道工序都要树立下道工序就是用户和对用户高度负责的思想。

（9）将职工收入与质量挂钩，严明奖罚，对工程质量作出较大贡献的人员或班组给予重奖。

（10）施工过程中严把"三关"。一是图纸关，用于现场施工的图纸必须经过严格审核；二是测量关，保证测量放线准确无误，符合设计要求；三是严把试验关，杜绝不合格材料及半成品进入工程实体。

3 结论

在锡铁山铅锌矿竖井延深过程中，由于采用一系列新工艺与新技术，不仅在技术、质量上达到一次成井的建井水平，而且在连续生产、节约资金方面，发挥了一次成井的建井方法所不能替代的作用，锡铁山铅锌矿竖井延深是在不影响矿山正常生产的前提下，通过矿山实际情况调查、理论分析论证及专家论证的技术上设计实施的，并如期按照设计要求达到了矿山安全生产的要求，为锡铁山铅锌矿深部资源的平衡生产与稳定发展创造了有利条件。

作者简介：

杨通录，1975 年出生，采矿工程师，现任职于西部矿业股份有限公司锡铁山分公司铅锌矿，从事矿山采矿技术工作。

缓倾斜极薄矿体采矿法探讨

周吉谦　周建华

（贵州西部矿业信成资源开发有限公司　贵州毕节　553200）

摘　要：根据贵州某镍钼矿缓倾斜极薄矿体赋存条件，结合国外先进无轨采矿设备的应用，本文提出的锚杆护顶机械化削壁充填采矿法，有效地解决了矿山现有开采系统生产能力小，生产效率低，工人劳动强度大的问题。对于该地区镍钼矿资源开发利用具有积极地推广意义。

关键词：缓倾斜极薄矿体；锚杆护顶；削壁充填采矿法

我国不仅是钼资源大国，还是一个钼出口大国，钼的储存总量占世界储存总量的25%，仅次于美国，居世界第二位。我国贵州地区镍钼资源储量大，金属品位高，具有重要的经济价值，但由于矿体倾角缓，厚度极薄，开采难度大，传统生产方式生产规模小，一直未得到有效开发利用，现在钼化工产品呈供不应求的态势。在此形势下，开发镍钼矿资源生产钼酸铵，产品的市场优势会十分明显，解决当地资源开采难题具有重要经济意义。

1　矿床特征

贵州某镍钼矿区内出露地层均为沉积地层，矿体受层位控制，工业类型有黄铁矿型镍钼矿和泥岩型镍钼矿两种。黄铁矿型镍钼矿体层位稳定，倾角6°～9°，矿层最小厚度0.02m，最大厚度0.12m，平均厚0.039m，Ni品位：2.68%～7.30%，平均4.12%；Mo品位：4.80%～8.67%，平均品位6.81%，标准偏差为1.082%，变化系数为15.8%。泥岩型镍钼矿分布于黄铁矿型镍钼矿层的顶板、底板，顶板层厚0～0.5m，Ni品位0.01%～0.22%，Mo品位0.00%～0.32%；底板层厚0～6.03m，Ni品位0.01%～0.35%，Mo品位0.00%～0.28%。顶、底板围岩稳固，矿区内部分矿层位于当地侵蚀基准面之上，以裂隙充水为主，水文地质条件复杂程度中等。

2　采矿方法比较

根据采矿方法选择原则、开采技术条件，考虑到矿石价值不菲、矿层较薄、倾角较缓及矿层顶板岩石为半坚硬岩组类、稳定性中等条件，若选用崩落法，贫化率和损失率大，放顶困难，成本将增高。因此适合本矿的采矿方法应为空场类采矿法和充填类采矿法。

2.1　空场采矿法[1]

对于厚度仅0.74m、倾角6°～9°、顶板岩层稳定性中等条件的极薄矿体而言，适用的空场法主要为倾斜分条全面采矿法[2]。该法采场沿走向布置，长50m，中段高20m，采场内沿走向每隔10m布置一条切割上山，回采沿走向自一侧切割上山向另一侧切割上山推进。每一回采单元的工作面沿矿块倾向自下而上回采，采幅为0.74~0.8m，各工作面呈梯形推进，阶梯间超前距离为5~8m。在相邻的两条切割上山内用手持式凿岩机相向钻凿水平炮孔，沿倾斜方向崩矿，用电耙先耙出落在切割上山里的矿石，等一条上山耙完后，人工将散落在采场内的矿石耙到切割上山内再用电耙集中出矿。此法矿块生产能力小，仅30t/d左右，劳动力密集，生产手段落后，单个采区的生产规模最多可达800~900t/d。

2.2 充填采矿法

对于缓倾斜、极薄矿体的充填法当首选削壁充填采矿法，但一般的削壁充填采矿法矿块生产能力均较小。为解决此问题，在回采过程中引进了国外较先进的低矮式凿岩台车、低矮式锚杆台车和低矮式铲运机，采用锚杆护顶的机械化削壁充填采矿法[3]，能大大提高了矿块生产能力。

为了扩大生产规模，提高资源回收利用率，根据开采技术条件，推荐采用锚杆护顶的机械化削壁充填采矿法（图1）。

（1）矿块构成要素

设计中段高度为20m，沿矿体走向布置盘区，长80~100m，盘区内设集中溜井，溜井间距80~100m，分别布置在矿块两侧，溜井下部与脉内中段运输平巷相连。各个盘区设置脉内中段运输平巷和铲运机联络平巷，并通过人行及铲运机上山与相邻盘区沟通。

盘区间留间柱和顶、底柱，间柱宽6m，顶、底柱2~3m。矿房内以锚杆护顶，适当留有不规则的点柱，点柱直径约3.0m。

（2）采准切割工作

首先掘进脉内中段运输平巷，选择适当位置在脉内中段运输平巷中每隔80~100m掘人行及铲运机上山通上一中段的脉内运输平巷，并在相邻二条上山中部掘铲运机联络平巷贯通盘区，再从脉内中段运输平巷中选择适当位置掘底板运输平巷至铲运机联络平巷底部后并上掘矿石溜井至采场铲运机联络平巷即完成采准工作。

然后在靠近回采一侧的间柱旁掘切割上山，并在底柱上方掘切割平巷贯通人行及铲运机上山即完成切割工作。

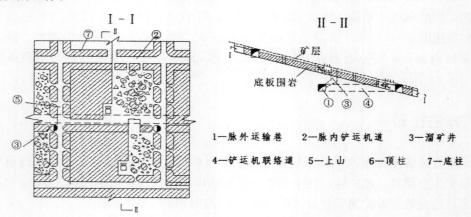

图1 锚杆护顶机械化削壁充填采矿方法示意

（3）回采与设备选型

无轨设备经脉内中段运输平巷、切割上山和铲运机联络道进入盘区，回采以切割上山为自由面，沿走向从盘区一侧向另一侧推进，每盘区由铲运机联络平巷分隔成上、下两区分别同时回采，上区超前下区15~18m。回采的步骤根据贫矿的可采厚度确定，对于矿体厚度大于1.0~1.2m的地段一步骤回采，回采高度为1.6~1.8m；对于矿体厚度小于1.0m的地段分二步骤进行，第一步先用抛掷爆破法采出矿层下部的围岩，采幅为1.6~1.8m，用铲运机铲装后运往旁侧的采空区中充填。第二步回采矿层，采幅为0.7~0.8m，采下的矿石用铲运机铲装后运往盘区中央的矿石溜井中。

回采凿岩采用 Rocket Bommer S1L 双臂凿岩台车（低矮式）钻凿水平孔，凿岩台车的高度1.3m，钻凿 45mm 的炮孔，一槽炮深度为3.4m。

崩矿后，ST600LP（瓦格纳）低矮式铲运机将围岩运至采空区充填，将矿石运到盘区溜井集中。铲运机铲斗容量为3m³，装载能力为6t，铲运机高度1.56m，操作盘上装有与摄像机相连的屏幕，司机对车前车后的状况有一个很好的视野，便于在狭窄巷道中行驶，使安全性得以提高。

矿石由溜井集中后经振动放矿机放至25t的JKQ-25井下卡车后通过中段运输平巷和主运平窿直接运往选矿工业场地进行选别和堆放。

部分不稳定顶板采用 Boltec SL 锚杆台车（低矮式）进行锚固或留置不规则点柱用以护顶[4]。

第Ⅰ采区主要回采设备为 Rocket Bommer S1L 双臂凿台车5台（其中备用1台），ST600LP（瓦格纳）3.1m³铲运机5台（其中备用1台），Boltec SL 锚杆台车2台，25t 的 JKQ-25 井下卡车8台（其中备用2台）。

（4）盘区通风

新鲜风流从主斜坡道进入脉内中段运输平巷后，通过切割上山、切割平巷和盘区中部铲运机联络道进入盘区，冲洗工作面后，经两侧切割上山回至上中段运输回风平巷内。每次爆破后，盘区内采用局扇加强通风。

（5）采空区处理

每个盘区内的连续矿柱作部分回收，不规则点柱不回收。采空区用盘区内采出的废石进行充填，然后作密闭处理[5]。

表1　镍钼采矿主要技术经济指标

采矿方法	采区生产能力（t/d）	采掘比 m/10⁴t	泥岩型镍钼矿损失率（%）	劳动生产率［吨/(人·年)］
分条采矿法	800~900	403	-	263
削壁充填采矿法	2000	350	12~14	1788

注：分条采矿法数据转自《矿山天地》中《缓倾斜极薄矿脉废石条柱胶结连续分条采矿法的应用》。

3 结论

通过使用低矮式凿岩台车、低矮式锚杆台车和低矮式铲运机的锚杆护顶的机械化削壁充填采矿法，采矿工艺简单、矿块生产能力大，劳动生产率高，开采安全可靠，开采成本低，资源回收率高，可一并处理采空区，减少废石外排量，出窿废石少，具有较大优势。对于该地区广泛分布的镍钼矿资源开发利用具有积极的推广意义，对当地的发展具有巨大的经济效益和社会效益。

参 考 文 献

[1] 王家齐，施永禄. 空场采矿法 [M]. 北京：冶金工业出版社，1990.

[2] 徐从贵. 缓倾斜极薄矿脉废石条柱胶结连续分条采矿法的应用 [R]. 2000.

[3]《金属矿山充填采矿法设计参考资料》编写组. 金属矿山充填采矿法设计参考资料 [M]. 北京：冶金工业出版社，1978.

[4] 姚宝魁. 矿山地下开采稳定性研究 [M]. 北京：中国科学技术出版社，1994.

[5] 解世俊. 矿山地下开采理论与实践 [M]. 北京：冶金工业出版社，1990.

作者简介：

周吉谦，1986 年出生，本科，助理工程师，资源勘查工程专业，现就职于贵州西部矿业信成资源开发有限公司，主要从事野外资源勘查及矿山管理工作。

周建华，1982 年出生，本科，工程师，采矿与岩土工程专业，现就职于贵州西部矿业信成资源开发有限公司，主要从事采矿技术与生产管理工作。

选矿

赛什塘铜矿选矿工艺优化试验研究

肖 云

（西部矿业集团有限公司 青海西宁 810000）

摘 要：本文在对青海省赛什塘磁黄铁矿型铜矿工艺矿物学研究基础上，分析了此类高磁黄铁矿铜矿石原工艺影响生产指标的主要因素，并针对存在的问题对其选矿工艺进行了药剂制度和工艺的优化试验研究，合成了一种可在低碱度下分离铜矿物和脉石的新型捕收起泡剂（二硫代二甲胺基丙烯晴脂），提出了一种简便的铜电位调控浮选工艺。采用新的浮选药剂制度和充入空气搅拌进行电位调控浮选工艺，取得了满意的小型闭路试验结果。

关键词：铜矿石；浮选剂；起泡剂；电位调控

赛什塘铜矿处于地处青海省柴达木盆地南缘，以赛什塘铜矿为中心结合周边铜峪沟铜多金属矿等铜矿，构成了青海省以铜为主的多金属成矿带，铜金属总储量约 144.24 万 t。赛什塘铜矿选矿厂自 2003 年 8 月份投产以来，采用一段磨矿（磨矿细度 70%—200 目），一次粗选两次扫选三次精选的工艺流程，添加石灰、丁基黄药、2#油三种药剂。由于多种原因，导致生产指标波动较大，铜回收率平均为 85% 左右，指标未能达到预期 88% 的设计指标，严重影响了企业的经济效益。为了充分利用国家矿产资源，提高企业经济效益，该科研项目获得省技术创新项目支持。

1 矿石性质

该矿石属磁黄铁矿型高硫含铜矿石，矿石性质复杂。金属矿物主要为磁黄铁矿、黄铜矿、黄铁矿、胶状黄铁矿、闪锌矿，其次为自然铋、辉铋矿、黝锡矿、白铁矿，少量及微量的金红石、方铅矿、方黄铜矿、碲银矿、褐铁矿、赤铁矿、辉钼矿等。非金属矿物主要为石英、碳酸盐、绿泥石、绿帘石、绢云母、榍石、锆石等。主要脉石矿物磁黄铁矿含量占矿样的 45% 左右。

原矿多成分分析结果见表 1，铜物相分析结果见表 2。

表 1 赛什塘铜矿原矿多成分分析结果

成分	Cu	Fe	S	As	Pb	Zn	Co
含量（%）	1.20	32.39	17.78	0.15	0.74	0.7	0.004
成分	F	SiO$_2$	Al$_2$O$_3$	CaO	MgO	Au	Ag
含量（%）	0.12	31.98	6.3	11.05	2.53	0.32	14.6

表2 赛什塘铜矿铜物相分析结果

相 别	硫化铜中铜			
	原生铜	次生铜	氧化铜中的铜	总铜
含量（%）	1.10	0.092	0.008	1.20
占有率（%）	91.72	7.63	0.65	100.00

黄铜矿为本矿石中主要铜矿物，分布不均匀。粒径大小不等，大者可达0.5mm，小者仅0.005mm，一般在0.02~0.2mm之间。主要以不规则粒状集合体为主，与磁黄铁矿、闪锌矿共生关系密切。黄铜矿及磁黄铁矿常与闪锌矿形成星状的固溶体分离结构，这种结构很难解离，闪锌矿会进入到铜精矿中影响品级。有少量黄铜矿呈固溶体乳珠状、细脉状等被包含嵌镶在闪锌矿、磁黄铁矿、黄铁矿及脉石中，粒径多数在0.01~0.05mm之间，界限较为圆滑。还有少部分的黄铜矿（约占铜矿物总量的1%~3%）呈微细粒分散在脉石中，这部分黄铜矿颗粒很不规则，完全回收有困难。

磁黄铁矿为铁的主要硫化矿物，在矿石中分布不太均匀。主要以它形粒状集合体分布于脉石中，粒度大小不等，大者可达0.5mm，小者呈微细粒，一般0.02~0.2mm之间，和闪锌矿、黄铜矿、黄铁矿等嵌布关系密切，但大多是以简单连生为主，颗粒边界较为平直或微弯曲，易于解离。

磁黄铁放中常见有闪锌矿、黄铜矿、黝锡矿及自然铋等矿物的包体，这些包体一般粒径在0.01~0.05mm之间，形态不规则。由于粒度较细，一般不太可能较好解离，浮选时部分有用矿物包体会随磁黄铁矿的损失而损失。

以下为矿石性质小结：

伴生有价元素金和银可作为有价伴生元素在铜精矿产品中综合回收。

从原矿物相结果可知，91.72%的铜矿物为原生硫化铜，另有7.63%的次生硫化铜，试验过程中应加强对这部分次生硫化铜矿物的回收，氧化铜仅占总矿物量的0.65%，矿石基本不受氧化影响。

从物质组成角度分析，此矿石的回收主要受次生铜及细度的影响，铜粗选理论回收率应该在96.45%左右。

2 硫化铜矿电位调控浮选新技术简介

2.1 铜铁硫化矿石电化学控制浮选的基本原理

硫化矿物在浮选矿浆中发生了一系列的氧化还原反应，当所有的这些反应达到动态平衡时，溶液所测得的平衡电位称为混合电位，通常所说的矿浆电位就是混合电位。改变矿浆电位，可以改变硫化矿物表面和溶液中的氧化还原反应，从而实现有用矿物和脉石矿物的分离[1]。

在硫化矿的浮选电化学方面，许多研究者进行了卓有成效的研究，其中主要有硫化矿无捕收剂浮选、诱导浮选和原生电位浮选。在硫化铜矿物的浮选电化学研究方面，普遍认为矿物表面的自身氧化还原反应和捕收剂在矿物表面发生的电化学反应是导致矿物浮游的不可忽视的因素。1994年电化学控制浮选的工业实践和王淀佐等倡导的"原生电位浮选"技术，推动了中国浮选电化学及电化学控制浮选技术向工业应用发展。

对于铜铁硫化矿矿物，近期的研究表明，矿浆中的化学、电化学条件与铜铁硫化矿物的可浮性密切相关。即矿浆中氧化还原气氛对硫化矿浮选的影响很大。浮选矿浆中不可避免地存在空气中的氧（浮选过程的强氧化剂），磨矿过程中还原剂铁（钢球、衬板）、氧气与硫化矿矿物三者之间的相互作用以及过程中氧化产生的高价铁离子、矿物氧化溶解的离子等使得硫化矿物表面发生一系列复杂的电化学反应。用黄药作为捕收剂时，铜铁硫化矿物表面通常发生的电化学反应可以归纳为如下几类[2]。

阴极反应

主要为氧的还原反应：$O_2 + 2H_2O + 4E = 4OH^-$

阳极氧化反应

（1）捕收剂的阳极氧化（以 X^- 代表黄药捕收剂离子、X_{ads} 代表矿物表面吸附的捕收剂组分、X_2 代表捕收剂的二聚物）：$X^- \rightarrow X_{ads} + e$，$2X_{ads} \rightarrow X_2$，$X^- + X_{ads} \rightarrow X_2 + e$

即 $2X^- \rightarrow X_2 + 2e$ (1)

（2）金属/捕收剂盐的形成（以 MS 代表硫化矿矿物，其中 M 为金属、S 为硫）：

$$MS | MS + X^- \rightarrow MS | S + MX + e \qquad (1)$$

$$MS | MS + 2X^- \rightarrow MS | S + MX_2 + 2e \qquad (2)$$

例如黄铜矿：

$$CuFeS_2 + X^- = CuX + FeS_2 + e$$

（3）硫化矿物表面的氧化：

$$MS | MS + 2H_2O \rightarrow MS | M(OH)_2 + S° + 2H^+ + 2e \qquad (3)$$

对于黄铜矿，其氧化有如下典型的电化学反应：

$$CuFeS_2 + 3H_2O \rightarrow CuS + Fe(OH)_2 + S° + 3H^+ + 3e \quad E = 0.53 - 0.059pH$$

磁黄铁矿和黄铁矿的氧化较为复杂，在轻微氧化的条件下表面可以形成疏水性元素硫，进一步氧化则在表面生成亲水性组分。

例如黄铁矿：

$FeS_2 = Fe^{2+} + 2S° + 2e$

$FeS_2 + 3H_2O = Fe(OH)_3 + 2S° + 3H^+ + 3e \qquad E = 0.579 - 0.059pH$

$FeS_2 + 3H_2O = Fe^{2+} + S_2O_3^{2-} + 6H^+ + 6e \qquad E° = 4.432V$

$FeS_2 + 6H_2O = Fe(OH)_3 + S_2O_3^{2-} + 9H^+ + 7e \qquad E° = 0.51V$

或者，元素硫进一步氧化为亲水组分 $S_xO_y^-$：

$$xS° + yH_2O \rightarrow S_xO_y^- + 2yH^+ + 2(2y-2)e$$

磁黄铁矿：

$FeS_{1.25} + 7.52H_2O = Fe(OH)_3 + 1.25SO_4^{2-} + 12.04H^+ + 9.78e \qquad E° = 0.379V$

（4）MX 的氧化分解：

$$MX + H_2O \rightarrow MO + X^- + 2H^+ + e$$

$$MX + H_2O \rightarrow MO + (1/2)X_2 + 2e \qquad (4)$$

如：$2CuX + 4H_2O = 2CuO_2^{2-} + X_2 + 8H^+ + 4e \qquad E° = 1.88V$

（5）抑制剂使 MX 的分解：

$$MX + HS^- \rightarrow MS + H^+ + X^- + e \qquad (5)$$

2.2 浮选过程的电化学模型

电化学的电位是反应组分活度（特别是离子活度）和 pH 的函数：

$$E = f(ai, pH) \qquad (6)$$

显然，电化学反应发生与否，以及某一反应组分的活度是可以通过外界因素予以检测和控制，或者通过控制浮选过程的 pH 和离子组分就可以实现浮选过程的电化学控制。

值得注意的是目前普遍认为黄铁矿的浮游与其表面形成元素硫和巯基捕收剂的二聚物有关，含铜硫化物的浮游则主要归因于其表面生成的黄原酸铜。因此，在铜矿的浮选过程中，主要控制好第 2 类阳极氧化反应，使得黄铜矿、辉铜矿表面形成黄原酸铜疏水产物。从而获得更高的铜回收率。为了在该浮选作业中使黄铁矿得到抑制，必须严加控制第 1 类捕收剂的阳极氧化（生成双黄药），尽可能少生成或者不生成双黄药成为过程控制的重要因素；同时注意和利用第 3 类阳极氧化反应则可以更好地抑制磁黄铁矿和黄铁矿。

把石灰加入球磨机中比直接加入搅拌槽中（同时加强充气搅拌）铜的浮选指标更好[3]。这是由于原矿中含有大量的磁黄铁矿，它的氧化速度较快，通过加强石灰的抑制作用和适当的充气搅拌，这时矿石中的磁黄铁矿和黄铁矿因氧化严重，可浮性变坏，而矿石中的铜矿物主要是黄铜矿仍保持其原有可浮性，因此提高了铜的分选指标。

用充气搅拌调节矿浆电位，金回收率的而在 +270mV 左右达到最高水平[4]。

本次试验根据以上原理，研制了新药剂及研究了矿浆电位的调整和控制方法。

调节和控制矿浆电位的方法有两种：一是外控电位法；二是用化学药剂调节电位的化学法。从实际应用的角度来看，化学法能更容易在工业上实现。因此，本研究采用化学法调节矿浆电位。

化学法就是用化学剂来调节矿浆电位。化学药剂的作用是向矿浆中加入一些氧化还原剂，可以引起矿浆中各组分价态的变化，来调整矿浆电位，添加氧化剂可使矿浆电位升高，呈氧化气氛，添加还原剂，矿浆电位下降，呈还原气氛。

化学法常用的化学法药剂品种很多，任何可以发生价态变化的物质，都可以作为矿浆电位的调整剂。

本次试验是采用石灰、空气中的氧气作为矿浆电位调整剂，两种药剂配合使用，取得较为理想的效果。

3　试验研究内容及结果分析

根据矿石性质研究结果，该矿石的主要有价元素为铜、金、银、硫和铁，由于硫精矿受销售半径的影响，暂不考虑硫精矿的回收。

本研究主要进行了现场药剂制度最佳化条件试验，新药剂方案试验和电位调控新工艺试验，并对其结果进行了分析。在此基础进行了原工艺和新工艺方案的闭路试验。

3.1　现场药剂制度试验

进行现场药剂制度最佳化条件试验，作为本次试验的空白方案，并对其进行分析，找出空白试验药剂制度存在的主要问题，作为试验方案和空白方案进行对比的基础，并在此基础上进行寻找解决问题的新药剂制度试验方案。

3.1.1　磨矿细度条件试验

按图 1 所示流程和条件进行磨矿细度试验。由图 2 细度与回收率关系图可见，随着磨矿细度的增加，铜粗精矿回收率升高，考虑到现场设计时所能达到的细度及磨矿成本，选择适宜的磨矿细度为 80% – 200 目。

3.1.2　粗选石灰用量条件试验

按图 3 所示流程和条件进行粗选石灰用量试验，由图 4 pH 值和回收率的关系可见，该矿样对石灰较为敏感，现场药剂制度对 pH 适应范围较窄，适宜的石灰用量为 1500g/t（pH = 7.5）。

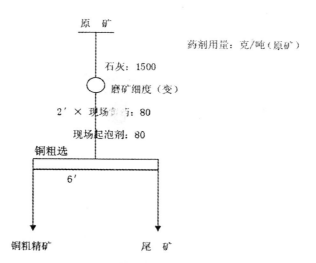

图1　磨矿细度试验工艺流程及条件

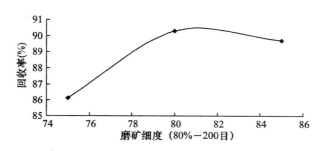

图2　磨矿细度与回收率关系

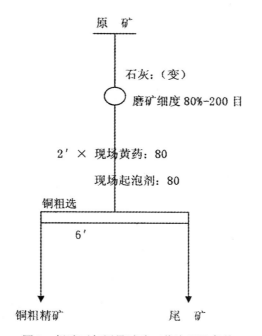

图3　粗选石灰用量试验工艺流程及条件

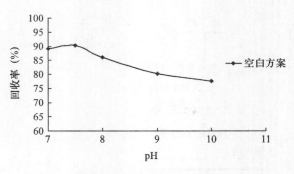

图 4　pH 和回收率的关系

3.1.3　粗选现场黄药及现场起泡剂用量试验

按图 5 所示流程和条件进行粗选现场黄药及现场起泡剂用量试验，由图 6 可见，适宜的现场黄药用量为 80g/t，适宜的现场起泡剂用量为 80g/t。

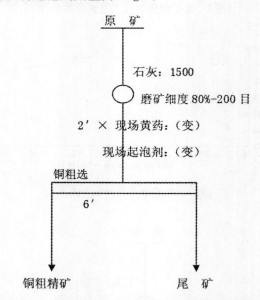

图 5　粗选现场黄药及现场起泡剂用量试验工艺流程及条件

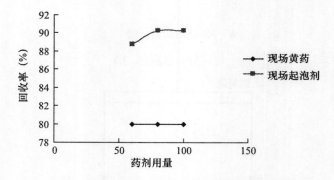

图 6　现场黄药用量和起泡剂与回收率关系

3.1.4　现场粗选最佳药剂条件及试验结果分析

现场粗选最佳药剂条件见图 7 所示流程和条件，试验结果见表 3。从以上条件试验结果可以看出，现场药剂制度对石灰及磨矿细度的操作范围适应性比较差，对铜矿物的捕收力较弱，主要表现在提高药剂用量和磨矿细度后，铜粗选回收率不再提高。

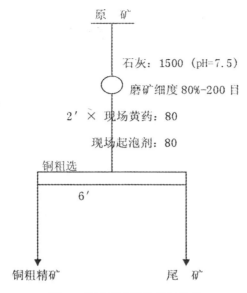

原　矿

石灰：1500 （pH=7.5）

磨矿细度 80%-200 目

2′× 现场黄药：80

现场起泡剂：80

铜粗选

6′

铜粗精矿　　　　　　　　尾　矿

图 7　现场粗选最佳药剂条件

表 3　现场粗选最佳药剂条件试验结果

产品名称	产　率（%）	铜品位（%）	铜回收率（%）
铜粗精矿	9.23	11.91	90.30
尾　矿	90.77	0.13	9.70
原　矿	100.00	1.22	100.00

3.2　新药剂方案试验

新药剂制度主要针对现场药剂制度对石灰及磨矿细度的操作范围适应性比较差，对铜矿物的捕收力较弱的特点，结合试验矿样的特点，寻找对本次试验矿样操作范围宽，对铜矿物捕收力较强的新药剂。

本次试验矿样的特点主要是铜矿物比较多，好选的铜矿物只占60% ~70%，30% ~40%的铜矿物难选，主要加强30% ~40%的铜矿物难选的捕收，通过对原矿的分析，经过二十多种铜选矿药剂的对比和筛选，结合它们的优点，本次试验选择异戊基黄药作为捕收剂，合成了一种新的捕收起泡剂二硫代二甲胺基丙烯晴脂作为捕收起泡剂，新的捕收起泡剂二硫代二甲胺基丙烯晴脂对本次试验矿样操作范围宽，对难选部分铜矿物捕收力较强，新的捕收起泡剂二硫代二甲胺基丙烯晴脂基本上满足了对赛什塘铜的回收要求。

3.2.1　磨矿细度条件试验

按 4 所示的流程和条件进行磨矿细度试验，由图 9 可见，随着磨矿细度的增加，铜粗精矿回收率升高，选择适宜的磨矿细度为 80% – 200 目。和空白试验方案细度条件相比，细度在75%、80%、85%的条件下，铜回收率分别提高6.59%、3.28%、4.85%，说明新药剂二硫代二甲胺基丙烯晴脂对此矿的适应性比空白试验方案的药剂制度对细度的适应性强，而且药剂用量少。

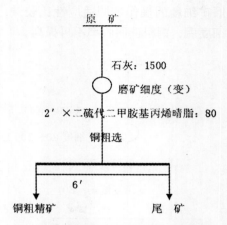

图8 磨矿细度试验工艺流程及条件

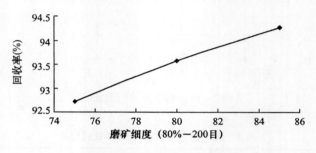

图9 磨矿细度与回收率关系

3.2.2 粗选石灰用量条件试验

按图10所示流程和条件进行粗选石灰用量试验。pH值和回收率的关系见图11，试验结果表明，适宜的石灰用量为1500g/t（pH = 7.5）。和空白试验方案细度条件相比，pH 在 7.5、8、10 的条件下，铜回收率分别高3.28%、5.19%、11.91%，说明新药剂二硫代二甲胺基丙烯晴脂对此矿的适应性比空白试验方案的药剂制度对 pH 的适应性强。

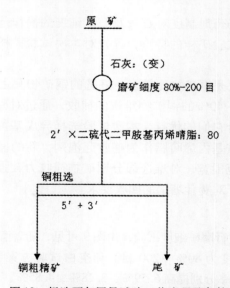

图10 粗选石灰用量试验工艺流程及条件

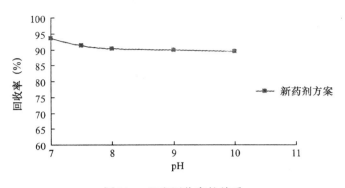

图 11　pH 和回收率的关系

3.2.3　捕收剂（异戊基黄药）及捕收起泡剂（二硫代二甲胺基丙烯晴脂）用量条件试验

按图 12 所示流程和条件进行新药剂方案捕收剂及捕收起泡剂用量试验，试验结果列于表 4。试验结果表明，适宜的试验方案捕收剂用量为 40g/t，适宜的试验方案捕收起泡剂用量为 80g/t。

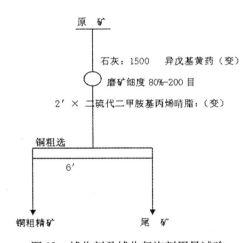

图 12　捕收剂及捕收起泡剂用量试验

表 4　新药剂方案捕收剂及捕收起泡剂用量试验结果

试验方案异戊基黄药、二硫代二甲胺基丙烯晴脂用量（g/t）	产品名称	产率（%）	铜品位（%）	铜回收率（%）
异戊基黄药：20 二硫代二甲胺基丙烯晴脂：80	铜粗精矿	9.99	11.14	94.28
	尾　矿	90.01	0.075	5.72
	原　矿	100.00	1.18	100.00
异戊基黄药：40 二硫代二甲胺基丙烯晴脂：80	铜粗精矿	9.82	11.58	95.60
	尾　矿	90.18	0.058	4.40
	原　矿	100.00	1.19	100.00
异戊基黄药：60 二硫代二甲胺基丙烯晴脂：80	铜粗精矿	10.45	10.83	96.56
	尾　矿	89.55	0.045	3.44
	原　矿	100.00	1.22	100.00

续表

试验方案异戊基黄药、二硫代二甲胺基丙烯晴脂用量（g/t）	产品名称	产率（%）	铜品位（%）	铜回收率（%）
异戊基黄药：40 二硫代二甲胺基丙烯晴脂：60	铜粗精矿	9.98	11.16	94.14
	尾 矿	90.02	0.077	5.86
	原 矿	100.00	1.18	100.00
	原 矿	100.00	1.19	100.00
异戊基黄药：40 二硫代二甲胺基丙烯晴脂：100	铜粗精矿	11.96	9.43	95.95
	尾 矿	88.04	0.054	4.05
	原 矿	100.00	1.18	100.00

3.2.4 新药剂试验方案试验结果分析

新药剂方案粗选最佳药剂条件见图13所示流程和条件，试验结果见表5。

从以上条件试验结果可以看出，试验方案药剂制度和空白试验条件现场药剂制度相比，试验方案药剂制度对石灰及磨矿细度的操作范围适应性比较宽，说明试验方案药剂制度较空白方案现场药剂制度优越，铜粗选回收率高出5.87%。

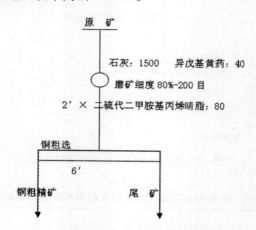

图13 新药剂方案粗选最佳药剂条件

表5 新药剂方案粗选最佳药剂条件试验结果

产品名称	产 率（%）	铜品位（%）	铜回收率（%）
铜粗精矿	9.81	11.62	96.00
尾 矿	90.12	0.050	4.00
原 矿	100.00	1.18	100.00

3.3 新工艺方案试验

在新药剂制度的基础上，为了进一步探索适应此矿石的浮选工艺，根据最新浮选理论，进行了电位调控新工艺试验。

3.3.1 矿浆电位对铜回收率的影响

近年来，在选矿技术范围内最有意义的发展之一是承认了硫化矿捕收剂的吸附是一个电化学过程，所以矿物的浮选取决于这个体系的电化学或氧化还原电位。用于控制各种浮选过程的调整剂，实际上大多数是电位控制剂，如硫化钠、二氧化硫等抑制剂的作用主要是降低体系的电位，使硫代类捕收剂不能吸附在矿物表面。其他药剂如高锰酸钾、重铬酸钾等是用来提高矿浆电位的，使硫代类捕收剂只能选择性地吸附在矿物表面上。在硫化矿物浮选回收率与矿浆电位关系的研究中发现，在矿浆电位低于 −300mV 时，黄铜矿浮选回收率几乎是零。随着电位的升高铜回收率迅速提高，当矿浆电位达到 100mV 左右时，铜回收率几乎达到 100%。不同种类的硫化铜矿物达到最大回收率时都有不同的矿浆电位条件见矿浆电位和铜回收率关系（见图 14）。因此，合理控制矿浆电位对提高铜浮选回收率以及实现多种硫化矿物的浮选分离具有非常重要的意义。

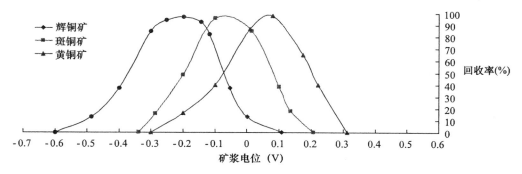

图 14　矿浆电位和铜回收率的关系

一般选矿厂用的球磨机以钢球作为磨矿介质。磨矿矿浆的电位为（−100）~（−200）mV，CaO 用量 − 磨矿矿浆电位 − 磨矿矿浆 pH 的关系见图 15，在调浆槽及浮选过程中，由于不断充入空气，使矿浆氧化性提高，到粗选结束时，矿浆电位才达到 100~300mV。在这样的矿浆电位条件下，常规浮选只能控制一种主要铜矿物的最佳浮选电位，对于本次试验含多种铜矿物的矿样，浮选不会获得最好的回收率指标。

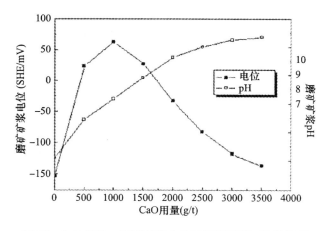

图 15　CaO 用量、磨矿矿浆电位和磨矿矿浆 pH 的关系

由于本次试验，在磨矿过程中加入石灰作为还原剂，一方面可以抑制磁黄铁矿和黄铁矿，另一方面可以使矿浆电位达到 −150mV 以下，同时加入捕收剂异戊基黄药，这时可在辉铜矿的最佳电位时进行矿化，一旦矿化后，在以后的浮选过程中，其回收率就不再变化，达到最大

值；磨矿进入搅拌桶中，充入氧气作为氧化剂，使电位向正电位增加，从 −150mV 调整到250mV 以上便可，在此电位上升的过程其他铜矿物也达到理论上的最大值；经试验确定充气搅拌时间为 5min，再加入配套的新药剂二硫代二甲胺基丙烯晴脂搅拌 2min 后进入浮选，此电位调控方法可以保证获得所有硫化铜矿物最高的铜浮选回收率。新工艺经过对该铜矿的其他有代表性的三个矿样验证，都具有非常好的适应性，理论上适用所有的硫化铜矿。现场实施只需在原搅拌桶前增加一个搅拌桶便可，搅拌桶大小可由现场验证试验的充气搅拌时间最后确定。

3.3.2　粗选石灰用量条件试验

按图 16 所示流程和条件进行粗选石灰用量试验，试验结果列于表 6。试验结果和空白试验方案细度条件相比，pH 在 7.5、8、10 的条件下，铜回收率分别高 6.06%、9.34%、16.93%，由各方案 pH 和回收率的关系（见图 17）可见，新工艺对 pH 的适应性非常强，铜回收率受 pH 的影响非常小，新工艺可解决现场多年来铜回收率来受 pH 值影响。

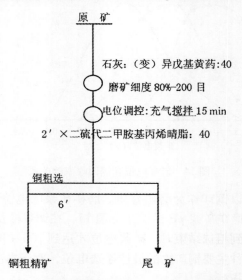

图 16　粗选石灰用量试验工艺流程及条件

表 6　粗选石灰用量验证试验结果

石灰用量（g/t）	产品名称	产　率（%）	铜品位（%）	铜回收率（%）
1500 pH = 7.5	铜粗精矿	10.59	11.01	96.36
	尾　矿	89.41	0.061	3.64
	原　矿	100.00	1.22	100.00
2000 pH = 8.0	铜粗精矿	9.94	11.80	95.38
	尾　矿	90.06	0.063	4.62
	原　矿	100.00	1.23	100.00
3000 pH = 10.0	铜粗精矿	8.27	13.75	94.43
	尾　矿	91.73	0.073	10.59
	原　矿	100.00	1.20	100.00

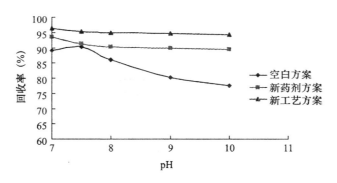

图 17 各方案 pH 值和回收率的关系

3.3.3 空白方案和新工艺方案浮选时间对比试验

空白方案按最佳粗选条件、新工艺方案按 pH = 7.5 和 pH = 10 粗选条件，按图 18 所示流程进行浮选时间试验，试验结果分别列于表 7、表 8、表 9，浮选时间与回收率关系见浮选时间对比（见图 19）。试验结果表明新工艺方案无论在 pH = 7.5 还是在 pH = 10 条件下，新工艺方案的浮选速度都比空白方案快，新工艺方案 3min 的回收率均高于空白方案整个粗选浮选时间的回收率，新工艺非常利于现场提高选矿指标。

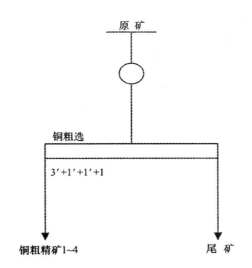

图 18 铜粗选浮选时间试验流程及条件

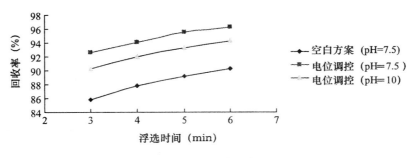

图 19 浮选时间对比

表7 空白方案 pH=7.5 浮选时间试验结果

浮选时间（min）		产品名称	产率（%）		铜品位（%）		铜回收率（%）	
个别	累计		个别	累计	个别	累计	个别	累计
3	—	粗精矿1	6.89	—	15.2	—	85.85	—
1	4	粗精矿2	0.68	7.57	3.6	14.15	2.00	87.85
1	5	粗精矿3	0.58	8.15	2.9	13.36	1.37	89.22
1	6	粗精矿4	0.54	8.69	2.32	12.67	1.02	90.24
—	—	尾矿	91.31	100.00	0.13		9.73	100.00
—	—	原矿	100.00	—	1.22		100.00	—

表8 新工艺方案按 pH=7.5 浮选时间试验结果

浮选时间（min）		产品名称	产率（%）		铜品位（%）		铜回收率（%）	
个别	累计		个别	累计	个别	累计	个别	累计
3	—	粗精矿1	9.40	—	12.16	—	92.68	—
1	4	粗精矿2	0.68	10.08	2.49	11.51	1.37	94.05
1	5	粗精矿3	0.58	10.66	1.60	10.97	0.75	95.55
1	6	粗精矿4	0.58	11.24	1.45	10.48	0.68	96.23
—	—	尾矿	88.76	100.00	0.059		3.77	100.00
—	—	原矿	100.00	—	1.23		100.00	—

表9 新工艺方案 pH=10 浮选时间试验结果

浮选时间（min）		产品名称	产率（%）		铜品位（%）		铜回收率（%）	
个别	累计		个别	累计	个别	累计	个别	累计
3	—	粗精矿1	6.88	—	15.99	—	90.24	—
1	4	粗精矿2	0.63	7.51	3.5	14.94	1.80	92.04
1	5	粗精矿3	0.52	8.03	2.89	14.16	1.23	93.27
1	6	粗精矿4	0.49	8.52	2.50	13.49	1.00	94.27
—	—	尾矿	91.48	100.00	0.076	1.22	5.73	100.00
—	—	原矿	100.00	—	1.22	—	100.00	100.00

3.3.4 浮选时间与浮选矿浆电位的关系

浮选时间与浮选矿浆电位的关系见图20，由图20可知，在整个浮选过程中，浮选矿浆电位在上升，上升约60mV。

3.3.5 新工艺方案试验结果分析

以往铜矿浮选电位调控方法（控制一个主要铜矿物的电位点），往往只能控制一种单一铜矿物的最佳电位，因每一种铜矿物最佳浮选电位控制点都不一样，对含多种铜矿物的矿石要保持一个最佳电位点，现场往往难以实现。

新工艺方案的电位调控方法（控制一个很宽的电位区间），可以使每一种铜矿物都能达到最值回收，理论上适合于所有单一硫化铜矿的浮选，特别是矿样含多种铜矿物时。

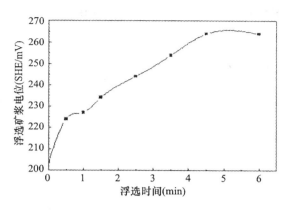

图20　搅拌时间与浮选矿浆电位的关系

　　新工艺方案（新电位调控方案）对矿石种类（各方案对不同矿石粗选试验结果图）及操作条件pH（见图17）的适应性强，浮选速度快（见空白方案和新工艺方案浮选时间与回收率关系图），药剂用量少（试验方案药剂用量只有空白方案的50%），具有控制面宽、控制方法简单、现场便于实施等特点，因此新工艺有利于现场生产提高铜、金、银的选矿指标。

　　新工艺方案首次在国内外提出了在高原低温缺氧条件下，铜矿电位变化规律以及与矿物浮选分离的关系，确立了最佳的铜浮选分离回收工艺流程和药剂制度。

3.4　原工艺方案和新工艺方案闭路试验结果

　　进行了空白方案和新工艺方案的闭路试验，其试验流程（见图21和图22）和结果（见表10和表11）。

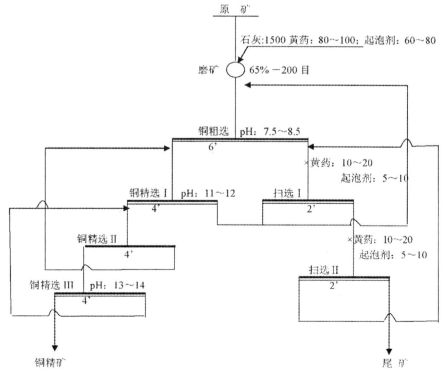

图21　原工艺闭路试验流程及条件

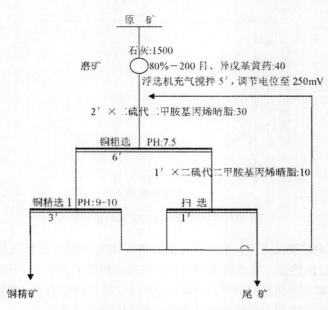

图22　新工艺闭路试验流程及条件

表10　原工艺方案和新工艺方案小型闭路试验结果

工艺方案	产品名称	产率（%）	铜品位（%）	铜回收率（%）
新工艺	铜精矿	5.47	20.47	93.30
	尾 矿	94.53	0.085	6.70
	原 矿	100.00	1.20	100.00
原工艺	铜精矿	5.30	19.91	88.00
	尾 矿	94.70	0.15	12.00
	原 矿	100.00	1.20	100.00

表11　铜精矿金银回收状况

工艺方案	原矿品位（g/t）		精矿品位（g/t）		回收率（%）	
	Au	Ag	Au	Ag	Au	Ag
原工艺	0.32	14.6	0.88	69.70	14.58	25.3
新工艺	0.32	14.6	2.31	170.2	39.54	63.8

从表10和表11可以看出：在原矿相近的情况下，新工艺与原工艺相比较，新工艺可以在低pH值下进行铜和脉石矿物的分离，而原工艺在精选时需在高pH值下才能进行铜和脉石矿物的分离，这正是原工艺铜、金、银的回收率都低于新工艺方案的主要原因。

4　结论

（1）所采矿样和原流程设计样相比，矿石性质发生了较大变化，已经转变为铜铅锌多金属矿，特别是高品位矿样，含硫、铁高，主要脉石矿物磁黄铁矿含量占矿样的45%左右，矿石变得难选。

（2）现场药剂制度对石灰及磨矿细度的操作范围适应性比较差，现场药剂制度对铜矿的选择性较差，对铜矿物的捕收力也弱。且原工艺在精选时需在高 pH 值下才能进行铜和脉石矿物的分离，这正是原工艺铜、金、银的回收率都低于新工艺方案的主要原因。

（3）新的捕收起泡剂二硫代二甲胺基丙烯晴脂对本次试验矿样操作范围宽，对难选部分铜矿物捕收力较强，实现了低 pH 值下铜和脉石矿物的分离低，新的捕收起泡剂二硫代二甲胺基丙烯晴脂基本上满足了对赛什塘铜的回收要求。

（4）新工艺方案对 pH 的适应性强，浮选速度快，药剂用量少（减少了60%的药剂消耗），新工艺方案的电位调控方法，具有控制面宽，控制方法简单，现场便于实施等特点。

（5）小型试验结果铜精矿品位为 20.47%，铜回收率为 93.30%。在原矿相近的情况下，新工艺与原工艺相比较，铜精矿品位提高了 0.56%，铜回收率提高了 5.30%；铜精矿中金、银回收率分别提高 24.96 和 38.50 个百分点。

参 考 文 献

[1] 覃文庆. 硫化矿物颗粒的电化学行为与电位调控浮选技术 [M]. 北京：高等教育出版社，2001.
[2] 孙传尧，王福良，师建忠. 蒙古额尔登特铜矿的电化学控制浮选研究与实践 [J]. 矿冶，2001.
[3] 温建康，阮仁满. 提高磁黄铁矿型金矿石金铜回收率的工艺研究 [J]. 黄金，1997.
[4] V. 维提，J. O. 雷佩. 电位控制用于硫化矿物和贵金属浮选 [J]. 国外金属矿选矿，1997.4.

作者简介：

肖云，1967 年出生，选矿高级工程师，现就职于西部矿业集团有限公司矿山事业部。

格尔木哈西亚图金矿石性质研究

刘焕德

（西部矿业集团有限公司　青海西宁　810000）

摘　要：从矿石岩性特征，物质组成，金的化学成分、形态、粒度、赋存状态及与选矿的关系，铁的赋存状态和嵌布特征，其他共、伴生矿物的嵌布特征等方面对该矿石进行了系统的测试分析，明确了其矿石结构构造和矿石类型，用化学方法测定了矿石中有益、有害元素含量，并对矿石中与金共、伴生的矿物进行了阐述，为选矿工艺流程提供了参考和依据。

关键词：格尔木哈西亚图金矿；金矿石性质；结构类型

　　本次矿石性质研究是配合选矿试验所做，样品采自格尔木哈西亚图金矿选矿样中。为全面了解金的赋存状态，磨制高质量光片 56 片、薄片 9 片，在高、中倍显微镜下进行扫描观察。对所见金矿物的粒度、形态、嵌布特征等进行了详细系统的测试分析，并用化学方法测定了矿石中有益、有害元素含量及金的物相分析，并对矿石中与金共、伴生的矿物进行了阐述。在此基础上，为了准确定名金的矿物、确定金的成色及其他共、伴生矿物中金的含量，选择具有代表性的样品，做电子探针波谱分析 15 件。通过上述研究手段，对矿石中的主要矿物的粒度和嵌布状态进行了系统详细的分析，查清了矿石物质组成、矿物工艺特征及矿石工艺类型，为选矿工艺流程提供一定的依据。

1　矿石岩性特征

　　含矿矿体岩性为矽卡岩，组成岩石的主要非金属矿物为辉石、石榴石、白云母，其次是绿泥石、黑云母、碳酸盐矿物等；金属矿物主要为磁铁矿、磁黄铁矿、黄铁矿等，呈浸染状——星点状分布于岩石中。

2　矿石物质组成

2.1　矿石化学组成

　　矿石化学组成由表 1 可知：矿石的主要化学成分是 SiO_2、Fe，其次有 Al_2O_3、CaO、MgO 等。可利用的元素是 Au、Fe、Ag、S，达到综合回收，有害元素主要是 As，含量 0.34%，C 主要以碳酸盐矿物和石墨的形式存在。

表1　矿石多元素分析

成　分	Au *	Ag *	Cu	Pb	Zn	MgO	Al$_2$O$_3$	SiO$_2$
含量（%）	2.83	8.70	0.084	0.066	0.095	7.75	5.76	30.06
成　分	S	TC	TiO$_2$	Mn	Na$_2$O	P	As	Sb
含量（%）	5.19	1.36	0.44	0.16	0.275	0.13	0.34	0.0029
成　分	V$_2$O$_5$	Ni	K$_2$O	烧失量	TFe	CaO	Mo	Co
含量（%）	0.025	0.007	0.999	3.50	23.85	11.58	0.009	0.013

注：*单位为 10^{-6}

2.2　矿石矿物组成

经过显微镜下详细观察，矿石矿物组成及目估百分含量由表2可知：矿石中主要的非金属矿物是辉石、石榴石、白云母等，其次为绿泥石、黑云母、方解石、石墨等；金属矿物主要是磁铁矿、磁黄铁矿、黄铁矿，其次是方铅矿、闪锌矿和黄铜矿等；贵金属矿物为自然金、银金矿。

表2　矿石矿物组成及目估百分含量

矿物名称	含量（%）	备注	矿物名称	含量（%）
磁铁矿	10 ~ 15		辉石	33 ~ 36
黄铁矿	3 ~ 4		石榴石	12 ~ 16
磁黄铁矿	5 ~ 10		白云母	2 ~ 5
方铅矿	< 0.1		绿泥石	3 ~ 5
闪锌矿	0.1 ±		黑云母	1 ~ 3
黄铜矿	0.1 ±		方解石	1 ~ 2
钛铁矿	少量		石英	1 ~ 2
辉钼矿	偶见		石墨	1 ±
毒砂	< 1	仅在金精矿中见到	自然金、银金矿	痕量

3　金的化学成分、形态、粒度、赋存状态及与选矿的关系

3.1　金的化学成分及金的成色

为了解金的化学成分及成色，我们对所见金粒做电子探针波谱分析，从表3可知：金的化学成分为：金矿物中 Au 含量为 84.603% ~ 92.392%，Ag 含量为 6.312% ~ 15.402%，部分含有少量 Fe 和 Cu。根据《结晶学及矿物学》和《黄金生产技术》中的划分：金的矿物中当 Ag < 15% 时，为自然金；当 Ag 15% ~ 50% 时，为银金矿。由此，本区金矿中金的矿物为自然金、银金矿。金的成色平均为 911.797‰。

表 3　金的化学成分

矿物名称	化学成分（%）				金的成色（‰）
	Au	Ag	Fe	Cu	
自然金	91. 209	7. 872	1. 933	—	920. 5499
	91. 357	7. 696	1. 942	—	922. 3042
	91. 654	6. 467	2. 83	0. 026	934. 0916
	92. 392	6. 312	2. 672	—	936. 0512
银金矿	84. 603	15. 402	—	0. 002	845. 9877
平均	90. 243	8. 750	1. 875	0. 006	911. 797

3.2　金的外形形态及粒度特征

3.2.1　金的外形形态

经过对所磨光片在高倍显微镜下进行详细的扫描观察，金的外形主要为不规则状（16 粒），占 50%；其次为线状、条形、梯形（4 粒），占 12.49%；再次为三角形、细条（线）状（各 3 粒），均占 9.38%；浑圆粒状和麦粒状 2 粒，为 6.25%；其他形态的相对较少（详见表 4）。

表 4　金的外形形态

延展率	边界浑圆	占有率（%）	边界平直	占有率（%）	边界不平直	占有率（%）
			棱角明显		有尖角枝权	
1 – 1.5	浑圆粒状、粒状（2 粒）	6.25	三角形（3 粒）	9.38	麦粒状（2 粒）	6.25
1.5 – 3.5	椭圆	—	五边形（1 粒）	3.13	不规则状（16 粒）	50.00
3.5 – >5	弯月形（1 粒）	3.13	条状、梯形、四边形（4 粒）	12.49	细线状（3 粒）	9.38

注：参加统计的金的粒数为 32 粒。

3.2.2　金的粒度特征

经过对所磨光片在高倍镜下进行详细扫描观察，所看到的金粒数为 32 粒。金的粒度范围为 <0.001×0.001 ~ 0.01×0.005mm，将所见到的金粒进行粒度统计（以金粒短径统计）（见表 5），从表 5 中可知：金的粒度较细，均为 –0.01mm，其中以（–0.005 + 0.0025）mm 为主，占 56.69%；其次为（–0.01 + 0.005）mm，占 25.20%；再次为（–0.0025 + 0.001）mm，占 12.60%，"–0.001"的相对较少，占 5.51%。

根据岩金矿地质勘查规范附录 H 金粒级的划分标准：粒径为 –0.01mm 的金为显微金，+0.01mm 的为明金，其中（–0.037 + 0.01）mm 的为细粒金，（–0.074 + 0.0375）mm 为中粒金，（–0.295 + 0.074）mm 为粗粒金。

根据以上金粒度的划分标准，由表 5 可知，本矿区所见到的金均为显微金。

表5　金的粒度分布和赋存状态特征

粒径（mm）		颗粒数	比粒径	裂隙金		粒间金				包裹金				合计
				岩石裂隙	黄铁矿	磁铁矿、脉石矿物	方铅矿、辉石	辉石、白云母	石墨、辉石	黄铁矿	方铅矿	方解石	脉石矿物	
显微金	−0.01+0.005	1	8	—	—	25.20①	—	—	—	—	—	—	—	25.20
	−0.005+0.0025	9	4	—	18.90	6.30②	—	—	6.30	18.90	6.30	—	—	56.69
	−0.0025+0.001	7	2	—	1.57	1.57③	1.57	—	—	1.57	4.72	—	1.57③	12.60
	−0.001	15	1	0.39	0.79	—	—	0.39	—	0.39	2.36	0.39	0.79④	5.51
小计		32	—	0.39	21.26	33.07	1.57	0.39	6.30	20.87	13.39	0.39	2.36	100
合计			—	21.65		41.33				37.02				100

注：①脉石矿物为绿泥石；②脉石矿物为方解石；③脉石矿物为辉石；④脉石矿物为石榴石。

3.3　金的赋存状态

3.3.1　金的物相分析

将原矿磨至200目左右，用化学方法对金进行物相分析，分析结果见表6，由表6可知：本矿区金以裸露—半裸露金为主，占76.34%，包裹金较少，仅占23.66%。

表6　金物相分析

相　别	裸露金及半裸露金	硫化物包裹金	赤褐铁矿包裹金	碳酸盐包裹金	硅酸盐包裹金	相　和
含量（g/t）	2.13	0.15	0.22	0.14	0.15	2.79
分布率（%）	76.34	5.38	7.88	5.02	5.38	100.00

3.3.2　金的赋存状态

显微镜下所见金粒以粒间金为主，占41.33%，其次是包裹金，占37.02%，裂隙金占21.65%。

（1）包裹金：金主要包裹于黄铁矿、方铅矿（分别占20.87%、13.39%），多呈不规则状、细条状、三角形、线状等，此外有少部分金矿物包裹于辉石、石榴石和方解石中。这部分金要完全解离，需要较高的磨矿细度。

（2）粒间金：金矿物主要位于磁铁矿、脉石矿物粒间（占26.56%），多呈不规则状、三角形、粒状、条状等；其次是位于方铅矿、辉石粒间和脉石矿物粒间的金；偶见金矿物位于石墨和辉石粒间。粒间金较包裹金容易解离。

（3）裂隙金：金呈不规则状和三角形沿黄铁矿裂隙和岩石裂隙分布，这部分金比较容易解离。

3.3.3　金的载体矿物

从显微镜下观察可知，与金关系密切的矿物主要是黄铁矿、方铅矿，其次是辉石、磁铁矿，与黄铜矿、方解石、石榴石等的连生相对较少（详见表7和图1）。

表7 金与载体矿物的密切程度

连生矿物	金－黄铁矿	金－方铅矿	金－磁铁矿	金－石墨	金－白云母
颗粒数	11	11	3	1	1
占有率（%）	29.73	29.73	8.11	2.70	2.70
连生矿物	金－辉石	金－方解石	金－石榴石	金－绿泥石	
颗粒数	5	2	2	1	
占有率（%）	13.51	5.41	5.41	2.70	

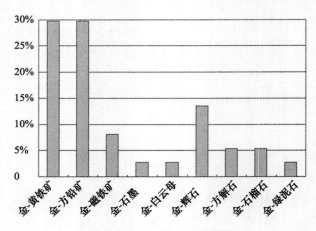

图1 金与载体矿物的密切程度

4 铁的赋存状态

4.1 铁物相分析

将原矿磨至200目左右，对铁进行物相分析，结果见表8。从表8中可以看出：磁性矿中的Fe含量为14.00%，占TFe的59.02%，其中磁铁矿中的铁和磁黄铁矿中的含量基本相当，约占29%；赤（褐）铁矿、硅酸盐、碳酸盐矿物和黄铁矿中的Fe分别占TFe的12.14%、12.98%、8.94%、6.92%。

表8 原矿铁物相分析

相 别	磁性铁中铁		碳酸铁中铁	赤褐铁中铁	硅酸铁中铁	黄铁矿中铁	相 和
	磁铁矿中铁	磁黄铁矿中铁					
含量（%）	7.10	6.90	2.12	2.88	3.08	1.64	23.72
分布率（%）	29.93	29.09	8.94	12.14	12.98	6.92	100.00

4.2 磁铁矿的嵌布特征

4.2.1 磁铁矿的化学成分

从磁铁矿电子探针波谱分析结果（见表9）可以看出：磁铁矿主要由Fe、O组成，与理论值基本一致。

表 9　磁铁矿电子探针波谱分析结果

序号	化学成分（%）				
	O	FeO	Fe	Au₂O	O + Fe
1	20.631	92.840	72.209	0.121	92.961
2	20.420	91.890	71.470	—	91.890
3	20.451	92.031	71.580	0.003	92..034
平均	20.501	92.254	71.753	0.041	92.295
理论值	28	—	72	—	100

4.2.2　磁铁矿的粒度统计

从显微镜下观察可知，磁铁矿的粒度变化范围较大，可 < 0.01 - 1.32mm。为了系统研究磁铁矿在矿石中的粒级分布特征，我们在显微镜下对矿石中磁铁矿的粒度进行了系统测定，并详细地做了统计分析，参加统计的颗粒数为 1341 粒，其结果见表 10。从表 10 可以看出：磁铁矿粒级以 +0.08mm 为主，占 70.33%；其中以 -0.64 +0.32mm 和 -0.32 +0.16mm 为主，分别占 23.05% 和 22.84%，其次为 -0.16 +0.08mm，占 13.34%，再次是 -1.28 +0.64mm 和 +1.28mm 基本相当，分别为 5.98%、5.12%；-0.08mm 的相对较少，占总含量的 29.67%，其中以 -0.08 +0.04mm 为主，占 15.42%，其次 -0.04 +0.02mm 是占 9.71%，-0.02 +0.01mm 的占 3.86%，-0.01mm 的很少，仅占 0.69%。

表 10　磁铁矿粒度统计表

粒级（mm）	比粒径（d）	颗粒数（n）	比面积（nd）	百分含量（%）	大分段百分含量（%）
+1.28	256	3	768	5.12	
-1.28 +0.64	128	7	896	5.98	
-0.64 +0.32	64	54	3456	23.05	70.33
-0.32 +0.16	32	107	3424	22.84	
-0.16 +0.08	16	125	2000	13.34	
-0.08 +0.04	8	289	2312	15.42	
-0.04 +0.02	4	364	1456	9.71	
-0.02 +0.01	2	289	578	3.86	29.67
-0.01	1	103	103	0.69	
合计		1341	14993	100	

4.2.3　磁铁矿的嵌布特征

（1）磁铁矿与脉石矿物的连生

磁铁矿呈它形—半自形，粒径 0.01 ~ 0.8mm。呈浸染状——星点状分布于脉石矿物中，这部分磁铁矿以粗粒者居多，比较容易解离，细粒者较少，相对不易解离。

（2）磁铁矿与磁黄铁矿的连生

矿石中磁铁矿与磁黄铁矿的连生比较普遍，绝大多数磁黄铁矿与磁铁矿连生，从规则—半规则—不规则连生，二者关系极为密切，二者均为强磁性矿物，磁选不易将二者分离。

（3）磁铁矿与黄铁矿、褐铁矿的连生

矿石中磁铁矿与黄铁矿规则连生，可见部分磁铁矿与被褐铁矿交代的黄铁矿连生。

（4）磁铁矿与闪锌矿、黄铜矿的连生

磁铁矿与闪锌矿、黄铜矿多呈规则—半规则连生，比较容易解离，且黄铜矿、闪锌矿在矿石中含量很少，因此对磁铁矿的回收没什么影响。

（5）磁铁矿与石墨的连生

磁铁矿与石墨规则连生，二者之间接触界限平直，而且粒度较粗，比较容易解离。

4.3 磁黄铁矿的嵌布特征

4.3.1 磁黄铁矿的化学成分

磁黄铁矿的理论值 Fe 为 63.53%，S 为 36.47%。从磁黄铁矿电子探针波谱分析结果（见表 11）可以看出：磁黄铁矿主要由 Fe、S 组成，此外，部分磁黄铁矿中含有一定量的 Au。

表 11　磁黄铁矿电子探针波谱分析结果

序号	化学成分（%）				
	Fe	Pb	S	Au	总成分
1	60.640	0.007	39.970	0.101	100.718
2	59.032	—	40.335	—	99.367
3	61.084	—	38.476	0.019	99.579
平均值	60.252	0.002	39.594	0.040	99.888
理论值	63.530	—	36.470	—	100

4.3.2 磁黄铁矿的粒度特征

从显微镜下观察可知，磁黄铁矿的粒度可由 0.01 ~ 0.55mm。为了系统研究磁黄铁矿在矿石中的粒级分布特征，我们在显微镜下对矿石中磁黄铁矿的粒度进行了系统测定，并详细地做了统计分析，参加统计的颗粒数为 1340 粒，其结果见表 12。从表 12 可以看出：磁黄铁矿粒级以 +0.08mm 的为主，占总含量的 61.43%，以 -0.32 +0.16mm 和 -0.16 +0.08mm 为主，分别为 26.21%、23.86%，+0.32mm 占 11.37%；-0.08mm 相对较少，占 38.57%；其中以 -0.08 +0.04mm 为主，占 22.81%，其次为 -0.04 +0.02mm 占 11.46%，和 -0.02mm，占 4.30%。总体来说，磁黄铁矿粒度较粗。

表 12　磁黄铁矿粒级统计表

粒级（mm）	比粒径（d）	颗粒数（n）	比面积（nd）	含量（%）	大分段百分含量（%）
+0.32	32	23	1472	11.36	61.43
-0.32 +0.16	16	106	3392	26.21	
-0.16 +0.08	8	193	3088	23.86	
-0.08 +0.04	4	369	2952	22.81	38.57
-0.04 +0.02	2	371	1484	11.46	
-0.02	1	278	556	4.30	
合计		1340	12944	100	

4.3.3 磁黄铁矿的嵌布特征

磁黄铁矿是矿石中除磁铁矿之外的主要的金属矿物，在矿石中多呈它形粒状和不规则状，多呈浸染状—星点状分布，磁黄铁矿与磁铁矿、黄铜矿关系较为密切，磁黄铁矿与黄铁矿、黄铜矿规则—半规则连生，可见磁黄铁矿包裹细粒黄铁矿。

原矿中未见磁黄铁矿与金连生，为此将金精矿磨制成砂光片，在高倍显微镜下扫描观察，见到金矿物与磁黄铁矿或金与磁黄铁矿、方铅矿连生。

4.3.4 黄铁矿、褐铁矿的嵌布特征

黄铁矿在矿石中多呈粒状和不规则状，粒径0.01～2.3mm，细粒者（0.01～0.05mm）多包裹于磁黄铁矿中，形成包含结构，这部分黄铁矿未见与金连生。较粗粒者多与上述金属矿物伴生，与金的连生关系详见金的嵌布特征部分。可见部分被褐铁矿交代，形成交代结构。从黄铁矿电子探针波谱分析结果可知，黄铁矿中不含分散金。

褐铁矿在矿石中多呈不规则状，粒径0.01～0.05mm，交代黄铁矿形成交代结构。

5 其他共、伴生矿物的嵌布特征

5.1 闪锌矿、方铅矿

闪锌矿在矿石中多呈它形粒状、不规则状，粒度相差悬殊，可由0.01～2.4mm，其中多包裹微细粒黄铜矿，可见部分与方铅矿、磁铁矿连生。在矿石中未见到与金矿物连生。

方铅矿多呈它形粒状，粒径0.01～0.3mm，可见与闪锌矿、黄铜矿连生，与金的连生详见金的嵌布特征部分。

从方铅矿和闪锌矿的电子探针波谱分析结果（表13）可知，闪锌矿中含有少量金，方铅矿中不含金。

表13 方铅矿、闪锌矿等矿物电子探针波谱分析

矿物名称	化学成分（%）						
	Fe	Cu	Pb	S	Zn	Au	Ag
闪锌矿	11.542	0.073	—	34.227	53.892	0.015	—
方铅矿	2.862	—	82.19	13.258	0.045	—	1.179
黄铜矿	28.932	31.788	0.202	34.971	3.625	0.032	—
黄铁矿	47.401	0.02	—	52.766	—	—	0.007
	48.326	—	—	51.903	—	—	—

5.2 黄铜矿、斑铜矿

黄铜矿多呈它形粒状和不规则状，粒径可由<0.01～0.5mm，微细粒者多包裹于闪锌矿中，与闪锌矿形成固溶体分离结构，粗粒者不均匀分布于岩石中，而且多被斑铜矿（粒径<0.05mm）交代，可见部分与磁铁矿、磁黄铁矿、闪锌矿等连生。

从黄铜矿电子探针波谱分析结果可知（表13），其中含有少量金。

5.3 石墨

石墨在矿石中多呈半自形—自形片状，长径可由0.02～0.35mm，多呈稀疏浸染状—星点状

分布，可见部分与磁铁矿规则连生。

5.4 辉石、石榴石

岩石中的主要脉石矿物，多呈半自形—自形粒状、柱状，长径 0.03～0.8mm，部分最大可达 1.3mm，少部分有轻微的透闪石化。与白云母、黑云母、绿泥石和石榴石等伴生。与金矿物的连生关系详见金的嵌布特征部分。

石榴石是矽卡岩中的主要脉石矿物之一，多呈半自形—自形粒状，粒径 0.05～0.09mm，具明显的环带结构，与辉石紧密共生。与金的连生关系见金的嵌布特征部分。

5.5 白云母、黑云母、绿泥石

白云母：多呈半自形—自形片状分布于辉石矽卡岩的辉石粒间，多与绿泥石伴生，长径 0.02～0.3mm。

黑云母：半自形—自形片状，长径 0.02～0.4mm，主要分布于辉石矽卡岩中，多以带状集合体的形式分布于岩石中。

绿泥石：多呈不规则状和半自形片状，粒径 0.01～0.22mm，分布于辉石粒间，多与白云母伴生。

5.6 石英、方解石

石英和方解石在岩石中含量较少，多呈它形粒状，粒径 0.02～0.3mm，分布于上述脉石矿物粒间，矿石中未见到石英与金连生。

6 矿石结构构造

6.1 矿石结构

（1）半自形—自形结构：矿石中部分黄铁矿、磁铁矿半自形—自形结构。

（2）它形粒状、不规则状结构：黄铜矿、部分黄铁矿、磁黄铁矿呈不规则状结构。

（3）包含结构：金包裹于脉石矿物（石榴石、辉石）和硫化物［黄铁矿、方铅矿、磁黄铁矿（仅在金精矿中见到）］中，细粒黄铁矿包裹于磁黄铁矿中，闪锌矿包裹微细粒黄铜矿等均形成包含结构。

6.2 矿石构造

（1）星点状构造：矿石中部分金属硫化物呈星点状分布于矿石中。

（2）星散状—浸染状构造：矿石中的磁铁矿、磁黄铁矿和部分黄铁矿呈星散状—浸染状分布。

7 矿石类型

7.1 工艺类型

我国对金矿石工艺类型多用综合矿石工艺名称，所集中反映的内容包括：

（1）硫化物的含量：以矿石中硫化物含量级别 5%、20% 及 50% 为限分别称少、中和多硫化物矿石；

（2）氧化程度级别：介于 20%~75% 和大于 75% 分别称半氧化矿石和氧化矿石；

（3）在工艺加工时需作必要处理矿石中有益组分和有害组分；

（4）矿石的岩性种类；

（5）非一般的金粒形状特征和金元素的赋存状态特征。如矿石中巨粒金含量大于 5%，微粒金大于 50%，在矿石工艺类型命名时需做出表示。

根据以上标准，此金矿矿石工艺类型为：中硫化物矽卡岩型显微金矿石。

7.2 自然类型

7.2.1 矿石中铁的物相分析

矿石中铁的物相分析见表 8。

7.2.2 矿石氧化率

矿石的氧化率根据《金矿勘查工作手册》中一般有色金属矿石自然类型的划分标准，采用矿石中铁的化学物相来确定金矿石的氧化率。

$$矿石氧化率 = \frac{矿石中氧化铁中的铁}{矿石中的总铁} \times 100\% = \frac{2.88}{23.72} \times 100\% = 12.14\%$$

据上述公式矿石氧化率大于 30% 为氧化矿，10%~30% 为混合矿，低于 10% 为原生矿。因此本区矿石自然类型为混合矿。

该矿区金矿矿石自然类型为混合矿。

8 结论

矿石中有用元素为 Au，Fe、Ag、S 达到综合回收，有害元素主要是 As，含量 0.34%，C 主要以碳酸盐矿物和石墨的形式存在。矿石中主要的非金属矿物是辉石、石榴石、白云母等，其次为绿泥石、黑云母、碳酸盐矿物（主要方解石）、石墨等；金属矿物主要是磁铁矿、磁黄铁矿、黄铁矿，其次是方铅矿、闪锌矿和黄铜矿等；贵金属矿物为自然金、银金矿。金矿物中 Au 含量为 84.603%~92.392%，Ag 含量为 6.312%~15.402%，部分含有少量 Fe 和 Cu。金的成色平均为 911.797‰。

金的外形主要为不规则状；其次为线状、条形、梯形；再次三角形浑圆粒状、麦粒状。金的粒度范围为 <0.001×0.001~0.01×0.005mm，均 -0.01mm，其中以 -0.005+0.0025mm 为主，占 56.69%；其次为 -0.01+0.005mm，占 25.20%；再次为 -0.0025+0.001mm，占 12.60%，-0.001mm 的相对较少，占 5.51%。金的物相分析显示：本矿区金以裸露—半裸露金为主，占 76.34%，包裹金较少，仅占 23.66%。与金关系密切矿物主要是黄铁矿、方铅矿，其次是辉石、磁铁矿，与黄铜矿、方解石、石榴石等的连生相对较少。与磁黄铁矿的连生仅在金精矿中见到。矿石结构构造比较简单，其中包含结构对金的解离影响较大。矿石工艺类型为：中硫化物矽卡岩型显微金矿石；矿石的自然类型为：混合矿。

作者简介：

刘焕德，1979 年出生，矿物加工工程师，现就职于西部矿业集团有限公司科技管理部。

机 电

矿山设备整体节能探讨

李 辉

（西部矿业股份有限公司锡铁山分公司　青海海西　816203）

摘　要： 矿山企业耗电成本较高，控制耗电量就相当于控制生产成本，目前所有矿山企业都在寻求降低电耗的方法，本文针对矿山企业电耗整体控制做出分析、改进方法和节电收益等；根据矿山设备基本情况准备用 SH12、S9 型变压器更换原有 SJ、SJL、SL、SL1 型号变压器，介绍节电原理，分析节能效果；更换原有老化损耗高的输电线路；用新型鼠笼异步电动机更换原有 JR、JS 绕线式电动机，精确匹配电动机及负载，阐述绕线式电动机和鼠笼式电动机的优缺点；对空压机、通风机、提升机、渣浆泵进行变频改造，具体改造方案，节能效果评述。通过系列的全面改造措施达到矿粉单耗电降低 10% 左右的目标。

关键词： 矿山设备；节能；变压器；电动机；变频

国家倡导的节能降耗、低碳经济，而矿山行业长期以来自动化程度低，设备陈旧落后，具有很大的节能空间。近几年很多节能节电公司与我们进行技术交流，往往是不同公司拥有不同的技术，不同的公司侧重点不同。这些公司很难站在全局的方面考虑节能问题，据了解一些同行业的矿山企业，有些做了节能改造，但是仅仅改造了一小部分，只挑效果好办的做，给之后的节能改造带来不小的麻烦；有些只着眼某台用电设备，针对单台设备效果不错，但是放在整体用电上节电效果打了折扣。

我根据多年的现场经验，提出了站在企业角度的整体性节能改造。从企业的输变电、设备的匹配、用电系统的精细化管理等方面全面地考虑企业的节能工作。

1　矿山设备整体用电情况介绍

一般矿山行业经营时间较早，运行时间较长，存在问题很多，下面结合我们矿山的具体情况对矿山设备存在主要问题进行分析：

1.1　供电系统问题

（1）变压器：由于系统设计时间较早，目前矿山行业变压器选型陈旧是普遍现象，我们矿山使用的变压器型号 SJ、SJL、SL、SL1 占相当大的比重，而且当初的负荷设计已经不能完全适应现在的生产变化，超载和空载现象严重。

（2）供电线路：矿山企业，大多数都运行多年，线路老化严重，有些还存在铝线供电线路，这些线路不但会使线路损耗增加，同时还会引起跳闸、火灾等安全问题。此外由于矿山生产设备位置调整，供电线路中重复布线、线路绕弯、线路超载等现象严重。

1.2　电动机系统问题

（1）老式的绕线电动机问题：目前矿山行业老式绕线电动机被广泛使用，其中部分是因为启动转矩需要，大部分是受当初设计时的产品单一所局限，绕线电动机效率较低，而且多年运行后绕线电动机的故障率高的问题已经显现。经我们统计，目前运行的绕线电动机每年的维护费用是新型鼠笼电动机的 2~6 倍。

（2）电动机不匹配问题：随着矿山产能、主产区等因素的不断调整，设计之初配备的电动机的选型与实际生产需要不匹配，存在严重的大马拉小车现象，造成大量电能浪费。

1.3　控制技术落后问题

矿山设备设计时间早、控制技术落后是中国矿山行业的最大软肋。大部分矿山企业对新型技术接受慢，应用能力差更是形成了生产经营中的恶性循环，下面结合我们矿山的实际情况阐述几种急需引进的先进技术：

（1）变频技术：对于矿山行业风机、水泵类负载很多，而变频节能技术在风机水泵类负载上的使用非常成熟，而且已经得到了大面积的推广。此外能源回馈变频在提升机上的应用；通用机械变频器在空气压缩机上的应用，都已经进入了实质的市场阶段。然而这些成熟的节能技术在我们矿山企业使用非常少。

（2）自动化水平低，监控能力差。矿山行业由于作业面分布较广，自动控制水平低，整体监控能力差，大部分还处于较原始的作业水平，造成人员、设备的大量浪费。

2　矿山整体节能分析

针对上面提出的矿山行业用电情况存在的主要问题，结合多年的矿山设备使用管理经验，提出以下具体解决措施：

2.1　使用新型 SH16、S11 更换原来的 S7 以下的旧型变压器

老旧型号的变压器存在着损耗过大的问题，因此将老旧型号的变压器更换为新型变压器是降低供电系统能耗的一个有效方法，按照国家规定，S7 及以下的所有变压器要全部淘汰，可更新为 S11 型变压器或非晶合金铁心变压器。

下面以 800kVA S7 变压器更换为 S11 变压器或非晶合金铁心变压器（SH16）为例计算节电率及回收期。

（1）800kVA 变压器更换为 S11、800kVA 变压器。

A：负荷率 100% 时，年节约电量 $(0.56+2.4)\times24\times365=2.593$ 万 kWh

电费按 0.6 元/kWh 计算，

回收期 $=9.5/(2.593\times0.6)=6.1$ 年

B：负荷率 70% 时，年节约电量 $(0.56+2.4\times0.7)\times24\times365=1.962$ 万 kWh

回收期 $=9.5/(1.962\times0.6)=8.07$ 年

负荷率 40% 时，年节约电量 $(0.56+2.4\times0.4)\times24\times365=1.332$ 万 kWh

回收期 $=9.5/(1.332\times0.6)=11.9$ 年

（2）800kVA 变压器更换为非晶合金铁心变压器（SH16）。

A：负荷率 100% 时，年节约电量 $(1.29+2.4)\times24\times365=3.232$ 万 kWh

电费按 0.6 元/kWh 计算,

回收期 = 12/(3.232 × 0.6) = 6.2 年

负荷率 70% 时,年节约电量(1.29 + 2.4 × 0.7) × 24 × 365 = 2.602 万 kWh

回收期 = 12/(2.602 × 0.6) = 7.7 年

B:负荷率 40% 时,年节约电量(1.29 + 2.4 × 0.4) × 24 × 365 = 1.971 万 kWh

回收期 = 12/(1.971 × 0.6) = 10.1 年

2.2 供电线路的改造

表1 矿山设备供电线路消耗情况

型号	空载损耗 (kW)		负载损耗 (kW)		价格 (万元)
	损耗	节省	损耗	节省	
S11	0.98	0.56	7.5	2.4	9.5
SH16	0.25	1.29	7.5	2.4	12

供电线路消耗的电力主要以热能的形式消耗,因此降低线路的能量消耗就要尽量降低线路的电阻,对供电线路进行合理布局(表1),例如:

(1)在改造设计及施工中,取消重复布线,配电柜出线回路及配电箱出线回路尽量走直线,少走弯路,不走或少走回头线,以减少铜材的消耗同时降低线路损耗;

(2)变配电所应尽可能靠近负荷中心,低压供电半径不超过 500m;

(3)在预算允许的前提下,尽量增加导线截面;

(4)在线路布局时尽量保证三相负荷相匹配,以减少中线电流;

(5)对电能进行监控可以发现线路存在的不正常电量损耗,从而有针对性地进行改造,也可以间接地取得节能效果;

(6)将铝线路更新为铜线路。

2.3 电动机的改造

对于电动机的改造是企业节能降耗的重点,因为矿山企业中 70% 以上的耗电量来自于电动机,因此电动机的改造是企业节能的重中之重,针对不同情况,我们将电动机的改造分为两大部分:更换电动机、变频技术。

(1)更换老式的绕线电动机、正确匹配电动机及负载:对矿山使用的电动机进行普查,将可以更换为新式鼠笼电动机的坚决更换,提高电动机的效率,降低维修费用;此外对所有电动机进行负载率检测,对于存在大马拉小车现象的设备,更换小档的鼠笼电动机马达。

(2)使用变频技术:变频技术在矿山企业节能中起到了巨大作用,这里我们做一个详尽的阐述:

由于矿山企业电动机负载特性的多样性(负载的机械特性),我们采用的变频技术也存在不同。主要为以下几种:

1)恒转矩负载

恒转矩负载包括以下场合:大多数的流水线、皮带机等;提升类机械如起重机、提升机等;摩擦类负载如浮选机、挤压机等;选矿企业使用的空压机、罗茨风机也属于恒转矩负载。

如果负载可以调速,这时可以考虑使用变频节电器,节电率与转速的降低成正比的关系。

2）风机泵类负载

风机泵类负载的典型实例是各种风机（包括离心式风机、混流式风机、轴流风机等）和水泵（也包括清水泵、污水泵和渣浆泵等）。

对于风机泵类负载，消耗的功率与频率的三次方成正比，所以对于二次方律，在使用变频时可以节约大量的电能（表2）。

表 2　风机水泵频率降低后与流量、扬程及节电率的关系（理论值）

频率（Hz）	50	45	40	35	30	25
对应流量 Q（%）	100	90	80	70	60	50
对应扬程 H（%）	100	81	64	49	36	25
对应轴功率 P（%）	100	73	51	34	21	12
节电率（%）	0	23	48	65	78	87.5

电动机变频时，不但节约了电能，由于转速的降低，还可以延长设备的维修周期，提高传动系统的寿命，降低维修成本。

风机水泵采用变频技术后，可以提高电机系统效率，淘汰闸板、阀门等机械节流调节方式，达到节能目的。

例：我们以本矿山的 185kW 通风机为例简单介绍。

185kW 通风机 24h 运行，风门开度 55%，电费单价 0.61 元/千瓦时，电机负载率 70%。采用变频节能技术其总投资：24 万元

节电率保守估计：30%

月节电量 = 185 × 0.7 × 24 × 30 × 0.61 × 0.3 ＝ 17062 元

投资回收周期 = 240000 ÷ 17062 = 14 个月

2.4　提高企业的自动化水平

对于一个系统或者一条生产线，有很多台电动机进行工作，因此，优化电动机控制系统，对电动机的运行进行合理配置，往往可以达到很好的节能效果。

例如对于选矿系统，包括刮板给料机、破碎机、皮带机、球磨机、浮选机、浓密机、陶瓷过滤机等，这些电动机的开启和运行控制如果是采用手动运行的方式进行控制的话，往往启动就要半个小时时间，方法比较原始和落后。如果能够进行集中自动控制，往往会收到很好的节能效果。

优化电机系统的运行和控制还包括安装软启动装置、就地无功补偿装置、计算机自动控制系统等，通过过程控制合理配置能量，实现系统经济运行。

通过自动化水平提高可以降低空载率、增加生产量、提高产品质量，从一个全新的角度对企业节能降耗添砖加瓦。

3　总结

矿山设备的整体节能改造，从理论上消灭了矿山企业电能浪费的死角，从静态的变压器、线路损耗开始，到动态的老式绕线电动机、再到变频控制的先进技术，从而确保了企业对成本控制力度，降低产品生产单号，增强企业核心竞争力，从而为企业的再次腾飞插上了有力的翅膀。

参 考 文 献

［1］赵重明，张卫红. 合理利用变压器以节电降耗［J］. 内蒙古科技与经济，2006.02.

［2］韩卫星. 变压器节电的有效途径［J］. 节能与环保，2006.08.

［3］葛海峰. 浅谈变压器节能改造［J］. 黑龙江科技信息，2007.17.

［4］张皓，续明进，杨梅，等. 高压大功率交流变频调速技术［M］. 北京：机械工业出版社，2006.

［5］张小兰. 电机及拖动基础［M］. 重庆：重庆大学出版社，2004.

［6］孙德水. 异步绕线电动机节能［J］. 节能环保，2005.

作者简介：

李辉，1969 年出生，机械工程师，现就职于西部矿业股份有限公司锡铁山分公司，主管设备副总经理。

SCS—100 型全电子汽车衡常见故障及处理方法

尹 宁

（西部矿业股份有限公司锡铁山分公司　青海海西　816203）

摘　要：本文介绍了 SCS—100 型全电子汽车衡工作原理、常见故障分析、查找、诊断及排除方法，并针对性地提出了一些日常维护保养以减少故障的具体措施。

关键词：SCS—100 型；全电子汽车衡；故障分析

　　电子汽车衡是一种装备了电子元件的称量设备，由于它具有称量快、读数方便、计量准确，能在恶劣环境条件下工作，便于与计算机技术相结合而实现称重技术和过程控制的自动化等优点，因而被广泛应用于工矿企业、能源交通、商业贸易和科学技术等诸多部门。

　　目前锡铁山分公司使用的是甘肃兰托电子衡器制造有限责任公司生产的 SCS—100 型全电子无基坑汽车衡，作为用于精矿、煤炭等大宗物资进出用的称重计量设备，其称重系统具有称重计量简便、分辨率高、称重值数字显示，功能完善、工作性能稳定可靠、重量信号可以远距离传输等优点，并可实现网络化管理，有助于提高我公司计量管理水平的提高。但由于电子汽车衡使用频繁，所处的工作环境比较恶劣、使用不当，难免出现故障。笔者从事计量检定和调修工作多年，根据处理现场故障的经验，谈几点现场常见故障判定、应急维修以及维护保养应注意的问题，供大家参考。

1　全电子汽车衡系统构成及称重原理

　　SCS—100 型全电子汽车衡（系统组成示意图见图 1）主要由称重显示器和秤体（称重传感器、传力复位及限位装置机构、秤台、接线盒）两部分，其中秤体是汽车衡的主要称载部件，起到承受物体重量的作用。当载重物体或载重汽车停放在秤台上时，在重力的作用下，秤台将重力传递至承重支承头，使称重传感器弹性体产生变形，贴附于弹性体应变梁上的应变计桥路失去平衡，位于秤台与基础之间的一次仪表——称重传感器，将被称物体的重量按一定的函数关系转换成相应的 mV 电压信号，该信号通过接线盒内的前置放大器放大、滤波器滤波、A/D

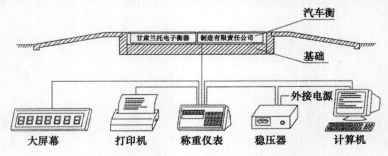

图 1　全电子汽车衡系统组成示意

转换，由微处理器对重量信号处理后仪表直接显示被称物体的重量数值。系统称重原理框图如图 2 所示。

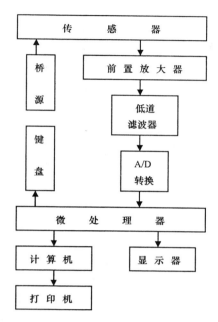

图 2　全电子汽车衡系统称重原理框图

2　基本功能

（1）信号输入范围宽，反应速度快；

（2）全面板调试，多点非线性修正；

（3）可储存 500 个称量记录；

（4）可打印多种形式称重记录、日报表、统计报表；

（5）断电数据记录保护；

（6）精确时钟、日历显示、不受断电影响；

（7）完整的数据记录、储存、检查、删除处理；

（8）具有去皮、预置皮重、按车号调用皮重功能；

（9）完备的自检功能及多种出错信号提示；

（10）可设置零点跟踪范围、置零范围及开机自动置零范围；

（11）可与多种打印机连接；

（12）串行通讯接口可与计算机组成称重管理系统；

（13）大屏幕显示接口、传输距离最远可达 2000m。

3　技术参数

（1）准确度等级：OIML；

（2）称量范围：10～100t；

（3）工作温度：称重显示仪表：－10～＋40℃；称台和传感器：－40～＋65℃；

（4）工作电压：电压：220VAC；频率：50Hz

4 故障的分类

SCS—100 型全电子汽车衡在使用过程中，称重系统的各个构成部分或外部环境都可能引起故障，故障现象的具体表现为：显示漂移、仪表不回零、显示重量不准确、出现超载和欠载等。引起这些故障的因素很多，出现故障的部位也不同，按引起故障的原因一般分为机械故障和电子故障两类。

机械故障：秤体永久变形、限位装置接触秤体、秤体移位、秤体底部与护边框间隙之间有异物卡住、连杆件断裂和秤体水平破坏等。

电子故障：仪表、传感器、接线盒、总信号电缆的接插件故障以及每一根接线存在虚焊或脱落，线路间存在短路、断路或绝缘性能下降等。

5 故障的查找和诊断

电子汽车衡发生故障时，首先应设法找到并确认产生故障的原因和部位。在对 SCS—100 型全电子汽车衡故障进行处理中，最简便的方法是借助模拟器来查找发生故障的部位：即把模拟器的插座接到称重显示器接口，此时如果仪表显示正常，说明故障在秤体部分或传感器，如仪表显示不正常，说明故障在仪表部分。若没有模拟器，上述过程也可用备用仪表替代模拟器处理。

5.1 秤体部分故障

（1）秤体部分故障的查找、诊断

秤台：观察秤台底部、秤台与两端护边框间隙有无异物卡住。秤体与护边的间隙一般为 10~15mm，传感器的连接件是否完好。

限位装置：观察限位装置的限位间隙是否正常，一般情况下，横向限位间隙≤2mm，纵向限位间隙≤3mm。

接线盒（接线电路板）：打开接线盒查看有无水气、水滴和灰尘侵入，若有，可用酒精擦拭后，用电吹风慢慢吹干。接线板上的若干个精密电阻可用万用表判断其好坏。

（2）一般常见故障分析（见表1）

表1 秤体部分一般常见故障分析

故障现象	原因	排除方法
显示漂移	传感器损坏	更换传感器
	传感器破皮搭线	重新接线，用热缩管密封
	传感器松动	用扭力扳手按规定扭矩把传感器锁紧
	传感器密封圈损坏受潮	干燥后用专用胶密封
	导线接触不良	重新接好、焊牢
	秤体部分没有接地	将秤体部分接地
	输出信号线接头受潮	将信号线接头吹干
	接线盒受潮	将接线盒吹干、更换干燥剂

故障现象	原因	排除方法
显示重量不准确	传感器损坏	更换传感器
	传感器连接件支承柱断裂	更换连接件支承柱
	传感器限位螺栓卡住	调整限位螺栓，使横向限位间隙≤2mm、纵向限位间隙≤3mm
	传感器限载螺栓卡住（重载）	调整限载螺栓，使限位间隙≤2mm
	秤体基础下沉不平衡	垫平，使传感器平衡受力
	秤体不灵活、卡住	清理异物
	接线盒故障	更换损坏元件
仪表不回零	传感器限位螺栓卡住	调整限位螺栓，使横向限位间隙≤2mm、纵向限位间隙≤3mm
	传感器损坏	更换传感器
	导线接触不良	重新接好、焊牢
	秤体不灵活、卡住	清理异物
出现超载或欠载	传感器断线	重新接线，用热缩管密封
	输出信号总线断线	重新接线或更换
	输出信号线接头脱线	重新接好锁紧
	接线盒故障	更换损坏元件
	传感器损坏	更换传感器

5.2　传感器和仪表部分故障

（1）传感器和仪表部分故障的查找、诊断

传感器具体故障可用以下方法检测、判断和验证：

阻抗判断法：逐个将传感器的两根输出线和输入线拆掉，用万用表测量输出阻抗、输出阻抗以及信号电缆各芯线与屏蔽层的绝缘电阻。如所测阻抗超出该传感器合格证所给值或绝缘性能下降，即可判为故障传感器。

信号输出判断法：如果阻抗法无法判断传感器的好坏，可用此法进一步检查。先给仪表通电，逐个将传感器的输出信号线拆掉，在空秤条件下用万用表测量其 mV 输出值。假设额定激励电压为 U（V），传感器灵敏度为 M（mV/V），传感器的额定容量为 F（kg），传感器承受的载荷重量为 K（kg），那么每只传感器的输出电压应为：$U \times M \times K/F$（mV）。如果那一只传感器的输出值超出该计算值或超出传感器的额定输出，且输出不稳定，即可判断为故障传感器；或是虽然没有超出该计算值和额定输出，但如果传感器输出值之间有较大的偏差（或正或负），那么其中偏差较大的就是故障传感器。

称重仪表一般有模拟电路和数字电路两部分构成。模拟电路包括电源、前置放大器、滤波器、A/D 转换器等；数字电路包括主处理器、协处理器、各种存储器、键盘和显示器等。仪表故障诊断最简单有效的方法就是用替代法定位。首先用模拟器或根据故障现象判断仪表已损坏。若怀疑是 PCB 出现问题，可用一块好的 PCB 替代后，再用模拟器检查或观察故障现象是否消失。应该注意的是在更换 PCB 后，必须按照说明书重新进行参数的设置、称量校准。

（2）传感器和仪表部分一般常见故障分析（表2）

表2　传感器和仪表部分一般常见故障分析

故障现象	原因	排除方法
显示漂移	电压不稳	配备稳压电源
	称重显示器电源没有接地	称重显示器电源须单独接地，接地电阻≤4欧姆
	无线电射频干扰	排除干扰源
	预热时间不够	延长预热时间
	称重显示器内部分传感器插卡接触不良	重新插好
	称重显示器损坏	送专门技术部门维修或更换称重显示器
显示重量不准确	称重显示器出现正常误差	重新校正
	称重显示器损坏	送专门技术部门维修或更换称重显示器
	校正参数丢失	重新校正
出现超载或欠载	传感器供桥电压丢失	检查变压器是否损坏→三端稳压器是否有输入电压→供桥电源三端稳压器是否损坏
	校正参数丢失	重新校正
	称重显示器内部分传感器插卡接触不良	重新插好
开机无显示	称重显示器没有输入电压	电源插头是否插好插紧→电源稳压器是否有输出电压→称重显示仪电源线是否断线→保险丝是否熔断→电源滤波器是否损坏→显示仪变压器是否损坏→供主芯片电压是否丢失
	称重显示器损坏	送专门技术部门维修或更换称重显示器
	显示器供给电压丢失	检查变压器是否损坏→三端稳压器是否有输入电压→供桥电源三端稳压器是否损坏
	计算机显示器损坏	更换计算机显示器

6　结语

　　总之，电子汽车衡的故障是很难完全避免的，除了上述情况外，还有一些因素也能使汽车衡产生故障。但是只要我们采取适当的措施，加强汽车衡日常的维护保养，减少故障是完全有可能的，具体可以总结为几点：

　　（1）保持秤面台面清洁，经常检查限位间隙是否合理，各线位间隙应保持在1～2mm，过大或过小均不利于计量，否则必须调整；

　　（2）经常清理秤面四周空隙，防止异物卡住秤体；

　　（3）连接件支承柱要注意检查保养；

　　（4）保持接线盒内干燥清洁，干燥剂应当经常更换；

　　（5）经常检查接地线是否牢固；

　　（6）排水通道应及时清理，以防止暴雨季节排水不通畅浸泡秤体；

（7）应设置限速标志——限速 5km/h，车辆应直线上衡，缓缓刹车、停于秤台中央部位进行称量；

（8）禁止在没有断开输出信号总线与称重显示器连接进行电弧焊作业；

（9）操作人员要严格遵守操作规程，进行日常维护；

（10）准备部分常用的传感器备件，减少停机维修的时间；

（11）仪表如需清洁表面，不得使用有机溶剂，应使用潮湿的软布清洁；

（12）定期检查纵、横向限位螺栓与顶板之间间隙，调整位置，方法见图 3；

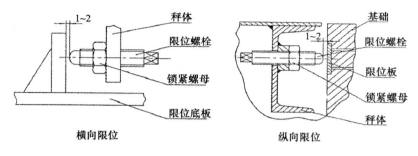

图 3　纵横向限位示意

（13）严禁超限使用，严禁短轴距车辆，且重量已达或已超秤的最大称量的车辆过磅（如铲车、大型叉车等）；

（14）仪表开机预热时间为 15～30min，下班停机须切断电源，不得在仪表通电状态下插拔传感器插头；

（15）另需定期对秤台下面进行清理。

参 考 文 献

[1] 王云章. 电阻应变式传感器故障与维修 [M]. 北京：中国计量出版社，1995.
[2] 谭新星. 全电子汽车衡故障浅析 [J]. 计量技术，2000，(12).

作者简介：

尹宁，1963 年出生，现任西部矿业集团有限公司锡铁山分公司质量管理部经理、计量工程师。

分析检测

火焰原子吸收法连续测定矿石中铂钯的研究

吴 敏

（西部矿业股份有限公司 青海西宁 810001）

摘 要：提出以负载三正辛胺的泡沫塑料富集分离铂钯，以火焰原子吸收光度法连续测定铂钯的方法，并对影响火焰原子吸收法测定铂钯的介质、酸度条件和干扰消除进行了研究。试验发现在测定溶液中加入释放剂 $CuSO_4 - LaCl_3$，能大幅扩展铂的测定范围，提高铂钯的测定灵敏度，消除 30 多种金属离子和酸根的干扰。该方法操作简便、成本低廉和环境友好，适用于矿物、阳极泥等物料中铂、钯的连续测定，结果满意。

关键词：铂；钯；三正辛胺；泡沫塑料；富集；火焰原子吸收光度法；释放剂

铂、钯等铂族金属是国家重要的高科技支撑材料。随着矿产资源的减少，其重要性日益凸显。矿物中铂、钯的含量很低且分布极不均匀。令人满意的测定微量铂、钯的方法少，是分析界人士公认的难题，成为制约地质勘察找矿、选冶工艺研究和综合回收利用的前沿技术瓶颈。

铂钯分析包括富集分离和测定。富集方法主要有火试金、吸附法、溶剂萃取法、离子交换法。火试金法是富集铂、钯的有效方法，但能耗大，对环境产生污染，技术要求高；以砷、硒为代表的沉淀吸附法操作冗长，载体有毒。其余方法如活性炭吸附法、溶剂萃取法、离子交换法都要求过滤除去试液中固相残杂，操作手续复杂[1]。现有测定矿物中铂钯常用方法有石墨炉原子吸收法[2-4]、ICP - 发射光谱法[5]、吸光光度法[6]、化学光谱法[7]、火试金法等[8]，前两者仪器昂贵，结果并不十分理想，后几种方法分析步骤冗长，手续复杂，对环境产生污染。

原子吸收分光光度法自问世以来，由于价格适中、应用范围广、使用和维护方便，成本低等优点，深受分析工作者喜好，为金属元素的快速测定发挥了重要作用。但火焰原子吸收法测定铂钯的报道很少，只有王继森[9,10]等人做过些研究，笔者通过试验验证，发现该方法的稳定性不好。限制火焰原子吸收法测定铂钯的主要原因为铂族元素相似的 d - 电子层结构和化学性质，决定了它们有多种变价状态，在酸处理过程中形成的不同络合物，由于价态和络合剂的差异，导致火焰原子吸收法测定时，铂族元素自身相互产生的干扰和大量其他金属离子的干扰不易消除，且灵敏度低[8]。

与金相似[11]，不同厂家或批次的泡沫塑料质量和结构的差异，可能造成泡沫塑料对铂、钯的吸附性能不同。本文采用前期研究的以三正辛胺泡沫塑料吸附为富集手段[12]，用火焰原子吸收光度法连续测定铂钯，并对影响测定的介质、酸度条件和干扰的消除进行了研究。试验发现在测定溶液中加入释放剂 $CuSO_4 - LaCl_3$，能大幅提高铂的测定灵敏度，同时能够消除 30 多种金属离子和铂族元素间相互的干扰。

本方法适用性广泛，可用于铜镍矿、阳极泥及铬铁等物料中的 $10^{-2} \sim 10^2 \, g \cdot t^{-1}$ 级别的 Pt、Pd 连续测定，也可不经富集直接用于三氧化二铝载体催化剂、碳质催化剂中 $10^2 \sim 10^3 g \cdot t^{-1}$ 级别 Pt、Pd 的连续测定。

1 试验部分

1.1 仪器与主要试剂

GGX - 600 型原子吸收分光光度计（北京科创海光）；Pt、Pd 空心阴极灯（北京有色金属研究总院）；仪器工作条件按仪器说明书操作。

$SnCl_2$ 溶液：500g/L，用 8mol/L HCl 溶液配制，可稳定 2 周；KI 溶液：40g/L，现用现配；

三正辛胺 - 泡沫塑料的制备：将泡沫塑料（剪去氧化变黄色的边角）切成重约 0.1g 的小块，放入三正辛胺 + 三氯甲烷 = 1 + 10 的混合溶液中浸泡 1h，取出，挤干，用自来水将多余的三正辛胺洗掉，浸入 10% HCl（V/V）中，备用。

铂、钯标准混合贮存溶液，均 1mg/mL：分别准确称取 0.1000g 高纯海绵铂、钯，加热溶于 10mL 王水中，溶解完全后蒸发至小体积，加入 3 滴饱和氯化钠溶液，移到水浴上蒸至尽干，用盐酸赶硝酸 3 次。加入 20mL 盐酸温热溶解，冷却后分别转入到 100mL 容量瓶中，用水稀释至刻度，摇匀。

铂、钯标准混合工作溶液，含 100μg/mL Pt 和 10μg/mL Pd：分别吸取上述标准贮存溶液 20.00mL 和 2.00mL 于 200mL 容量瓶中，用 20% HCl（V/V）溶液稀释至刻度，摇匀。

$CuSO_4 \cdot 5H_2O$ 水溶液：150g/L；

$LaCl_3$ 水溶液：100g/L。

1.2 试验方法

向 250mL 的锥形瓶中加入试验量的 Pt、Pd 标准混合工作溶液，加入 5mL 浓 HCl，5g 酒石酸和 5g KBr，用水吹洗锥形瓶口并稀释至约 100mL，加入 4mL 500g/L $SnCl_2$ 溶液，摇匀，盖上瓶塞，放置 1~2min，加入一块浸泡后的泡沫塑料（约 0.1g），拧紧瓶塞震荡 10min 后，再补加一块，继续震荡 20min，取出泡沫塑料。用 20g/L KBr 和 10g/L $SnCl_2$ 的混合洗液和蒸馏水分别挤压洗涤 4~5 次和 2~3 次，每次 5~10mL。滤纸吸干残留水分且包好放入 50mL 瓷坩埚中，加入 5mL 无水乙醇，置于预先升温的中温电炉上明火炭化和马弗炉内灰化，取出冷却。滴加 10 滴 2% 氯化钠溶液，2~3mL 王水，置于低温电热板上加热溶解至小体积，转入水浴上蒸干，用 8~10 滴浓 HCl 赶硝酸根至溶液蒸干，再重复两次。根据实验需要加入相应量的酸，温热溶解后，转入 10mL 比色管中，准确加入试验量的释放剂，用蒸馏水稀释至刻度，摇匀。按仪器测定条件进行测定。同时配置试剂空白溶液。

1.3 标准工作曲线

于一系列 250mL 的锥形瓶中分别加入 0、1.0、2.0、5.0、10.0mL 的 Pt、Pd 标准混合工作溶液，加入 5mL 浓 HCl，5g 酒石酸和 5g KBr，摇匀，用水吹洗锥形瓶口并稀释至约 100mL，加入 4mL 500g/L $SnCl_2$ 溶液，按实验方法进行富集、灰化、酸处理和赶硝操作后，加入 0.5mL 盐酸，温热溶解，转入 10mL 比色管中，准确加入 $CuSO_4 \cdot 5H_2O$ 溶液和 $LaCl_3$ 溶液各 1mL，用蒸馏水定容摇匀。以 Pt、Pd 的浓度为横坐标，扣除试剂空白后的吸光值为纵坐标，绘制的标准曲线如图 1。

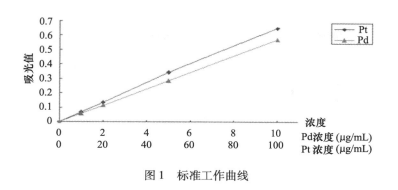

图 1 标准工作曲线

1.4 样品分析步骤

称取 10～30g（精确至 0.01g）试样于瓷蒸发皿中，置于马弗炉内，从低温开始升温至 650℃中焙烧 1～2h，中间搅拌 1～2 次，冷后移入 250mL 锥形瓶中，以水润湿，加入 40mL 王水，5～10g 氟化钠（含铅、锑时还需加入 5g 酒石酸），在电热板上加热溶解，蒸发至 5～10mL 时，用约 50mL 水洗涤，加热至近沸，滴加甲醛（每次约 0.5mL）以破坏硝酸，直至加入甲醛时溶液中不再有氧化氮棕色烟逸出为止，煮沸溶液后取下，冷却，根据含量高低，必要时用水稀释至相应大小的容量瓶中，摇匀 [铬铁矿需过氧化钠碱熔，用 HCl 中和并调节成 5% HCl（V/V）介质]。

在上述溶液中或取一定量的上清液，少量多次加入固体抗坏血酸直至溶液颜色还原成无色或淡蓝色（含铜高时），加 5g KBr，用水吹洗锥形瓶口并稀释至约 100mL，摇匀，加入 4mL 500g/L $SnCl_2$ 溶液，以下按标准曲线的绘制方法操作和测定，并计算结果。含量低时应控制测定体积在 2mL 内。

对于活性炭和铝基废催化剂中的铂钯，可直接用王水溶样，用盐酸赶硝 2 次后，控制盐酸浓度在 5%（V/V），加水温热定容后，取上清液稀释后测定。

2 结果与讨论

2.1 释放剂的选择

本文对铜盐、镧盐和锂盐多种释放剂的增敏效果进行了研究和比较，结果见图 2 和图 3。

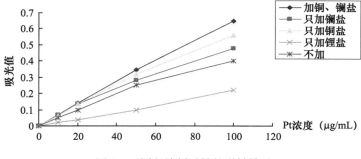

图 2 不同释放剂对铂的增敏效果

从图 2 可见，与不加任何释放剂相比，加入铜盐和镧盐对铂的测定具有一定的增敏效果，铜盐比镧盐的效果较明显，而同时加入两种盐会产生协同作用，增敏效果为更好，铂灵敏度更高，尤其在铂浓度超过 5μg/mL 时，其线性范围更广。试验中，两种释放剂的加入量会直接影响

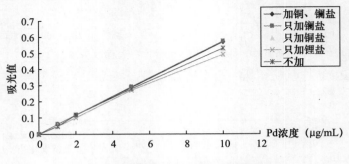

图3　不同释放剂对 Pd 的增敏效果

到被测信号的大小，因此要准确加入。锂盐的加入反而降低了测定灵敏度，但对于高含量样品如废催化剂等的测定，测定的重现性好。

图3显示，镧盐的加入有利于提高钯的灵敏度，铜盐和锂盐的加入使灵敏度稍有降低，而同时加入铜盐和镧盐与单独加入镧盐效果几乎一样。为了兼顾铂的测定，实现铂钯连测，应同时加入两种释放剂。试验选择两种释放剂的用量均为1mL/10mL。

2.2　不同酸及其用量的影响

我们对盐酸、硝酸和硫酸在加入释放剂和不加释放剂两种情况下测定铂钯的情况进行了研究，结果如图4、图5所示。

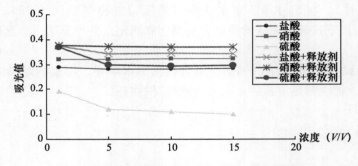

图4　不同酸及其用量对 50μg/mL Pt 的影响

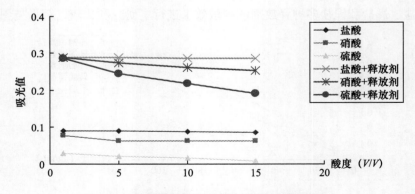

图5　不同酸度及其用量对 5μg/mL Pt 的影响

图4说明，三种酸中无论是否加入释放剂，硝酸和盐酸介质中铂的灵敏度都较高，硫酸介质中最差，这可能与原子化时形成不同酸的盐的黏度有较大关系。三种酸中加入释放剂后，铂的灵敏度都有不同的提高，硝酸介质比盐酸介质为明显，同时，释放剂的加入消除了原有的干

扰。就铂而言，含有释放剂的硝酸和盐酸介质均适合于其测定。

从图5看出，与铂的情况相似，硫酸介质也不适于钯的测定，硝酸介质中测定钯的稳定性要比盐酸介质差，同时，随着硝酸浓度的增加，钯的干扰趋于加重。

综合考虑两种介质中同时测定铂钯的灵敏度和稳定性，宜选择盐酸介质，酸度在 5% ~ 10%（V/V）时对连续测定两种元素的影响不大。

2.3 干扰及消除

加入释放剂后在火焰原子吸收法测定中，对于 $20\mu g/mL$ Pt、$5\mu g/mL$ Pd，允许误差在 5% 以内时，$200\mu g/mL$ 下列形式浓度单一化合物（为非最大量）：$FeCl_3$、$AlCl_3$、$Pb(NO_3)_2$、$Zn(NO_3)_2$、$Cd(NO_3)_2$、$Co(NO_3)_2$、$Ni(NO_3)_2$、$CaCl_2$、$Mg(NO_3)_2$、$NaCl$、KCl、$LiCl$、$Sr(NO_3)_2$、$Bi(NO_3)_3$、$SbCl_3$、$SnCl_2$、$MnSO_4$、$AuCl_3$、$AgNO_3$、$HgCl_2$、$GaCl$、K_2GeO_3、H_2TeO_3、$Na_2AsO_4 \cdot 12H_2O$、Na_2SiO_3、$K_2Cr_2O_7$、Na_2MoO_4；混合物（离子浓度各 $10\mu g/mL$）Fe、Pb、Zn、Cd、Co、Ni、Bi、Mg、Sr、Sb、Sn、Hg、Ca、Na、K、Au、Ag、Ga、Al、Li、Te、Mn、Si、As、Mn、Cr、Ge、P、V、Mo 对测定影响不大；$20\mu g/mL$ Pt 对 $5\mu g/mL$ Pd，$50\mu g/mL$ Pd 对 $20\mu g/mL$ Pt 及 $50\mu g/mL$ Ir、$5\mu g/mL$ Rh 对 $20\mu g/mL$ Pt、$5\mu g/mL$ Pd 均无明显影响（干扰元素均以氯酸盐形式加入）。随着赶硝过程中加入 NaCl 用量的增大，对低含量 Pt（$10\mu g/mL$）、Pd（$2\mu g/mL$）的干扰越严重，NaCl 浓度大于 $1mg/mL$ 时，对 Pd 的副干扰明显，对 Pt 无干扰。因此，在测定低含量 Pt、Pd 时要严格控制 NaCl 用量，在 10mL 测定溶液中不超过 10 滴 2% 氯化钠溶液。铝基废催化剂中 Pt、Pd 的测定，务必要取上清液或用致密滤纸过滤液，否则，基体中大量的铝离子会对测定产生严重的干扰。

2.4 回收试验

回收试验情况详见表1。

表1 回收试验

矿样名称	加入量（m/μg）		回收量（m/μg）		回收率（%）	
	Pt	Pd	Pt	Pd	Pt	Pd
标样 72 – Pd – 02	5	2	4.73	1.90	94.6	95.0
铜镍原矿 01	10	10	9.71	9.65	97.1	96.5
铜镍精矿 02	50	50	48.10	47.85	96.2	95.7

2.5 矿样分析结果

为了验证本方法的可靠性，对下列样品进行了测定，结果如表2。

表2 分析结果对照

样品名称	参考值（g·t⁻¹）		本方法值（g·t⁻¹）（n=6）		本方法 RSD（%）	
	Pt	Pd	Pt	Pd	Pt	Pd
标样 72 – Pd – 02	0.35	0.15	0.33	0.16	6.7	7.1
Q 铜镍原矿 01	1.01（金川）	1.42（金川）	1.04	1.36	6.3	6.9
Q 铜镍精矿 02	5.38（金川）	7.46（金川）	5.25	7.52	4.6	5.4

续表

样品名称	参考值（g·t^{-1}）		本方法值（g·t^{-1}）（$n=6$）		本方法 RSD（%）	
	Pt	Pd	Pt	Pd	Pt	Pd
Al$_2$O$_3$ 废催化剂	1320（比色法）	278（比色法）	1332	265	4.64	4.87
ZK 铬铁精矿	<0.05（河南岩矿测试中心）	1.92（河南岩矿测试中心）	0.035	1.97	8.7	6.3

参 考 文 献

[1] 岩石矿物分析编写组. 岩石矿物分析，第3版，第一分册 [M]. 北京：地质出版社，1991，868.

[2] 王继森，刘磊. 脂胺泡沫塑料在分析中的应用—AAS 测定矿石中微量金、铂、钯的研究 [J]. 岩矿测试，1986，5（4）：285－289.

[3] 丁耀纬. 泡沫塑料动态吸附石墨炉原子吸收法测定金、铂和钯 [J]. 冶金分析，1990，10（2）：46－47.

[4] 王继森，王忠发. 叔胺泡沫塑料石墨炉原子吸收测定岩矿中痕量金铂钯的研究 [J]. 理化检测，1987，23（3）：146－148.

[5] 杨仲平. TNA 负载聚氨酯泡塑富集 ICP2MS 测定地球化学样品中痕量金、铂、钯 [J]. 分析试验室，2006，25（9）：99.

[6] 谢娟. 泡塑富集分光光度法测定矿石中的铂和钯 [J]. 西北地质，2003，36（1）：105.

[7] 黄华鸾. 铁对化学光谱法测定痕量金、铂、钯的干扰及消除 [J]. 矿产与地质，2002，16（89）：119－120.

[8] 有色金属工业分析丛书编辑委员会. 贵金属分析，第一版 [M]. 北京：冶金工业出版社，2000.

[9] 王继森，韩鹏，范斌. 三正辛胺—聚胺泡沫塑料吸附原子吸收测定矿石中的钯和金 [J]. 分析化学，1985，13（2）：101－104.

[10] 王继森，刘伯康，刘虹，等. 叔胺泡沫塑料富集原子吸收测定矿石中微量铂 [J]. 分析化学，1986，14（4）：286－287.

[11] 薛光. 泡沫塑料富集金，第一版 [M]. 北京：北京大学出版社，1990，10.

[12] 吴敏. 三正辛胺－泡沫塑料富集连续测定矿石中的铂和钯 [M]//科技自主创新与西部工业发展. 成都：四川科学技术出版社，2007，620－625.

作者简介：

吴敏，高级工程师。现就职于西部矿业股份有限公司。

铅冶炼渣中低含量铟的测定——火焰原子吸收

梁金凤

（西部矿业股份有限公司 青海西宁 810016）

摘 要：提出了一种测定铅冶炼渣中铟的方法，样品用酸溶液，加入少量氢氟酸溶解二氧化硅，消除二氧化硅对铟的干扰，加入氢溴酸、高氯酸去除对铟有干扰的锑、硅等离子。在盐酸介质中，于波长303.9nm处，以火焰原子吸收测定。此法快捷，简便，回收率在96.5%～106%，能满足生产要求。

关键词：铅冶炼渣；低含量铟；火焰原子吸收

铟是一种银白色易熔的稀散元素，铟锭因其光渗透性和导电性强，主要用于生产ITO靶材，有很大的工业生产价值。铟以微量伴生在锌、锡等矿物中，当其含量达到十万分之几就分布在铅锌矿床和铜多金属矿中，另外，从锌、铅和锡生产的废渣、烟尘中也可回收铟。我公司铅冶炼渣中硅、铁、钙等离子含量较高，其主要成分为二氧化硅2%～25%，铁2%～15%，氧化钙0～20%，氧化镁0～6%，锌3%～15%，铅1%～35%，硫10%～14%，铟含量较低。目前对低含量铟的测定多数采用分光光度法、示波极谱法及以乙酸丁酯萃取，用盐酸（1+1）反萃取，利用原子吸收进行测定，以上方法操作手续繁琐、要求严格需用有机试剂，易污染环境，并且一般情况下分析结果离散度较大。本文利用氢氟酸除硅，用氢溴酸、高氯酸除锑、铋、砷、锡等元素的干扰，在10%盐酸介质中直接测定铟，从而制定了铅冶炼渣中低含量铟的分析方法，用于分析生产样品快速简便，能满足生产要求。

1 试验部分

1.1 主要仪器和试剂

GGX-9型原子吸收光谱仪；

盐酸12mol/L、硝酸15mol/L、氢氟酸23mol/L、氢溴酸6.8mol/L、高氯酸12mol/L；

铟标准溶液（A）0.5mg/mL：称取0.5000g金属铟（99.95%）于200mL烧杯中，加入15mL硝酸，加热溶解，煮沸，驱除氮的氧化物，冷却，移入1000mL容量瓶中，用水稀释至刻度，混匀。

铟工作溶液（B）100μg/mL：移取10.00mL铟标准溶液（A）于50mL容量瓶中，加5mL盐酸，用水稀释至刻度，混匀。

1.2 仪器工作条件

表1 仪器工作条件

波长（nm）	光谱通带（nm）	灯电流（mA）	燃烧器高度（mm）	空气:乙炔流量比	提升量(mL/min)
303.9	0.2	7	8	1:0.8	7～7.5

1.3 试验方法

移取 2.00mL 铟工作溶液（B）于 100mL 容量瓶中，加入 10mL 盐酸，用水稀释至刻度，摇匀，与波长 303.9nm 处以火焰原子吸收测定。

2 结果与讨论

2.1 样品的溶解

因为盐酸混合酸与渣反应快，且不必蒸发，如与氢氟酸混合使用则可去硅，加入硝酸可使碳氧化，也有助于溶解单用盐难溶的渣，氢溴酸与硝酸混合使用，则极易溶解含硫的矿物，硝酸与高氯酸的混合液效果比用浓硫酸效果要好，而且高氯酸的挥发温度高，硝酸可充分除去，生成的高氯酸盐也易溶解，所以本试验采用氢氟酸能较为彻底地溶解和挥发除去大量的二氧化硅，加入氢溴酸及高氯酸冒烟将锑、铋、砷、锡挥发除去。

2.2 介质酸的选择

在原子光谱分析中，样品制备所选择酸的种类对测量产生很大的影响，一般采用盐酸或硝酸试剂，虽然有时会有信号抑制现象的产生，但浓度不超过 10% 的时候，不会对原子光谱分析产生严重的影响，本文采用盐酸介质（见表 2）。

表 2 介质酸的选择

盐酸（%）	5	10	15	20
吸光度（A）	0.185	0.192	0.194	0.195

试验表明，盐酸的浓度在 10% ~15% 均可以，本文选用 10% 的盐酸。

2.3 共存元素的影响

按照铅渣样品的组成成分，用标准溶液配制模拟样品。结果表明，对于 2μg/mL 铟，当相对误差小于 2% 时，共存离子的允许量（μg）为 Ca^{2+}、Mg^{2+}（1000）、Fe^{3+}、Zn^{2+}（800）、Pb^{2+}（1600）、Cu^{2+}、Ag^+（100），大量的 Cl^- 不干扰铟的测定。

2.4 工作曲线

按试验方法，准确移入 0.00、1.00、2.00、3.00、4.00、6.00、8.00mL 的铟标准溶液（A）于 50mL 容量瓶中，加盐酸 10mL（1 +1），绘制工作曲线。

结果表明：铟在 0 ~80μg/mL 范围内，工作曲线呈线性，其相关系数 r = 0.999。

2.5 精密度试验

用 06 –3 号样品试验，称取 8 份样品，分别按样品的分析步骤处理并测定铟，结果见表 3。

表 3 精密度试验

样品编号	测定值		平均值	相对标准偏差（%）
06 – 3	0.0490	0.0492	0.0494	
	0.0495	0.0489	0.0490	0.67
	0.0490	0.0485	0.0488	

由表 3 可知，此法精密度能满足生产需要。

2.6 样品分析步骤

根据样品含铟量的多少，称取 0.1000 ~ 2.0000g 样品于 200mL 烧杯中，用水润湿，加入 5mL 氢氟酸，加入 10mL 盐酸，于低温溶解 5min 左右。加 10mL 硝酸溶至近干，加 10mL 氢溴酸，10mL 高氯酸蒸至冒浓烟近干，再加 10mL 氢溴酸重复蒸至近干，加 10mL 盐酸（1 + 1）加热，溶解。取下，移至 50mL 容量瓶中，以水稀释至刻度并混匀，干过滤。

移取干过滤液 10.00mL 于 100mL 容量瓶中，加入盐酸 20mL（1 + 1）以水稀释至刻度并混匀，在原子吸收光谱仪上于波长 303.9nm，与系列标准同时测定。

2.7 加标回收试验

称取 06 - 2、06 - 5、05 - 1、05 - 3 四个样品，于四个样品中分别加入不同含量的铟标准溶液，按样品的分析步骤处理并测定，结果见表 4。

表 4　回收率试验

样品编号	铟测定值（%）	加铟量（μg/mL）	回收量（μg/mL）	回收率（%）
06 - 2	0.0394	2	2.12	106.00
06 - 5	0.0280	1	0.96	96.00
05 - 1	0.0535	1	1.06	106.00
05 - 3	0.1488	2	1.93	96.50

由表 4 可知，样品加标回收率为 96.5% ~ 106%，结果可行。

2.8 分析结果

表 5　分析结果

样品编号	萃取法结果（%）	本法结果（%）
05 - 1	0.0035	0.0033
05 - 2	0.0042	0.0045
05 - 3	0.1488	0.1477
0806 - 1	0.0453	0.0480
0806 - 2	0.0394	0.0420
0806 - 3	0.0490	0.0470
0806 - 4	0.0337	0.0323
0806 - 5	0.0280	0.0300

参 考 文 献

[1] 周天泽，邹洪. 原子光谱样品处理技术 [M]. 北京：化学工业出版社，2006.
[2] 阎军，胡文祥. 分析样品制备 [M]. 北京：解放军出版社.

作者简介：

梁金凤，女，1968 年出生，分析化学工程师，现任职于西部矿业股份有限公司冶炼事业部安环与质量管理部质量工程师，检验中心经理。

锡铁山矿铅精矿中金、银分析取制样方法初探

张 贤

（西部矿业集团有限公司 青海西宁 810000）

摘 要：根据锡铁山矿铅精矿中金、银的赋存状态、分布状态的特点，为了能更好地解决供销双方因铅精矿中金、银含量的争议，本文着重讨论研究了样品加工粒度对金、银含量的影响，提出了样品取制样的均匀性是保证分析结果准确性的前提这一观点。

本文首先是提出问题，由于我们与用户都采用现行国家标准 GB/T14262－93《散装浮选铅精矿取制样方法》，本法主要针对主品位铅规定了品质波动分类、取样精密度、最小份数等，而对伴生金、银的品质波动、取样精密度等未规定，因而近年内我们与用户之间就铅精矿伴生金、银的质量争议屡有发生。二是选取锡铁山矿两个选厂的铅精矿进行了粒度实验与讨论，结论为：不同加工粒度对铅精矿中金、银的分析结果影响明显。但有一定规律，即在－160 目时相对标准偏差偏低，说明该粒级时 Au、Ag 在试样中分布均匀，因此－160 目是铅精矿中金、银分析制样最佳粒度。

关键词：铅精矿；金、银；取制样；加工粒度

世界黄金资源：金的储量为 5 万 t，占世界总储量前三位的依次是南非（45.4%）、苏联（18.6%）、美国（14.1%），近来我国黄金储量增长较大，排位已进入前列。世界白银资源，银的储量约 25 万 t，占前四位的依次是美国（24.7%）、墨西哥（13.7%）、加拿大（11.6%）、秘鲁（10%），我国银矿资源还不丰富。而我国有色金属伴生金的储量占黄金总储量的 44.3%，伴生银的储量占银总储量的 66.8%，因而为加强有色金属伴生金、银的管理和满足贸易需要，必须加强有色金属中伴生金、银的技术管理工作。

金、银不仅是重要的贵金属材料，而且可以直接作为货币，各国政府都十分重视黄金生产和各个生产环节的控制，目前有色金属在伴生金、银品位结算偏差上供需双方不一致是一直困扰着相关企业的重要课题。在众多影响金、银的因素中，取样代表性、加工制样均匀性是金、银品位误差的主要来源。

1 问题提出

据查阅有关资料，我国铅精矿成分复杂，伴生金、银分布极不均匀，即使同一批精矿金银品位波动也较大，因此，常规取制样方法不能满足要求。

而锡铁山铅精矿中的银主要以单体，辉银矿（Ag_2S）的方式存在于方铅矿中，金主要是单体自然金状态存在于黄铁矿与硫化物包裹金。随着矿山开发从东部向西部转移，金、银伴生量增大，铅精矿中伴生金、银随之增加。由于我们与用户都采用现行国家标准 GB/T14262－93《散装浮选铅精矿取制样方法》，本法主要针对主品位铅规定了品质波动分类、取样精密度、最小份数等，而对伴生金、银的品质波动、取样精密度等未规定。因而近年内我们与用户之间就

铅精矿伴生金、银的质量争议屡有发生，本文根据此种情况研究了样品加工粒度对伴生金、银分析结果的影响。

2 试验部分

（1）精矿加工粒度对 Au、Ag 分析结果的影响，试样加工粒度影响金、银在试样中的均匀性，试样加工至多大粒度才使金、银分布均匀。

根据取样量计算公式 $Q = K * d^a$

式中，Q——取样量；d——试样加工粒度；K、a——经验常数。

由公式可见，试样粒度大小决定着取样量的多少，粒度过大，取样量必然大，否则不能满足分析要求。

对样品加工的研究，实际上是样品加工对化验结果准确度的研究，换而言之，是化验结果对铅精矿物料中含金、银品位是否具有代表性的研究。一般认为，精矿粒度加工越细，金、银分布越均匀，而加工越困难。因此在实际工作中，试样粒度不能完全按理论计算那样加工。

（2）铅精矿加工粒度试验方法

选择锡铁山矿大选厂、小选厂两种不同含金量的铅精矿，按 GB/T14262 - 93 标准制样，其样品试验粒度分别为，精矿原粒度和全部通过 100 目筛、120 目筛、150 目筛、160 目筛、200 目筛等六个粒级。每个粒级样品单人单杯分析 9 次 Au、Ag 结果（原子吸收光度法），然后分别计算六组分析结果的标准偏差和相对标准偏差。

标准偏差和相对标准偏差的计算公式如下：

$$标准偏差（S）= \sqrt{\frac{\sum (x_i - \bar{x})^2}{n-1}}$$

相对标准偏差 $= S/x * 100\%$，

式中，x_i——单次测定值；$\bar{x}$——平均值。

（3）试验结果

铅精矿加工粒度对 Au 分析结果见表 1 和图 1，铅精矿加工粒度对 Ag 分析结果见表 2 和图 2。

表1　铅精矿加工粒度对 Au 分析结果的影响

粒（目）	大选厂			小选厂		
	平均值 Au（g/t）	标准偏差（%）	相对标准偏差（%）	平均值 Au（g/t）	标准偏差（%）	相对标准偏差（%）
原精矿	2.21	0.21	9.57	4.95	0.22	4.50
-120	2.29	0.15	6.76	5.23	0.21	4.02
-150	2.38	0.17	7.16	5.15	0.18	3.50
-160	2.29	0.079	3.44	4.96	0.17	3.48
-200	2.44	0.20	8.34	4.95	0.51	10.27

注：原精矿指经过浮选而没有经过加工的样品。

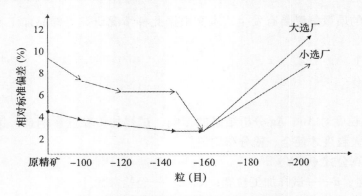

图 1　铅精矿不同加工粒度对金的影响

表 2　铅精矿加工粒度对 Ag 分析结果的影响

粒（目）	大选厂			小选厂		
	平均值 Au（g/t）	标准偏差（%）	相对标准偏差（%）	平均值 Au（g/t）	标准偏差（%）	相对标准偏差（%）
原精矿	766.17	16.22	2.12	898.18	11.67	1.30
-120	772.69	17.31	2.24	908.72	9.50	1.05
-150	767.25	12.18	1.59	896.71	8.82	0.98
-160	779.25	9.60	1.23	901.81	8.37	0.93
-200	775.95	11.39	1.47	900.20	11.93	1.33

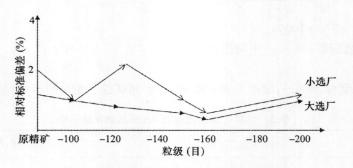

图 2　铅精矿不同加工粒度对银的影响

（4）结果分析

在图 1 可见，不同加工粒度对铅精矿中金的分析结果影响明显。但有一定规律，即在 -160 目时相对标准偏差偏低，说明该粒级时 Au 在试样中分布均匀。

在图 2 可见，不同加工粒度对铅精矿中银的分析结果影响明显。且呈一定的规律，即在 -160 目时相对标准偏差较低，说明该粒级时 Ag 在试样中分布均匀。

综上所述，-160 目是铅精矿中金、银分析制样最佳粒度。

3　讨论及说明

（1）本篇文章仅以锡铁山矿大选厂与小选厂两种浮选精矿作为实验品，没有充分的代表性。

（2）由于时间仓促，所取的数据还较少，因而还需要进一步探讨。

（3）进行此实验时，得到了我公司质检部门和化验室同仁的大力支持。

（4）铅精矿中伴生金、银的分析测定，不但样品的粒度有影响，而且取样的代表性也很有影响，本篇仅讨论了加工粒度，以后尚需对取样代表性等作进一步探讨。

（5）此篇论文仅为抛砖引玉，希望引起大家对我公司铅精矿产品质量的重视与关怀。

参 考 文 献

[1] 贵金属资源概论及在新技术中的应用 [J]. 有色金属分析通讯，1992. 3.

[2] 吴仲智. 中国金矿分布图说明书. 1991. 7.

[3] 骆永华. 金银工业. 1993，1：37.

[4] 有色金属工业产品化学分析方法标准汇编. 北京：中国标准出版社，1992.

作者简介：

张贤，1962 年出生，教授级高级工程师，现就职于西部矿业股份有限公司。

其他

呷村银多金属矿数字化建设的探讨

李倩倩　金朝辉

（四川鑫源矿业　四川成都　610000）

摘　要： 介绍了数字矿山的涵义，以及呷村银多金属矿数字化建设的技术背景、数字化建设的现状。论述了建设数字矿山的必要性。提出了呷村银多金属矿数字化建设的步骤和内容。

关键词： 数字矿山；信息管理；自动化；信息网

呷村银多金属矿区位于四川省甘孜州白玉县，是一处高品位、易开采、难分选的复杂银、铜、铅、锌矿床，被誉为为"高原三明珠"之一。随着数字浪潮的到来，如何提高矿山企业的竞争能力，如何实现矿业企业现代化管理与国际先进管理方式的接轨，如何实现"高效、安全、绿色、可持续"的经营理念，是当下各个矿山企业不得不面临的问题。呷村银多金属矿为更适应这一市场机制，正朝着真正的数字化方向发展。

1　数字化矿山的涵义

数字矿山（Digital Mine）是以矿山系统为原型，以地理坐标为参考系，以矿山科学技术、信息科学、人工智能和计算科学为理论基础，以高新矿山观测和网络技术为支撑，建立起的一系列不同层次的原型、系统场、物质模型、力学模型、数学模型、信息模型和计算机模型并集成，可用多媒体和模拟仿真虚拟技术进行多维的表达，同时具有高分辨率、海量数据和多种数据的融合及空间化、数字化、网络化、智能化和可视化的技术系统。

数字矿山是建立在数字化、信息化、虚拟化、智能化、集成化基础上的，有计算机网络管理的管控一体化系统，它综合考虑生产、经营、管理、环境、资源、安全和效益等各种因素，是企业实现整体协调优化，在保障企业可持续发展的前提下，达到提高整体效益、市场竞争力和适应能力的目的。数字矿山的最终表现为矿山的高度信息化、自动化、智能化与高校安全开采，以至无人采矿和遥控采矿模式。它将深刻改变传统的采矿生产生活和人们的生活方式。

2　数字矿山的七大主层次

数字矿山按照系统结构自下而上可分为7个主层次（如图1所示）：

（1）基础数据层。即数据获取与存储层。数据获取包括利用各种技术手段各种形式的数据及其预处理；数据存储包括各类数据库、数据文件、图形文件库等。该层为后续各层提供部分或全部数据输入。

（2）模型层。即表述层。如空间和矿物属性的二维和三维块状模型、矿区地质模型、采场模型、地里信息系统模型、虚拟现实动画模型等。该层不仅将数据加工为直观、形象的表述形式，而且为优化、模拟与设计提供输入。

（3）模拟与优化层。如工艺流程模拟、参数优化、设计与计划方案优化等。

（4）设计层。即计算机辅助设计层。该层为把优化解转化为可执行方案或直接进行方案设计提供手段。

（5）执行与控制层。如自动调度、流程参数自动监测测与控制、远程操作等。该层是生产方案的执行者。

（6）管理层。包括 MIS 与 OA 办公自动化。

（7）决策支持层。依据各种信息和以上各层提供的数据加工成果进行相关分析与预测，为决策者提供各个层次的决策支持。

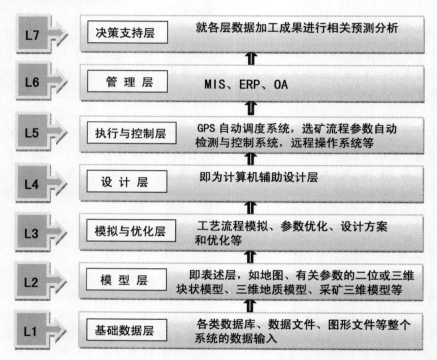

图 1　数字矿山七大主层次

3　呷村银多金属矿数字化建设的技术背景

21 世纪是信息技术飞速发展的时代，呷村银多金属矿作为一新兴矿山，拥有前沿的硬件、软件、网络技术，这些为矿山数字化建设提供了强大有力的基础保障。

3S 技术、多分辨率海量数据的存贮技术、互操作互运算技术、多维可视化技术等，都为矿山数字化建设提供了有力的技术支持。伴随着各种类型的矿业软件，如 SURPAC、MAPTEK、DATAM INE 等相继问世，并投入实际应用，可以把十几年来积累的地质成果以及相关矿山开采资料数字化，逐步建立起矿山地、测、采数据库、OA 软件、井下人员定位系统、安全监控系统的推广与使用为矿山数字系统的建设也提供了强有力的软件平台支持。同时，各种新型采掘设备、选矿设备及相关控制管理系统的引进，为数字矿山的实现做了好的硬件铺垫。大型扫描设备、矢量化图形工作站、宽幅真彩色大型绘图仪等硬件设备的配备，使得矿山数据库的建立和数字化成图更方便、更精确。

4 呷村银多金属矿数字化建设的必要性

矿产资源被誉为现代工业的"粮食"和"血液"，是人类社会发展的命脉。人类目前使用的95%以上的能源、80%以上的工业原材料和70%以上的农业生产资料都是来自于矿产资源。矿产资源是有限和不可再生的，如何合理开发与利用有限空间中的有限矿山资源来满足人类社会可持续发展需求，最大限度地促进资源的合理有效利用，已经成为当今世界所共同关注的问题。

现代企业的管理方式已向信息化转型，为实现我国矿业企业适应现代信息科技的发展，实现矿业企业现代化管理与国际先进管理方式的接轨，矿山的数字化/信息化建设也是势在必行。

数字化是实现企业信息化的基础，是信息化的具体表现形式，只有通过数字化技术，才可以实现可视化、智能化、网络化和集成化，从而最终实现矿山企业的全面信息化管理。采用数字化技术，可以最大限度地开发和利用矿产资源，满足人类社会可持续发展的战略需求。

5 呷村银多金属矿数字化建设现状

自1999年首届"国际数字地球"大会上提出了"数字矿山"（Digital Mine，简称DM）概念以来，矿山的数字化建设就在各大矿山企业中悄然兴起。呷村银多金属矿也加入到数字矿山的建设队伍中来。

呷村银多金属矿山目前基本上具备工业化中期企业的硬件和软件条件，已经完成了企业局域网的建设，办公自动化软件、财务管理软件、人员定位软件、井下安全监控软件以及地测采方面的绘图计算软件、Dimine数字矿山软件都得到了充分使用。矿山建立有计算中心或信息中心，负责全矿有关数字化或信息化的工作。但由于多方面的原因，目前呷村矿山数字化的程度还很低，矿山数字化建设目前还处于探索阶段。

（1）思想观念落后，缺乏对数字化矿山的正确认识。矿山的数字化建设是一个关系到矿山发展的长期工程，涉及矿山很多层面及大量资金的投入。而工程的成功与否，关键取决于职工的思想观念以及对数字化矿山的理解程度。但由于数字化是近十年出现的产物，很多员工由于年龄和知识结构等客观因素的影响，对数字化矿山这个新事物的了解有些偏差，甚至认为数字化建设就是网络建设。认为矿山数字化建设是IT人员的事情，与企业的根本利益无关。

（2）落后的工作观念和工作方式阻碍了数字化矿山的发展。部分工程技术人员习惯于原有的工作方式，因循守旧、墨守成规、安于现状，不愿变革甚至惧怕变革。

（3）计算机应用水平参差不齐，阻碍了数字化矿山的发展。由于员工的年龄和受教育程度等因素的影响，阻碍了矿山数字化建设的进程。

（4）IT人才的严重短缺，这也是阻碍矿山数字化建设的一个重要原因。

（5）矿井综合信息系统不够完善，传统的作业方式处于分割管理状态，信息交换困难。

6 呷村银多金属矿数字化建设的探讨

针对呷村矿山数字化建设现状，要多吸取前人的经验教训，不能急于求成，应"全局规划分步实施"，整体把握数字矿山建设的规划布局。结合矿山实际情况，笔者认为应从以下几方面实施矿山数字化建设。

（1）开展矿山数字化知识讲座，提高职工的思想认识，数字化矿山不但包含了现代化所需的软硬件环境，还应包含现代化矿山的理念。

（2）加强培训，提高职工综合素质。组织职工进行矿山数字化相关培训，重点是计算机技术和信息技术的培训，提高其信息素养，使之不仅熟练掌握矿山专业知识，还能熟练操作计算机，掌握软件的使用方法和数字化加工方法。

（3）重视人才引进，并组织不同层次、不同范围的科技攻关与技术推广。

（4）及时引进、配备前沿数字化建设软件技术，完善矿山数字化七大层次间的信息传递。实现基础信息化、作业信息化、管理信息化、决策信息化。如图2所示。

图2　信息传递信息化

（5）加强构建完整的矿井综合信息系统。矿井综合信息网的网络拓扑如图3所示。

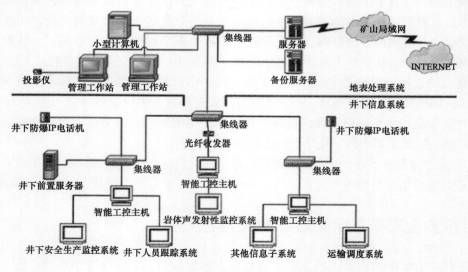

图3　矿井综合信息网的网络拓扑

7 结束语

中国的矿山企业正面临严峻挑战和前所未有的变革机遇。数字矿山是未来矿山的发展方向，也是必由之路，任重道远。呷村银多金属矿应根据自身企业的实际情况，整体规划，分步实施，完善软硬件配备，加强协调数字化建设七大层次之间的信息、指令的顺畅传递，最终适应市场发展，满足可持续发展的需求。

参 考 文 献

[1] M. Kelly. Developing coal mining technology for the 21st century [J]. Proc. Mining Sci. & Tech. Netherlands：Balkema，1999，3 – 7.

[2] 吴立新，殷作如，钟亚平. 再论数字矿山：特征、框架与关键技术 [J]. 煤炭学报，2003，(2)：1 – 7.

[3] 邓永胜. 数字矿山特征及未来数字遥控采矿系统模型 [J]. 昆明冶金高等专科学校学报，2006，(1)：59 – 63.

[4] 杨强，雍卫华. 国内外矿产资源与开发利用现状及其发展趋势 [J]. 矿业，2002，11 (7)：16 – 219.

[5] 管忠民. 试论数字矿山特性及应用 [J]. 中州煤炭，2008，(1).

[6] 吴立新，朱旺喜，张瑞新. 数字矿山与我国矿山未来发展 [J]. 科技导报，2004，(7).

[7] 周邦全. 数字矿山——实现矿业高效安全生产的必由之路 [J]. 矿业安全与环保，2007，(4).

[8] 刘晓宇. 论勾践数字矿山及存在的"瓶颈" [J]. 中国高新技术企业，2008，(19).

[9] 王青，吴惠城，牛京考. 数字矿山的功能内涵及系统构成 [J]. 中国矿业，2004，(1).

[10] 张新，赵红蕊，陈宜金. 人类可持续发展与"数字矿山"研究 [J]. 东北测绘，1999，(4).

[11] 孙豁然，徐帅. 论数字矿山 [J]. 金属矿山，2007，(2).

[12] 谭得建，徐希康，张申. 浅谈自动化、信息化与数字矿山 [J]. 煤炭科学技术，2006，(1).

[13] 孙光华，浑宝炬，吕广忠，刘建庄. 数字化矿山建设初探 [J]. 河北煤炭，2007，(6).

作者简介：

李倩倩，女，1985 年出生，地质助理工程师，现就职于四川鑫源矿业有限责任公司。

金朝辉，1984 年出生，现就职于四川鑫源矿业有限责任公司，从事网络管理工作。

浅谈呷村矿区网络安全维护

金朝辉

（四川鑫源矿业 四川成都 610000）

摘 要：随着现代科学技术的发展，网络已经深入到呷村矿区的每个角落。特别是计算机技术的发展和矿山数字化建设的开展与实施，网络安全维护更是举足轻重。网络的兴起给我们带来了一个全新的办公方式，大大提高了员工的工作效率和管理效能。计算机系统维护和网络维护在保障网络的安全运行和不受外界干扰方面起着举足轻重的作用。本文分析了呷村矿网络的一些常见故障，探讨了一些网络安全的维护方法。

关键词：呷村矿区；计算机网络维护

计算机的普及和数字化、信息化建设改变了公司员工原有的办公模式，计算机网络技术的便捷、低成本和快速等特性使得它很快就成为了数据传输、存储、处理的重要方式之一。计算机网络在我们工作、生活中的重要地位也使得一旦计算机网络发生故障，将给广大员工的工作、生活带来很大麻烦，甚至是很大的损失。在这样的情况下，计算机网络维护就显得尤为重要了，所以作为网络管理员应该加强计算机网络故障的分析及维护。

1 计算机网络安全的含义

网络安全是指通过采用各种技术和管理措施使网络系统的硬件、软件及其系统中的数据受到保护，不因偶然的或者恶意的原因而遭受到破坏、更改、泄露，系统连续可靠正常地运行，从而确保网络数据的可用性、完整性和保密性。计算机网络安全的具体含义会随着使用者的变化而变化。使用者不同，对网络安全的认识和要求也就不同。从普通一般使用者的角度来说，可能仅仅希望个人隐私或机密信息在网络上传输时受到保护，避免被窃听、篡改和伪造；而网络提供商除了关心这些网络信息安全外，还要考虑如何应付突发的自然灾害对网络硬件的破坏，以及在网络出现异常时如何恢复网络通信，保持网络通信的连续性。网络安全既有技术方面的问题，也有管理方面的问题，两方面相辅相成，缺一不可。人为的网络入侵和攻击行为使得网络安全面临新的挑战。

2 计算机网络安全的特征

网络安全应具有以下四个方面的特征：

（1）保密性：信息不泄露给非授权用户、实体或过程，或供其利用的特性。

（2）完整性：数据未经授权不能进行改变的特性。即信息在存储或传输过程中保持不被修改、不被破坏和丢失的特性。

（3）可用性：可被授权实体访问并按需求使用的特性。即当需要时能否存取所需的信息。

例如网络环境下拒绝服务、破坏网络和有关系统的正常运行等都属于对可用性的攻击。

（4）可控性：对信息的传播及内容具有控制能力。

3 呷村矿的网络故障概况

呷村矿一旦发生网络故障必然会影响全公司工作人员的正常网络办公。主要的问题有局域网与外网的联系突然断开无法连接上网，或者是无法全部连接上网，一般来说引起网络故障的原因是多种多样的，但是总的来说大致可以分为两类：一类是物理故障，一类是逻辑故障，也就是一般我们所说的硬件故障和软件故障。硬件故障主要包括光纤故障，跳线故障，网卡故障，计算机配件故障等。软件故障主要有网络协议故障、网络设备的配置故障、操作系统故障、数据库故障、病毒问题等。

鉴于信息化、数字化办公已经深入日常工作中，日常办公必须保证网络的畅通无阻，加强对计算机网络的故障分析和维护是迫在眉睫的问题。一般来说及时对计算机网络故障进行分析和维护是保障计算机网络系统正常运行的有效方法。

4 呷村矿计算机网络故障分析

从呷村矿日常的网络维护中我们看出，矿山的网络故障主要是硬件故障和软件故障两个方面，那么对于网络维护前的故障分析也应从这两方面着手：

网络故障分析的原则：

（1）先检查服务器，后检查工作站。

（2）先检查外部设备，再检查内部设备。

（3）先检查软件故障，再检查硬件故障。

5 呷村矿计算机网络故障维护

5.1 硬件设置对网络安全的影响

5.1.1 呷村矿区网络硬件设施概况

呷村矿区地处偏远，由电信光纤专线接入矿山机房。通过屏蔽双绞线由光纤收发器接设备端，线路之间避免交叉缠绕，并与强电保持30cm以上距离，以减少相互干扰，综合考虑了供电、场地、温度、防水、防鼠、电磁环境以及接地防雷等因素。为保证服务器和数据库不间断的服务，矿山还配备了不间断电源（UPS），保证服务器24h不间断工作，防止停电造成的数据库损坏。

5.1.2 外界环境对硬件设备安全的影响及维护措施

（1）呷村矿区昼夜温差很大，温度的不稳定性会导致硬件设备逻辑电路产生逻辑错误，甚至会烧坏某些元器件，影响设备正常运转。为此，矿山机房配备了空调，保持机房恒温，可以很好地解决这个问题。

（2）呷村矿地处海拔3800m以上的高原，平日空气异常干燥，过于干燥的空气导致设备极易吸附灰尘，加剧噪声。为此，机房配备了加湿设备。

（3）呷村矿地处山区，尘土较多，灰尘会不知不觉地阻碍机器内部的电路板上的双列直插接线器。过多的灰尘可造成绝缘电阻减小、泄漏电流增加。损坏设备。所以经常打扫机房卫生也显得极为重要。

（4）静电是网络安全的隐形杀手，温度、湿度、灰尘等都是产生静电的元凶。计算机元器件和集成电路对静电非常敏感，小小的静电很容易导致电路损坏，甚至报废，要求维护人员接触电路时佩戴防静电手套，最大限度地降低风险。

（5）呷村矿机房条件有限，空间有限，网络设备周边还有电视接收传输设备，产生的电磁辐射相互干扰，对网络系统极易造成破坏。致使设备的一些部件失效，但那些部件的失效看起来又是由于其他部件引起的。像这样的问题很容易被忽略，而且很难诊断。为此，需要加大空间或购买隔离器材才能解决。

5.2　软件设置对网络安全的影响

5.2.1　呷村矿区网络软件设施概况

目前公司办公电脑都采用 WINDOWS 系列操作系统，这就要求对计算机使用的账号、用户权限、网络访问权限等实行严格的控制和管理，定期做好检测和日志记录，减少各种违规操作和违规访问，并且能通过系统日志记下来的警告和报错信息，发现相关问题的症结所在。

5.2.2　软件设施维护措施

（1）为公司所有办公电脑及时下载补丁，并且关闭不需要的端口，防止系统漏洞的产生。

（2）对服务器设置 CMOS 密码并且取消光驱，U 盘接口等 IO 设备，以防止外来光盘、U 盘的使用。

（3）对关键的数据进行定时备份，并且备份至不同计算机中。

（4）对公司服务器安装高效的防病毒软件，及时更新病毒库和杀毒引擎。

（5）在客户机和服务器上安装入侵检测系统，实时监控网内各类病毒等违规操作。

（6）不容许员工私自使用原始光盘或其他介质引导机器，对系统等原始盘实行保护。

（7）要求员工不随便使用外来 U 盘或其他介质，对外来 U 盘或其他介质必须先杀毒后使用。

（8）要求员工自觉做好系统软件，应用软件的备份，并定期进行数据文件备份，供系统恢复使用。

（9）要求员工自觉安装杀毒软件，并且定期对计算机进行杀毒，每周至少 2 次。

（10）当发现某台计算机被病毒入侵感染应第一时间将此台计算机从办公网中撤离，以防止病毒传播感染。

5.3　人为因素导致的网络故障及维护措施

在长时间的网络维护工作中，我们发现由于人为因素而导致的网络故障越发频繁，应该引起我们足够的重视，需要采取必要的措施降低人为因素导致的网络故障。

（1）对公司员工，进行有关培训，使之了解计算机管理的必要性和管理流程，并树立参与意识和主人翁意识。对相关人员进行新业务模式和流程的技术培训，做到准确、熟练操作。

（2）矿区施工前加强施工单位与网络维护人员的协调，避免通信线路损坏，断电前制定详细的切换方案和应急方案。

（3）合理规划机房里机柜位置，远离人群，避免外界因素干扰。

（4）分置机房内的强电电源和断电频繁的照明电，争取单独供电，确保 24 小时不断电。

（5）加强公司内部员工管理，要随时观察员工上网行为，尽量避免因此产生的网络故障。

6 结束语

在如今的信息时代，计算机网络已经成为了公司全体员工工作和生活必不可少的工具之一，为了保障计算机网络高效的使用，必须及时有效地排除计算机网络中存在的各种故障。但是保障全公司中的计算机网络安全有效的运行也不是一朝一夕就能完成的，它是一项长期的工作。由此可见网络工作人员还任重而道远。

参 考 文 献

[1] 邵雨舟. 关于网络系统性能的评价方法 [J]. 北京市经济管理干部学院学报，2002，(3).
[2] 黄宏伟，赵成芳. 计算机网络信息安全防护 [J]. 商场现代化，2007，(32).
[3] 李雅卓. 企业信息网络安全管控系统的研究设计 [D]. 中国农业科学院，2010.
[4] 刘占全. 网络管理与防火墙 [M]. 北京：人民邮电出版社，1999.
[5] 王冶. 计算机网络安全探讨 [J]. 科技创新导报，2008，21：18.

作者简介：

金朝辉，1984 年出生，现就职于四川鑫源矿业有限责任公司，从事网络管理工作。

可燃冰开发现状

吴 敏

(西部矿业股份有限公司 青海西宁 810001)

摘 要： 可燃冰又名天然气水合物，是未来巨大的新型能源。本文从地质调查、勘探方法、开采方法、国内外最新研究进展等角度对可燃冰进行了综述，希望为可燃冰的开发利用提供借鉴。

关键词： 可燃冰；天然气水合物；新能源；开发利用

可燃冰是水和天然气在中高压和低温条件下混合时产生的晶体物质，外貌极似冰雪，点火即可燃烧，故又称之为天然气水合物或气冰固体瓦斯，除甲烷外，生成天然气水合物的气体还有乙烷、丙烷、丁烷、CO_2、H_2S 等常见的天然气组分。常温常压下它会分解成水与甲烷，每立方米燃烧能分解释放出高达 160～180 标准立方米的天然气，燃烧以后几乎不产生任何残渣或废弃物，使用方便，清洁无污染。在自然界分布非常广泛，存在于 300～800m 海洋深处的沉积物及寒冷的高纬度地区，其储量是煤炭、石油和天然气总和的两倍。世界上有 79 个国家和地区都发现了天然气水合物气藏。据估算，世界上可燃冰所含有机碳的总资源量相当于全球已知煤、石油和天然气的 2 倍，至少可供人类使用 1000 年。

目前，世界上已经发现的可用储备量为石油 40 年，天然气 70 年，煤炭 190 年。在传统能源储量有限，价格趋势逐渐走高的情况下，可燃冰正以其独特的优势，极有可能成为 21 世纪的新型替代能源，极具商业开发前景，成为许多国家和国际组织关注的热点，但是目前全世界对可燃冰的研究大都处于科学勘探和试开采层面上，由于受环境问题、技术问题和成本过高等诸多因素的影响，尚未进入实质性大规模商业开发阶段。

1 世界可燃冰情况

1.1 国外研究现状

早在 1810 年首次在实验室发现可燃冰，直到 1965 年苏联首次在西伯利亚永久冻土带发现可燃冰矿藏，可燃冰真正进入人类视野，并引起多国政府高度关注。

迄今为止，世界上至少有 30 多个国家和地区在进行可燃冰的研究与调查勘探。美国、日本、印度等国近年来纷纷制订天然气水合物研究开发战略和国家研究开发项目计划。美国于 1981 年制订了投入 800 万美元的天然气水合物 10 年研究计划，1998 年又把天然气水合物作为国家发展的战略能源列入长远计划，每年投入 2000 万美元，准备在 2015 年试开采；日本经济产业省已从 2000 年开始着手开发海底天然气水合物；韩国产业资源部制订了《可燃冰开发 10 年计划》，计划投入总额 257 亿韩元用以研究开发深海勘探和商业生产技术；印度在 1995 年制订了 5 年期《全国气体水合物研究计划》，由国家投资 5600 万美元对其周边海域的天然气水合物进行前期调查研究[1]。

2002 年美国、日本、加拿大、德国和印度五国合作，对加拿大麦肯齐冻土区 Mallik - 5L - 38 井的天然气水合物进行了试验性开发，通过注入高温钻探泥浆，成功地从 1200 m 深的水合物层中分离出甲烷气体。

目前，美国、俄罗斯、荷兰、加拿大、日本等国探测可燃冰范围已覆盖了世界上几乎所有大洋陆缘的重要潜在远景地区、高纬度极地永久冻土地带和南极大陆陆缘区。以美国为首的深海钻探计划（DSDP）及其后续的大洋钻探计划（ODP），相继在中美洲海沟陆坡、太平洋秘鲁海沟陆坡、大西洋布莱克洋脊、墨西哥湾、加利福尼亚北部海域、北海、日本近海、北大西洋的斯瓦尔巴尔特陆坡、尼日利亚近海等地点发现了天然气水合物。

自多年冻土区发现可燃冰以来，科研人员就开始对可燃冰的地质成因、地球物理和化学勘探方法、资源评估、对气候变化和环境的影响、开采方案和经济性进行了研究和评价，取得了可供开采可燃冰参考的经验和科学依据。尤其在美国阿拉斯加北坡、加拿大马更些三角洲 Mallik 井和俄罗斯麦索雅哈获得的大量极宝贵的数据和资料，为多年冻土区可燃冰开采打下了良好的基础。马更些三角洲多年冻土区 Mallik 研究井位于加拿大北部 Beaufon 海沿岸，该地区是目前世界上可燃冰研究井最密集的研究区，可燃冰研究历史超过 30 年。1998 年加拿大、美国和日本在 Mallik L - 38 研究井开展了科学与工程的联合研究，主要研究了多年冻土层内和层下烃类气体的来源和组成，分析了烃类气体的地球化学特征；1995 年美国对阿拉斯加地区可燃冰分布和资源量进行评估，给出了阿拉斯加多年冻土区可燃冰的资源量；俄罗斯西伯利亚盆地研究区主要集中在西伯利亚北部的 Yambu 和 Bova - nenkovo 等地区，通过对多年冻土层内气体释放的研究，初步划定了可燃冰的区域，给出了储量估算。全球范围内俄罗斯西伯利亚麦索雅哈是世界上唯一一个工业性开采矿藏，目前钻了大约 70 口井，其常被当作现场开采可燃冰的一个例子，至今已有近 40 年历史。

海洋中可燃冰的形成深度较大，加之环境复杂，开采难度较大，虽然利用各种技术和方法在海洋中发现有大量的可燃冰，但至今尚无一个国家对海洋可燃冰进行开采。

作为 21 世纪极具商业开发前景的新型战略资源，可燃冰成为许多国家和国际组织关注的热点，但是目前全世界对可燃冰的研究大都处于科学勘探和试开采层面上，由于受环境问题、技术问题和成本过高等诸多因素的影响，尚未进入实质性大规模商业开发阶段。据预测，在 2015 年后能实现陆上冻土区天然气水合物的商业性开发，2030—2050 年有望实现海底天然气水合物的商业性开发[1]。

1.2 世界可燃冰资源储量及分布

目前研究结果表明，天然气水合物分布广泛，资源量巨大，是煤炭、石油、天然气全球资源总量的两倍，为世界各国争相研究、勘探的重要对象。

科学家的评价结果表明[2]，陆地面积约 27% 和海洋面积的 90% 具备可燃冰形成的条件。美国地质调查局的科学家卡文顿曾预测，全球的冻土和海洋中可燃冰的储量在 3.114×10^7 亿 m^3 到 7.63×10^{10} 亿 m^3。陆地可燃冰产于 $200 \sim 2000$m 深处，主要分布在聚合大陆边缘大陆坡、被动大陆边缘大陆坡、海山、内陆海及边缘海深水盆地和海底扩张盆地等构造单元内。这些地区的构造环境由于具有形成可燃冰所需的充足物质来源、流体运移条件以及低温、高压环境，从而成为可燃冰分布和富集的主要场所。海底区域的可燃冰分布面积达 4000 万 km^2，有科学家推算，全世界海洋所储藏的可燃冰中甲烷总量约为 1.81 亿 m^3，约合 1.1×10^5 亿 t。海底沉积物中可燃冰一般埋深在 $500 \sim 800$m，主要附存于陆坡、岛屿和盆地的表层沉积物或沉积岩中，也可以散布于洋底以颗粒状出现。世界上已发现的可燃冰分布区多达 116 处，其中世界海域内已有 79 处直接或间接发现了可燃冰，并有 15 处钻探岩心中见到可燃冰。到目前为止，世界上已发现的海底可燃冰主要分布区有：大西洋海域的墨西哥湾、加勒比海、南美东部陆缘、非洲西部陆缘和美国东岸外的布莱克海台等；西太平洋海域的白令海、鄂霍茨克海、千岛海沟、日本海、四国海槽、日本南海海槽、冲绳海槽、南中国海、苏拉威西海和新西兰北部海域等；东太平洋海域的中美海槽、加州滨外、秘鲁海槽等；印度洋的阿曼海湾、南极的罗斯海和威德尔海、北极的巴伦支海和波弗特海以及大陆内的黑海与里海等。美国能源部认为，仅南、北卡罗来纳州大西洋底的储备就够美国人用 100 年。而日本地质调查的估计，周边海底埋藏的可燃冰相当于日本百年天然气的使用量。

在世界上一些冻土带地区如美国的阿拉斯加、加拿大北部、俄罗斯的西伯利亚和中国青藏高原的羌塘盆地等地发现了大量的可燃冰。由于多年冻土区可燃冰资源评估较为复杂，迄今为止尚无一个国家对本国多年冻土区的可燃冰资源进行完整的评估，仅美国、俄罗斯和加拿大证实在多年冻土区可燃冰资源量进行了评估，如表1。

表1　多年冻土区可燃冰资源（m³）

国家	地区	潜在资源量	相关证据	参考文献
美国	阿拉斯加地区	$(1.0 \sim 1.2) \times 10^{12}$	测井、样品	Collett, 2002
加拿大	马更些三角洲地区	1.6×10^{13}	测井、样品	Smith and Judge, 1995
俄罗斯	西伯利亚盆地	1.7×10^{13}	样品、天然气	Yakvshov, 2005

1.3　开发利用方面存在的主要问题

资源量不明，缺乏安全环保和成熟可靠的开采技术、贮存运输方法，成本昂贵是目前可燃冰开发中面临的突出问题。多年冻土可燃冰的前期开发研究可为海洋可燃冰的开发提供技术支撑。

（1）把握好开采可燃冰带来的机遇与风险，要高度重视开发利用中产生的温室效应和地质灾害等一系列严重问题。可燃冰中存在甲烷和二氧化碳两种温室气体。甲烷是绝大多数可燃冰中的主要成分，同时也是一种反应快速、影响明显的温室气体。可燃冰中甲烷的总量大致是大气中甲烷数量的 3000 倍。作为短期温室气体，甲烷产生的温室效应是二氧化碳的 13 倍。有学者认为，在导致全球气候变暖方面，甲烷所起的作用比二氧化碳要大 10~20 倍。如果在开采中甲烷气体大量泄漏于大气中，造成的温室效应将比二氧化碳更加严重。而可燃冰矿藏哪怕受到最小的破坏，甚至是自然的破坏，都足以导致甲烷气的大量散失。在开采过程中，会引起可燃冰自动分解，极地温度、海水温度和地层温度也将随之升高；研究者也发现，因海底可燃冰分解而导致斜坡稳定性降低，还可造成海底滑坡，这对各种海底设施是一种极大的威胁。如果在开采过程中向海洋排放大量甲烷气体，将会破坏海洋中的生态平衡，甲烷与海水发生化学反应后，海水中氧气含量降低，一些喜氧生物群落会萎缩，甚至出现物种灭绝，而同时海水中的二氧化碳含量也会增加，这将造成生物礁退化。考虑到开发不当可能引发的环境灾害，世界各国均采取了谨慎的态度和明智的做法，我国的态度也一样，在没有找到理想的开采方法前，绝不会进入到商业化开采阶段。

（2）开采成本非常高。根据美国和日本披露的数据，目前的可燃冰开采成本平均高达每立方米 200 美元，根据每立方米释放能量相当于 164m³ 天然气计算，其折合天然气的成本达到每立方米 1 美元以上。目前，造成成本高昂的原因除了勘探规模太小，没有形成规模效应外，勘探可燃冰所需的水以及其他运输工程费用都很高，只有将勘探成本降低，可燃冰才能真正得到大规模应用。

（3）缺乏切实可行、系统配套的开发利用技术。研究天然气水合物的钻采方法已迫在眉睫，尽快开展室内外可燃冰分解、合成方法和钻采方法的研究工作刻不容缓。国内外常见开采技术主要包括：注热开采法、降压开采法、化学剂开采法以及几种开采方式相结合的开采方法。从各国进行的试验性开采看，这些方法推广价值不大，不适合大规模作业。比如，化学剂开采法最大的缺点是速度慢、费用高，且由于海洋中水合物的压力较高，回采气体较困难。此外，固结在海底沉积物中的水合物，一旦条件变化使甲烷气从水合物中释出，还会极大地降低海底沉积物的工程力学特性，出现大规模的海底滑坡，毁坏海底输电或通讯电缆和海洋石油钻井平台等。令人稍感欣慰的是，近年来，日本美国等国家在开采方案上取得了重大进步，日本提出了分子控制的开采方法，其技术水平处于国际领先。美国也希望2015年在海床或永久冻土带进行商业开采，美国地质勘测局联合美国能源部发布的一份报告中提到，研究人员发明了一种二氧化碳置换法，在实验中已取得成功，美国能源部已同康菲石油公司合作，希望能在阿拉斯加附近海底的矿层中利用这种方法开采可燃冰，但这些方法对国外是严格保密的。

（4）储存与运输困难。由于可燃冰在常压下不能稳定存在，温度超过20℃时就会分解，因此储存问题是可燃冰被大规模开发利用的瓶颈。目前勘探所获样品一般都保存在充满氢气的低温封闭容器中，对于大规模的储存和运输手段，目前各国还在加紧研究相关技术和设施。目前挪威科学家开发出一种方法，将天然气转变为可燃冰，在保持稳定的条件下冷藏起来运输，到目的地后再融化成气。

2 我国可燃冰情况

2.1 研究现状和取得的进展

我国对可燃冰的研究起步虽然较晚，但我国政府对于开发应用"后石油时代"的新型清洁能源十分重视。1997年开始组织开展对天然气水合物的前期研究，如广州海洋地质调查局通过连续10年对南海天然气水合物资源前景调查研究，取得了丰富的地质勘察资料。1999年起，国土资源部启动了天然气水合物的海上勘查，发现我国南海北部陆坡存在非常有利的天然气水合物赋存条件，并取得了一系列地球物理学、地球化学、地质学、生物学等明显证据，对可燃冰成藏条件、成藏动力学过程和机制及富集规律等关键科学问题展开重点研究。我国政府在2002年同时启动海域和陆域可燃冰的研究和勘探，批准设立了水合物专项"我国海域天然气水合物资源勘测与评价"，2004年由中国地质调查局负责，组织开展资源远景调查和钻探技术研发，并编制出我国第一份冻土区天然气水合物稳定带分布图，圈定了有利区带。据专家分析，青藏高原的羌塘盆地和东海、南海、黄海的大陆坡及其深海，都可能存在体积巨大的可燃冰。

国家"十一五"期间，"863"计划海洋技术领域设立了"天然气水合物勘探开发关键技术"重大项目，国家科学技术部制订的《国家重点基础研究发展计划"十一五"发展纲要》（"973"计划）中，将"大规模新能源'天然气水合物'的探索研究"列为能源领域重点研究方向。2007年5月1日，我国在南海北部成功钻获了可燃冰实物样品，这是继美国、日本、印度之后第4个通过国家级研发计划采到水合物实物样品的国家，这证实了我国南海北部蕴藏有丰富的天然气水合物资源，也标志着中国天然气水合物调查研究水平一举步入世界先行列。2007年6月，我国南海北部可燃冰钻探顺利结束，科学家在3个工作站位成功获得高纯度的可燃冰样品。2008年10月，我国首艘自主研制的可燃冰综合调查船"海洋6"号下水进行科学考察。截至 2009 年 9 月，我国已出动 7 艘调查船，实施 26 个航次，已完成全部外业调查，实施钻探井 8 个、取芯 5 孔、总进尺 2286.4m[3-8]。2009 年 9 月 25 日国土资源部宣布，我国在青海省祁连山南缘永久冻土区探获可燃冰实物样品，也是第一个在低纬度地区获取可燃冰实物样品的国家。冻土区可燃冰岩层段埋藏浅，开采难度低，出现的灾难性后果更易控制等因素，这对认识天然气水合物的形成和储藏规律，寻找新能源具有重大意义，也为我国海洋天然气水合物开展技术研究和开采提供了试验场所。因此多年冻土区可燃冰调查和储量评估是亟待解决的重大问题。

近年来，在国家财政的大力支持和科研人员的努力下，在天然气水合物热开采技术、减压开采技术、注化学药剂、CO_2 置换开采技术、技术装备等方面开展了卓有成效的科研工作，并取得了许多令人可喜的成果和重要进展。在技术装备方面，通过国家"863"计划"天然气水合物探测技术"等课题的研究，在可燃冰地震采集技术、地震识别处理技术、船载地球化学探测系统和保真取心钻具等方面取得了显著进展，初步形成了适合我国陆域、海域特点的天然气水合物探测技术系列；中科院广州能源研究所与中海油石油研究中心共同承担的可燃冰开采与输运过程实验模拟与理论分析项目，在我国可燃冰采运关键技术上获得了突破，该项目目前已取得了三方面的成果：①通过对可燃冰抑制剂进行研究和评价，开发出了新型可燃冰组合抑制剂，其价格比国外低，引导时间延长 3 倍以上，形成了专利技术；②通过对可燃冰降压、注热、注化学剂开采过程进行室内物理模拟研究，获得了可燃冰分解、储藏动态变化过程的重要实验数据，提出了可燃冰开采过程流动/分解比率，确定了开采过程中的关键控制因素；③开发了国内第一套可燃冰开采过程数值模拟源程序。

地震探测技术是寻找天然气水合物的行之有效方法[9]，在世界各海域得到广泛应用并取得实效。我国运用研发的地震综合探测技术，已发现标志天然气水合物存在的似海底反射层 BSR（Bottom imulating Reflection）、空白带 BZ（Blank Zone）、速度倒转和极性反转 RP（Reversal Polarity）等地震异常信息，并依此信息在南海北部陆坡成功钻获天然气水合物实物样品。

根据中国国家发展和改革委员会公布的《中国石油替代能源发展概述》研究报告，目前已在中国海域内发现大量可燃冰储量，仅南海北部的可燃冰储量估计相当于中国陆上石油总量的50% 左右，在未来 10 年，中国将投入 8 亿元进行勘探研究、开采和利用技术研究。

目前，我国多年冻土区天然气水合物研究仍处于起步阶段，与国外相比至少晚了 20 年，除了开展的部分室内实验研究外，大部分的研究仍停留在定性的分析上。有关专家呼吁，再花 10 年时间制定相关规划、开展资源普查和开发研究。在今后 10 年到 15 年间，我国关于天然气水合物研究的重点仍将集中在"有多少"和"怎么采"两个问题上，主要就是解决调查评价和开采的技术方法。在找到成熟可靠的技术方法后，也要先进行试验性开采，待积累了充分的经验后，再推进商业化开采。预计我国在 2020 年前后有望实现工业开采，最快到 2030 年实现商业生产，陆域可燃冰预计 10~15 年内，海域的预计在 20 年后[10]。

2.2 资源状况

我国可燃冰的资源潜力为 803.44×10^{11} m^3（803.44 亿吨油当量），仅占全球资源量的0.4%，接近于我国常规石油资源量，约是我国常规天然气资源量的两倍。在 2002 年，中国地质调查局组织有关单位在我国南海海域某区首次开展天然气水合物资源调查工作中发现：在采集的高分辨率多道地震剖面上，初步鉴别出在 400 多千米地震剖面上、面积为 8000 多平方千米的区域上存在有可燃冰气藏的显示标志。中国地质调查局给出的初步预测是，南海北部远景资源量可达 185 亿吨油当量，可与目前全世界一年的能源消费总量相当。该沉积层厚度达 34m，气体中甲烷含量高达 99.8%。无论是矿层厚度、水合物丰度，还是甲烷纯度，都超出世界上其他地区类似的发现。

我国冻土带面积达 215 万 km²，是世界上仅次于俄罗斯、加拿大的第三冻土大国。我国广大冻土地区具备良好的天然气水合物赋存条件和资源前景。据科学家粗略估算，我国陆域远景资源量至少有 350 亿吨油当量，可供中国使用近 90 年，而青海省的储量约占其中的 1/4，青藏高原羌塘盆地多年冻土区也具有可燃冰形成的温度和压力条件，是最有前景的找矿远景区。

我国面临着比俄罗斯等其他国家更为复杂的地质条件，目前还没有找到有效的调查评价技术方法。目前，我国也仅是初步弄清了青海木里地区 12km² 的资源量，至于整个祁连山南麓及其他 3 个目标靶区到底有多少可燃冰，还需要总结出完善的调查评价技术方法后才能确定。

2.3 需要解决的主要技术瓶颈

可燃冰的开采利用仍是国际科学界的难点，为了使其释放出的甲烷气体都能被有效收集而不对气候和生态造成巨大危害，研发内容主要包括以下几种技术[11]：地球物理探查技术、地球化学探查技术、钻孔取样技术、资源评价技术、开采技术、实验室模拟技术和管道中水合物的探测与清除技术等。

（1）地球物理探查技术。包括多道地震反射勘探和测井等方法。目前正在开发特殊处理技术，以获取深水区浅层高分辨率、高信噪比、高保真的地震数据，建立岩石物理模型，研究水合物沉积层及下伏游离气的弹性性质与特征，并研究基于矢量波动方程的多弹性参数叠前正、反演技术，以估算水合物的分布与数量。

（2）地球化学探查技术。包括：含可燃冰沉积物中孔隙水盐度或氯度的降低，水的氧化—还原电位和硫酸盐含量变低等。同时应用海上甲烷现场探测技术，圈定甲烷高浓度区，从而确定可燃冰的远景分布。

（3）钻孔取样技术。由于可燃冰特殊的物理学性质，当钻孔岩心提升到常温常压的海面时，可燃冰可能全部或大部分被分解。为能获取保持原始压力和温度的沉积物岩心，研制保真取心筒来进行可燃冰层的取样。

（4）资源评价技术。可燃冰分布和资源量的估算主要有两种方法：一是通过地质地球物理勘探和钻探，发现和取得可燃冰层的有关参数，预测其分布并计算出资源量；二是通过取得的实际参数和模拟实验，建立可燃冰形成与释气的数学模型，用数值模拟方法研究其分布和资源量，同时模拟可燃冰生成和挪动的动态过程。

（5）可燃冰开采技术。国际上借鉴常规石油开发中的技术和经验，逐渐发展了一系列新的技术方法，大体分为热开采法、化学试剂法、减压法、置换法四种。热开采法：即向可燃冰矿层注入热能或利用火驱法，提升矿层地温以达到分解可燃冰使其生成天然气。近年，人们试验直接在井下加热，如采用井下电磁加热方法，使采收率高达 70%，较其他方法更为有效。化学试剂法：是利用某些化学试剂掺入可燃冰改变其平衡条件，促其失稳分解后进行开采。减压法：即通过降低压力达到可燃冰的分解，开采可燃冰层下存在的游离气，以降低矿层压力，促使可燃冰分解。置换法：就是将二氧化碳液化后注入 1500m 以下海底甲烷水合物储层，由于二氧化碳水合物的比重大，就有可能将甲烷水合物中的甲烷分子"挤走"，从而将其置换出来。上述方法中，有些方法进行了小规模实验，但成本太高，短期内还难以投入实际生产。

（6）实验室模拟技术。应用物理－化学手段，通过改变温度、压力、天然气成分和流体成分等边界条件，研究可燃冰形成和稳定分布的条件，以及这些因素对可燃冰形成和分解等方面的影响。目前甲烷—纯水、甲烷—海水等模拟已取得重要进展，正在进行含沉积物条件下的模拟实验。

（7）管道中水合物的探测和清除技术。海底长距离天然气/凝析液混输管道输运压力一般较高，环境温度较低，管内极易形成水合物堵塞通道。利用水合物形成的理论模型，计算水合物形成的压力、温度和组成条件，判断管道中是否存在水合物，并研发出一些阻凝剂清除障碍。

可燃冰的开发还牵涉到许多相关技术，如储存与运输技术等，可燃冰在常压下不能稳定存在，温度超过20℃时就会分解，因此储存问题也是可燃冰被大规模开发利用的瓶颈之一。目前勘探所获样品一般都保存在充满氦气的低温封闭容器中。

3　结语

对于这一新型替代能源，目前全世界对它的研究大都处于勘探层面，在合理利用之前，一定要充分研究其分布规律、形成机理和利用极限，特别是了解在开发利用过程中可能出现的环境与岩土问题。突破一系列的政治、经济、技术难题，让可燃冰早日造福人类，以保障能源的持续利用，确保人类社会的可持续发展。

对我国而言，要解决能源短缺对社会经济发展的制约，提出以下建议：

（1）面对国外关键技术封锁，我国要实现可燃冰的商业化开采，最终得靠自主创新。

（2）组织跨领域、跨学科的全国性科研攻关，尽快解决天然气水合物开采所必须面对的配套技术方法，查明我国可燃冰的分布和资源潜力，大力研究相关的开采技术方法体系，可燃冰影响全球气候和造成海底灾害等工作。

（3）在加强国际合作的同时积极借鉴引进国外可燃冰勘探开采的一些先进技术方法。比如可燃冰的勘探生产与常规油气的勘探生产同时进行，勘探常规油气时兼探天然气水合物，再者，以天然气为最终利用形式的可燃冰可充分继承利用现有的油气开采、运输与终端利用技术和装备等，便可实现能源的利用的过渡与接替等。

（4）与大洋可燃冰相比，冻土区可燃冰岩层段埋藏浅，开采难度低，出现的灾难性后果更易控制等有利因素，建议加快冻土区可燃冰研发试验的步伐，为我国海洋天然气水合物开展技术研究和开采尽早提供技术支撑和经验。

（5）国家在政策和资金层面上大力支持，开展包括可燃冰资源评价、勘探、开发和环保等技术，注重勘探和科研相结合，资金投入主要包括科研投入、试验钻探工程、技术装备和甲烷气体输送等方面。

（6）条件成熟时，成立专门机构或公司，负责筹划工业化勘探与生产。

（7）国家制定相应政策，鼓励国外公司投资我国可燃冰研究与开发利用。

参 考 文 献

[1] 刘勇健,李彰明,等. 未来新能源可燃冰的成因与环境岩土问题分析 [J]. 广东工业大学学报, 2010, 27 (3)：83 – 87.

[2] 张光学,耿建华,刘学伟,等. 天然气水合物地震识别技术 [R]. 国家高技术研究发展计划（863计划）. 技术报告（内部）. 广州海洋地质调查局, 2006.

[3] 龙楠. 世界瞩目中国可燃冰战略 [J]. 环境, 2009, (2)：48 – 51.

[4] 吴震. 新型洁净能源可燃冰的研发现状 [J]. 节能, 2009, (2)：7 – 8.

[5] 王新玲. 揭开可燃冰的神秘面纱：专访我国冻土区可燃冰项目首席科学家祝有海 [J]. 中国报道, 2009, (9)：87.

[6] 武凯. 未来新能源：可燃冰 [J]. 北方经贸，2008，(11)：135 – 137.

[7] 中国经济网. 揭青海如何发现可燃冰，意义可媲美大庆油田 [EB/OL]. [2009 – 10 – 09]，http：//
www. ce. cn/cyse/ny/trq/200910/09/t20091009_ 19755020_ 1. Shtml.

[8] 煤焦频道. 多国投入勘探陆域可燃冰，开采面临环境技术难题 [EB/OL]. [2009 – 10 – 26]. http：//
www. mysteel. com/ll/meieengqi/meqdt/2009/10/26/110913，0306，0，2123030. html.

[9] 裁学俦，李敏锋，张光学，等. 天然气水合物地震相应研究——中国南海 HDl52 测线应用实例 [J]. 现代
地质，2005，19 (1)：33 – 38.

[10] 中国国土资源报. 2009 – 10 – 30 (001).

[11] 金翔龙，方银霞. 可燃冰开发利用，八大技术难点待解 [J]. 地质勘查导报，2006：09 – 21.

作者简介：

吴敏，1968 年出生，高级工程师。现就职于西部矿业股份有限公司。

硫铁矿烧渣的综合利用研究现状

刘焕德　张鸣鲁　汪　林

(西部矿业集团有限公司　青海西宁　810000)

摘　要：通过阅读大量的文献资料，对硫铁矿烧渣综合利用研究的成果、进展及存在的问题进行了综述。

关键词：硫铁矿烧渣；资源化；综合利用

硫铁矿烧渣主要包括两种类型，一种是硫铁矿精矿制酸渣，一种是高岭石型硫铁矿烧渣。我国是硫酸生产大国，每年排放硫精矿制酸废渣达 1000×10^4 t 以上，居我国工业固体废弃物之首，硫精矿制酸废渣一般含铁 20% ~ 60%，有的还含有一定量的有色金属和贵金属，如 Cu、Ag、Au、Zn 等。硫精矿制酸废渣杂质多、成分复杂、球团性能差，废渣难以直接作为炼铁原料。高岭石型硫铁矿烧渣主要成分是 Fe_2O_3 和偏高岭石，其中 Fe_2O_3 占 30% 左右，SiO_2 30% 左右，Al_2O_3 25% 左右，TiO_2 3% 左右。

1　硫精矿制酸废渣的综合利用研究现状

西部矿业锡铁山铅锌精矿浮选，每年可得到约 20 万 t 的副产物硫精矿。锡铁山铅锌矿金属储量达到 200 多万吨，并富产硫精矿。目前，锡铁山已建成一座年产 10 万 t 的硫酸厂，每年约排放硫精矿制酸废渣 6 万 ~ 7 万 t，易产生暴风红尘飞、大雨红水流、堆放挤占耕地、抛弃土壤沙化等环境问题。根据青海省经济、工业的发展及硫酸市场，硫酸的产量将有所增加，废渣排放量也将增加。锡铁山废渣量大，铁含量高，并含金约 3.51g/t，西部矿业综合利用硫精矿制酸废渣生产绿矾、聚合硫酸铁、铁蓝、金等具有明显的经济效益，有利于提高西部矿业矿产资源价值、实现西部矿业可持续发展和循环经济，并消除废渣对环境的污染和对生态环境产生的不利影响。

由于硫精矿制酸废渣化学成分复杂，物化性能特殊，传统的冶金方法较难处理，大量废渣作为废弃物弃之江河或随地堆放，对环境造成影响和污染，而且也阻碍了我国硫酸工业的发展。长期以来，国内外对硫铁矿制酸废渣的利用有广泛的研究。

（1）绿矾

采用硫精矿制酸废渣制备绿矾研究报道很多，但未见工业化生产。一般利用废渣制备硫酸亚铁的工艺比较复杂，如高温还原法、二步酸浸法、铁皮还原硫酸酸浸废渣液等。有研究报道[1]以硫铁矿烧渣为原料，采用机械活化硫铁矿还原法制备绿矾具有成本低、反应快、产品质量高等优点。在硫铁矿烧渣与硫酸反应后所得酸浸液中加入机械活化硫铁矿，当酸浸液组成为 $[Fe^{3+}] = 2.130mol/L$、$[Fe^{2+}] = 0.100mol/L$、$[H^+] = 0.007mol/L$，反应温度为 80℃，液固比为 100:20 时，反应 90min，Fe^{3+} 还原率达到 99.05%，反应所得绿矾质量好于 GB10531-89 工业优等品。增加球料比、延长球磨时间、降低反应液固比、提高反应温度均有利于加快活化硫

铁矿与 Fe^{3+} 的反应速度，反应后硫铁矿仍具有良好的反应活性。

（2）聚合硫酸铁的制备

硫精矿制酸废渣经过酸浸、硫精矿还原得到高质量绿矾。一般工业生产聚合硫酸铁采用绿矾为原料，其普遍采用的方法是空气催化氧化法。由于西部矿业锡铁山海拔约为 3100m，大气含氧量低于 14.56%，采用空气催化氧化绿矾制备聚合硫酸铁，因空气含氧率低，造成反应时间延长、催化剂用量和能耗增加。因此，在西部矿业锡铁山不宜采用空气催化氧化绿矾制备聚合硫酸铁。氯酸盐氧化绿矾可以制备聚合硫酸铁，该方法具有工艺简单、生产效率高等优点。但是由于氯酸盐价格高、耗量大，因而其生产成本高，至今没有投入工业化生产。其反应表示为：

$$6\ FeSO_4 + NaClO_3 + 3H_2SO_4 = 3Fe_2\ (SO_4)_3 + NaCl + 3H_2O$$

$$2m\ Fe_2\ (SO_4)_3 + 2m \cdot n\ H_2O = 2\ [Fe_2\ (OH)_n\ (SO_4)_{3-n/2}]_m + m \cdot n\ H_2SO_4$$

根据上述反应可知 $NaClO_3$ 作用是将 Fe^{2+} 氧化为 Fe^{3+}，同时消耗 H^+ 而使 Fe^{3+} 水解聚合生成 PFS（聚合硫酸铁）。废渣酸浸液中绝大部分以 Fe^{3+} 形式存在，Fe^{2+} 含量低。因此，加入 $NaClO_3$ 氧化酸浸入 $FeSO_4$，可制备得到低盐基度的液体 PFS，为了提高 PFS 盐基度，需要提高溶液中 $FeSO_4$ 浓度。即使这样，与完全使用硫酸亚铁制备 PFS 相比，也大大减少了 $NaClO_3$ 的用量。由于减少了 $NaClO_3$ 的用量，大大降低了生产成本，利用废渣酸浸液采用氯酸钠氧化法制备 PFS 具有工业化生产价值[2]。

（3）铁蓝的制备

利用硫精矿制酸废渣制备得到高纯硫酸亚铁，硫酸亚铁是重要的化工产品，也是重要的中间化工原料，它常用于制备铁黄、铁黑、铁盐、聚铁等，也有用来制备铁蓝的研究。比如郑雅杰等[3]将硫铁矿烧渣与硫酸反应得到含 Fe^{3+} 溶液，在此溶液中加入机械活化硫铁矿还原 Fe^{3+} 得到绿矾。按照绿矾和亚铁氰化钾的量比为 1.15:1.00，将 100g/L 的绿矾溶液加入到 100g/L 的亚铁氰化钾溶液中，70℃反应，100℃热煮 1h 后，加入 50% 的硫酸溶液酸煮 2h，再加入 10% 的氯酸钾溶液 70℃氧化 3h，经过滤、洗涤、干燥、研磨得到符合 GB1860—88 国家标准的钾铁蓝产品。研究结果表明：所得钾铁蓝产品的吸油量为 0.430mL/g，总铁含量为 32.53%，其化学式为 $K_{0.266}Fe_{0.294}[Fe\ (CN)_6]_{0.287} \cdot nH_2O$，钾铁蓝为大小均匀的柱状颗粒，粒径小于 200nm。

（4）金的回收

目前，西部矿业锡铁山年排放硫精矿制酸废渣达 6 万 ~7 万 t，其中金含量很高，平均达金 3.51g/t，为可贵的黄金资源。目前，从技术和经济效益方面考虑，回收硫精矿制酸废渣中的金较为成功的方法是搅拌氰化浸出法。工业上常用的工艺为：废渣用石灰调浆后，采用全泥氰化-锌粉置换，从中提取金银。金银氰化溶解的化学方程式可表示为：

$$4Au + 8CN^- + O_2 + 2H_2O = 4Au\ (CN)_2^- + 4OH^-$$

$$4Ag + 8CN^- + O_2 + 2H_2O = 4Ag\ (CN)_2^- + 4OH^-$$

从硫精矿制酸废渣中氰化回收金的总回收率一般在 60% ~70%，废渣经预处理后，可提高到 80% ~90%，而经酸浸出铁后的渣中金的氰化提取率可达 95% 以上[4,5]。

（5）作为水泥助熔剂

用硫铁矿精矿制酸废渣代替铁矿粉作为水泥烧成的助熔剂是其综合利用的主要途径[6]。在生产水泥的原料中，掺加 3% ~5% 的烧渣，不但可以校正波特兰水泥原料混合物的成分，增加其氧化铁的含量，减少铝氧土的模数值，还可以增加水泥的强度，增强耐矿物水浸蚀性、降低其热折现象。另外，还可以降低焙烧温度，因而对降低热消耗、延长焙烧炉耐火砖的使用寿命有好处[7]。但目前硫铁矿烧渣用作水泥原料仍存在以下问题：首先是用量有限；其次是烧渣的成分差异会对水泥性能产生较大影响；第三是若附近没有水泥厂，销路将受到限制。

（6）生产铁精矿

利用硫铁矿烧渣生产铁精矿主要是富集其中的铁，使其含量达到 60% 以上，降低硫的含量，使其降到 0.5% 以下。由于硫铁矿精矿制酸时产生的烧渣含铁比较丰富，而且粒度较细，所以很多国家都把它经过一系列处理工艺后，生产铁精矿，作为炼铁原料。特别是铁矿资源较贫乏的国家，如德国、日本、意大利等已把硫铁矿烧渣作为一种重要的炼铁原料，并有专门处理硫铁矿烧渣的工厂[8]。

磁选法是最常见的硫铁矿烧渣制备铁精矿的方法[9-11]。基本原理是在有炭的情况下将烧渣经高于 570℃ 温度中煅烧，使其中 Fe_2O_3 还原成 Fe_3O_4，再磁选富集磁铁矿。焙烧还可以降低烧渣中的硫含量，满足炼铁原料的要求[12]。比如，王雪松等[13]将烧渣与煤按一定比例混合，经回转窑磁化焙烧，在 700℃ 下焙烧 10min、物料填充率为 11% 时，能有效地将烧渣中弱磁性 Fe_2O_3 还原成强磁性 Fe_3O_4，磁化率（$\omega_{TFe}/\omega_{FeO}$）可达 2.38，接近理论值，效果较好。由于烧渣中的铁氧化物具有一定的磁性，因此也有研究通过改进磁选工艺达到富集铁的目的。杨敏等[14]提出原渣 – 磨矿 – 磁选 – 浮选脱硫和原渣 – 粗粒抛尾 – 磨矿 – 磁选 – 浮选脱硫了两种工艺制备铁精粉。结果表明，两种工艺均可制得铁含量大于 60% 的精矿，但是如果抛弃粗粒，不仅仅可以减少 30% 的磨矿量，节约能源，而且得到的精矿铁含量提升明显。

吴德礼等[15,16]将烧渣置于化选槽内进行王水浸洗，然后进入三层浓缩机中用清水清洗，处理后的精样经压滤后送往晒干厂进行晒干，清洗液可经混凝沉淀后循环使用，废渣经混凝沉淀后排出。这是一种崭新的硫铁矿烧渣处理方法，它彻底摆脱了以往烧渣处理需要经过焙烧、磁选、浮选等复杂工艺[17]的束缚，简化了处理工艺，降低了处理成本，能很好地脱除烧渣中的硫，并提高了其中铁的含量，烧渣经过简单处理后就能作为合格的铁精矿用做炼铁原料，实现了废物再利用。

郑富文[18,19]总结国内外经验，提出采用盐酸水冶法将硫铁矿烧渣直接制成铁精粉。该工艺包括浸取、固液分离、氯化亚铁晶体还原三个部分。具体操作是将高岭石型硫铁矿烧渣溶解于盐酸中，生成氯化亚铁溶液和氢气，并把氢气收集起来，除去酸雾，脱水，再压缩后作还原氯化亚铁用。氯化亚铁溶液，经过滤除去不溶杂质后，蒸发浓缩得到纯的氯化亚铁晶体，然后在还原器内加热至 750～800℃ 用氢气还原而得到海绵铁，同时把反应生成的氯化氢气体经水吸收生成盐酸后返回溶解器再作溶解废铁渣。整个过程是一个密闭式循环系统，只要补充少量氢气和盐酸就能用废铁渣制成纯度较高的铁粉。盐酸水冶法是回收硫铁矿烧渣制取铁粉的有效方法，其产品质量好、经济技术效果相当可观。

利用烧渣来生产铁精矿也存在一些问题，比如焙烧工艺成本过高；盐酸水冶法工艺复杂，设备运行要求较高；大量残渣被遗弃，产生二次污染。

2 高岭石型硫铁矿烧渣的综合利用研究现状

（1）生产聚合铁铝净水剂

高岭石型硫铁矿烧渣中主要含有 SiO_2、Al_2O_3 和 Fe_2O_3，因此有学者[20,21]利用其中的 Al_2O_3 和 Fe_2O_3 制备聚合铁铝净水剂，应用于水处理中。其基本原理是将烧渣中 Fe_2O_3 和 Al_2O_3 与盐酸反应生成 $AlCl_3$ 和 $FeCl_3$：$Fe_2O_3 + 6HCl = 2FeCl_3 + 3H_2O$；$Al_2O_3 + 6HCl = 2AlCl_3 + 3H_2O$。

张从良等人[22]以高岭石型硫铁矿烧渣为原料运用上述原理制得一种性能良好的聚合铁铝净水剂。其工艺流程如下：首先用适当比例的硫酸和盐酸混合酸浸取研碎的硫铁矿烧渣，在搅拌回流下加热至一定温度，反应一定时间即可得到含 Al^{3+}、Fe^{3+} 和 Fe^{2+} 的溶液。然后加入适量氯酸钠，将 Fe^{2+} 氧化成 Fe^{3+}，抽滤。最后在滤液中加入适量氢氧化铝调节 pH，使聚合铁铝能以一定物质的量比共聚，得到深棕红色 PAFCS 液体产品。作者将该产品应用于猪场废水絮凝试验，发现 PAFCS 的絮凝除杂效果远好于 PAC（聚合氯化铝），接近于 PFS（聚合硫酸铁）。

闫永胜等[23]将高岭石型硫铁矿烧渣粉磨成 -100 目，再置于 15% 的盐酸中加热到 $60 \sim 70℃$ 直至不反应为止，经过滤得到的滤液即是制得的 $FeCl_3$、$AlCl_3$ 混合液净水剂。若将液体净水剂蒸发、干燥可得棕黄色树脂状氯化铝铁，该固体净水剂结构为 $[Fe \cdot Al(OH)_x \cdot Cl_{6-x}]_y$，其中 $1 \leq x \leq 5$，$y \leq 10$。利用这种工艺每吨矿渣可以产液体净水剂 1.2t，固体净水剂 0.41t。上述工艺过滤得到的残渣主要成分是于 $550 \sim 750℃$ 下煅烧过的 SiO_2，具备制备白炭黑的条件[24]。闫永胜等人[23]提出运用以下几步工艺将得到的残渣用来制备白炭黑。①焙烧：把残渣、煤和烧碱按一定比例放入耐火容器内混匀，置于高温炉中焙烧（1500℃左右）2h；②水溶、过滤：趁热加水溶解（水淬），然后过滤，滤液即为水玻璃；③酸溶、老化、过滤、水洗：将上述制的水玻璃加入 1% 盐酸控制 pH=5 左右，得浑浊溶液，待冷却后加水（稀释 4 倍）使其老化结晶，然后过滤，水洗，直至无 Fe^{3+}、Al^{3+}、Cl^- 检出为止；④干燥：将上述滤渣在 120℃ 恒温干燥 3h，便得白炭黑（$SiO_2 \cdot nH_2O$）。用烧渣联产净水剂和白炭黑，即得到经济价值较高的化工产品，又避免了大量残渣的产生。

利用高岭石型硫铁矿烧渣生产聚合铁铝净水剂固然可以生产出具有一定工业价值的产品，但是这种方法工艺繁杂，成本较高，在国内很难大规模推广。

（2）生产免烧砖

很早就有学者利用高岭石型硫铁矿烧渣生产免烧砖，并发现尽管烧渣本身并无胶结能力，但其中部分材料可做骨料，而且活性 SiO_2 可与 CaO 合成低碱度水化硅酸钙产生强度，反应如下：$nCaO + mSiO_2 + xH_2O \rightarrow nCaO \cdot mSiO_2 \cdot xH_2O$[25]。另外，CaO 也与活性 Al_2O_3 和 SiO_2 同时反应，生成少量石榴子石形水化物，使其生成硬性胶凝物质。也就是说，烧渣中的 Al_2O_3 和 SiO_2 可以作为制砖材料的有益成分，其含量越高，活性就越好，它们与石灰配合后的胶凝性能也越好，产品的强度越高。

商志民等人[26]将高岭石型硫铁矿烧渣与石灰按一定的比例混合，制得烧渣型免烧砖。其工艺如下：烧渣从沸腾炉排出后，用自来水急冷，然后堆放 $10 \sim 15d$，使颗粒充分粉化成细粉，然后与石灰按比例充分混合均匀，再加入适量的水进行湿碾，使其进一步细化、均匀化和胶体化，成为富有黏性的易成型物料。经过湿碾的混合料，在进一步陈化以后，进入压砖机压制成型，成型后的砖坯在一定空气湿度条件下，自然养护 28d 后，即为成品砖。测试结果表明该烧渣砖在抗压、抗折强度，耐水性、抗碳化性、耐腐蚀性和耐大气稳定性等方面性均能达到一般墙体材料的要求。

李建国等[27]以烧渣、生石灰、水泥为原料也生产出一种免烧砖。其生产流程为：将烧渣、生石灰、水泥按比例经一级混合后加入中和液调整 pH，然后加入絮凝剂和水经二级混合固化，再进入成型机成型，最后堆放于晾晒场进行养护。经实践证明这种烧渣型免烧砖完全达到使用标准。该工艺考虑到了烧渣中含有一定量的非凝胶材料和酸性物质，在原料中加入了水泥和中性液体，解决了一定的顾虑。

利用高岭石型硫铁矿烧渣制作免烧砖，设备简单，工艺简便易行，流水作业，一次压制成型，不需焙烧，也不需蒸压养护或蒸汽养护，可以节约能源和降低生产成本。因而投资少、见效快，经济效益明显。但是这种烧渣砖有两个明显的缺陷：①铁含量的不同，烧渣砖中的非凝胶材料的含量就不同，对烧渣砖性能产生不同程度的影响，给大规模的实际应用带来困难；②烧渣中的硫化物和硫酸根成分则会影响产品的质量，并会增加石灰的用量，还会造成制品的体积膨胀、松脆或微裂，从而使制品的强度降低，外观遭到破坏，他们也可能扩散到建筑物中的钢筋上产生腐蚀作用。

（3）其他

此外，也有报道指出高岭石型硫铁矿烧渣可以生产公路填料[28,29]、陶器原料[30]等，但由于遇到种种原因，未得以广泛推广。

3 发展前景与展望

随着我国硫酸消费量越来越多，硫铁矿将会不断地运用于制酸行业中，如果不引起重视，其产生的废渣会一直积累和堆存，不仅环境污染，而且造成资源严重浪费。因此，如何将这种废渣低成本、大耗量、无二次污染利用是当前的发展趋势。

参 考 文 献

[1] 郑雅杰，龚竹青，易丹青，等. 以硫铁矿烧渣为原料制备绿矾新技术 [J]. 化学工程，2005，4 (33)：51 – 55.

[2] 郑雅杰，陈白珍，龚竹青，等. 硫铁矿烧渣制备聚合硫酸铁新工艺 [J]. 中南大学学报（自然科学版），2001，2 (32)：142 – 145.

[3] 郑雅杰，陈梦君，黄桂林. 硫铁矿烧渣制备钾铁蓝 [J]. 中南大学学报（自然科学版），2006，(02)：252 – 256.

[4] 余守明，左永伟，郑伸友. 分金（银）渣氰化工艺的改进 [J]. 黄金，2003，24 (4)：41 – 42.

[5] 薛光，王俊杰，于永江，等. 环保型金、银提纯工艺试验研究 [J]. 黄金，2009，30 (8)：44 – 45.

[6] I. Alp, H. Deveci, E. Y. YazIcI, et al. Potential use of pyrite cinders as raw material in cement production: Results of industrial scale trial operations [J]. Journal of Hazardous Materials, 2009, 166 (1): 144 – 149.

[7] 虞钰初. 我国硫酸工业环境污染概况及其防治途径的建议 [J]. 硫酸工业，1989，(02)：28 – 64.

[8] 化工部. 化工环境保护设计手册 [M]. 北京：化学工业出版社，1998：250 – 263.

[9] 胡术刚，葛会超，李静静，等. 硫酸烧渣综合回收磁选探索试验 [J]. 无机盐工业，2006，38 (01)：50 – 52.

[10] 胡术刚，葛会超，李静静，等. 硫酸渣综合回收磁选探索试验 [J]. 有色矿冶，2005，21：11 – 12.

[11] 李求平. 从某矿黄铁矿烧渣中回收铁的研究 [J]. 江西有色金属，1996，10 (01)：23 – 24.

[12] 郑晓虹，林智虹，杨乔平，等. 用还原焙烧法从硫铁矿烧渣中提取铁的研究 [J]. 河南科学，2003，(06)：713 – 716.

[13] 王雪松，李朝祥，付元坤. 硫铁矿烧渣磁化焙烧的实验研究 [J]. 钢铁研究学报，2005，17 (03)：10 – 14.

[14] 杨敏，邱廷省，陈金花，等. 某硫酸渣选矿试验研究 [J]. 四川有色金属，2009，(01)：6 – 19.

[15] 吴德礼，朱申红，马鲁铭，等. 利用硫酸渣生产铁精粉的新工艺研究 [J]. 环境工程，2004，22 (04)：73 – 75.

[16] 吴德礼，朱申红，马鲁铭，等. 利用硫酸渣生产铁精粉的新工艺研究 [J]. 环境污染与防治，2004，(05)：387 – 389.

[17] 田永淑. 硫铁矿烧渣的综合利用途径 [J]. 中国资源综合利用，2001，(03)：19 – 20.

[18] 郑富文. 川南硫磺渣、硫酸渣的综合利用 [J]. 化工矿物与加工，1987，16 (05)：30 – 31.

[19] 郑富文. 论川南硫磺渣、硫酸渣含铁综合利用问题的探讨 [J]. 四川冶金，1987，(03)：30 – 34.

[20] 邱慧琴. 硫铁矿烧渣制备聚合硫酸铁铝混凝剂及应用研究 [J]. 上海大学学报（自然科学版），2001，(02)：175 – 178.

[21] Gong Zhuqing, Zheng Yajie, Chen Baizhen, et al. Preparation of solid polyferric sulfate from pyrite cinders and its structure feature [C]. Trans Nonferrous Met Soc China, 2003, 13 (3): 690 – 694.

[22] 张从良，胡国勤，王岩. 用硫铁矿烧渣制备聚合氯化硫酸铁铝絮凝剂 [J]. 无机盐工业，2007，39（04）：53－55.

[23] 闫永胜，刘淮，李春香，等. 用硫铁矿焙烧废渣制铁铝净水剂和白炭黑工艺的研究 [J]. 无机盐工业，1993，（04）：39－41.

[24] 刘春光. 煤系高岭石的煅烧活性及其综合利用研究 [D]. 吉林大学，2008.

[25] 陈永亮. 硫铁矿烧渣的资源化进展 [J]. 环境，2006，（S1）：78－81.

[26] 商志民，宋保山，李留记. 硫铁矿烧渣制砖的试验 [J]. 硫酸工业，1989，（04）：51－56.

[27] 李建国，郭福胜，薛巍. 利用硫铁矿渣制免烧砖的探索 [J]. 资源节约和综合利用，1997，（02）：42－43.

[28] Lav, Abdullah Hilmi, Sutas, et al. Use of pyrite cinder as filler in flexible road pavements [J]. Technical Journal of Turkish Chamber of Civil Engineers, 1993, 4 (1): 631－642.

[29] 赵殿英. 硫铁矿废渣在公路路面中的应用 [J]. 公路，1994，（06）：44－47.

[30] A. V. Abdrakhimov, E. S. Abdrakhimova, V. Z. Abdrakhimov. Technical properties of roof tiles made of technogenic material with pyrite cinder [J]. Glass and Ceramics, 2006, 63 (3－4): 130－132.

作者简介：

刘焕德，1979 年出生，矿物加工工程师，现就职于西部矿业集团股份有限公司科技管理部。

张鸣鲁，1972 年出生，机械加工工程师，现就职于西部矿业集团股份有限公司科技管理部。

汪林，1982 年出生，电气自动化工程师，现就职于西部矿业集团股份有限公司矿山事业部。

浅析企业知识产权管理

李永芳

（西部矿业集团有限公司　青海西宁　810000）

摘　要： 本文简述了企业实施知识产权战略的作用，分析了当前企业知识产权管理中存在问题，并总结和归纳了企业加强知识产权管理的几点相关对策。

关键词： 企业；知识产权管理；战略

随着经济发展知识化和知识产权制度国际化进程的加快，知识产权已经成为推动各国经济发展和增强其竞争力的关键因素，企业之间甚至国家之间的竞争越来越表现为知识产权的竞争。

在我国99％的企业没有申请专利、60％的企业没有自己商标的现实告诉我们，我国企业的知识产权意识总体上仍显薄弱。不少企业对于自主创新的技术成果，在既没有申请专利又没有采取保密措施、实施该技术成果可能构成侵犯他人知识产权的情况下，反而声称拥有"自主知识产权"。大多数企业不具备运用知识产权策略发展自己的能力，其稚嫩的知识产权管理方式难以适应"知识产权战争"时代的需要，在市场竞争中处于十分被动的地位。我国一大批生产DVD产品的企业因受到来自发达国家企业的专利压力而被迫退出市场的严酷现实印证了这一点。因此，学习知识产管理知识，提高企业的知识产权管理能力，包括强化研究开发人员和管理人员的知识产权意识、培养知识产权管理人才、健全实施产权管理机构和制度，将知识产权管理落实到企业经营的各个环节中，已经成为我国企业面临的一个紧迫任务。

1　企业实施知识产权战略的作用

1.1　给企业带来新的利润增长点

企业科技竞争的决定性因素为自主创新能力，而自主创新的基础与衡量指标又为知识产权，企业经过不断持续的技术创新活动，对所拥有的自主知识产权的核心技术不断进行开发，并使之产权化，然后再将其投入到生产领域，这样企业所获得的丰厚利润就可以从这些新产品的开发而获得，从而还能将其转变为新的利润增长点。

1.2　为企业拓宽了市场空间

企业由于形成了自主知识产权，这就使其产品具有"独创性"，真正实现所谓的"新产品"的目标，当技术优势向产品优势转化时，该企业就赢得了市场，取得竞争优势，从而为企业拓宽了市场空间。

1.3　为企业降低了运营成本

企业降耗、节能、减排可以通过知识产权蕴涵的技术创新、工艺创新而成为可能，企业的运营成本的降低通过技术进步而实现，使得企业核心竞争力被大大提升。

2 企业知识产权管理中存在的问题

2.1 对于知识产权管理认识不到位

当前，大多数企业对知识产权管理的重要性认识不到位，对知识产权管理没有从战略高度上进行规划。有形资产及其管理是企业所重视的问题，而忽略了对无形资产的管理，对于专利战略也缺乏研究和制定。多数企业由于对知识产权缺乏从战略高度的规划，致使其自主创新成果只在我国申请了专利，而到国外却没有申请，一些企业虽然申请了专利，但宣传力度不够，这就造成专利成果利用率低，从而无法提高产品的产业化、商品化程度。

2.2 知识产权管理缺乏资本化运作

企业对于知识产权的管理多数只注重对其表面的保护，而未进行资本化运作。模糊了对知识产权概念和价值的认识，尽管一些企业科技人员努力创造了智力成果，然而企业家对其重视不够，并没有将其作为企业的无形资产而进行有效保护，并使之转化为企业的生产力。

2.3 缺乏知识产权管理与运作的人才

只有拥有严密的组织和制度保障才能形成良好的知识产权管理。据相关调查表明，当遇到涉及知识产权纠纷的问题时，企业通常都是直接聘请律师来帮助解决，对于相关的处理知识产权纠纷的专门机构多数企业都没有设置，也没有相关从事企业知识产权的管理研究及开发的专门人员的配置，也缺乏较为严格的规章制度对其进行引导。

3 企业加强知识产权管理的相关对策

3.1 初期实施防御型战略

企业要以自身现状、发展战略以及外部环境等为依据，编制出不同的知识产权战略，并在企业研究开发、生产营销、资产运作、发展规划等环节纳入该战略，以促进战略得以有效实施。在企业实现防御型战略之后，就会拥有了一定的知识产权资源，并具备了相应的知识产权制度，此时企业就可以逐步向攻防兼备的混合型战略过渡。待攻防兼备的混合型战略也顺利完成后，企业再考虑进攻型战略的实施。

3.2 构建和完善企业知识产权管理机构

是否能有效地利用知识产权，决定了企业在市场竞争中的获胜与否。因此，构建和完善企业知识产权管理机构是企业当前急需完成的工作之一，并要将知识产权管理机构归纳到企业的重要管理部门中。市场竞争需要企业设置知识产权管理机构，同时，企业还要将人才市场中吸收具有法律专业知识，尤其是知识产权法方面的人才，组成一支分工合理、团结互助的队伍，此外，还要加大财力和物力上的支持，这样才能使知识产权管理工作的正常运作得到有效保证。

3.3　资源适度与有效投入

　　知识产权作为企业中的一种战略资源，其作用要得到充分的发挥还需要一个长期的过程以及加大对其投入。企业要结合其战略规划及经济承受能力来加大对人力、物力及财力的投入，要尽量做到有效和适度，它重在坚持和持续。因此，在组织申报专利前企业要认真分析自主创新技术，对自身的专利网进行科学合理的规划，将企业自己的核心专利、外围专利识别划分出来，对相关专利要有针对性、有步骤地进行申报。要加强对所获得的专利的市场宣传，并逐渐加快专利的转化和获取收益的步伐，以提高企业的经济效益。

4　结语

　　温家宝总理于 2004 年 6 月在青岛考察时明确提出："世界未来的竞争就是知识产权的竞争"。在专利化生存的新时代，企业应学习知识产权管理知识，提高企业的知识产权管理能力，强化研究开发人员和管理人员的知识产权意识，培养知识产权管理人才，健全知识产权管理机构和制度，将知识产权管理落实到企业经营的各个环节中。

参 考 文 献

[1] 朱雪忠. 企业知识产权管理 [M]. 北京：知识产权出版社，2007，24-30.
[2] 王晋刚，张铁军. 专利化生存 [M]. 北京：知识产权出版社，2005，150-157.

作者简介：
　　李永芳，女，1982 年出生，助理工程师，现就职于西部矿业集团有限公司。